Mathematik

Lehrbuch für die Klasse 5
Berlin · Brandenburg

DUDEN PAETEC Schulbuchverlag
Berlin · Frankfurt a. M.

Autoren
Martina Hanelt
Ramona Schmidt
Sabine Schmidt
Dr. Irina Schultheiß
Dr. Reinhard Stamm

unter Nutzung von Beiträgen von:
Dr. Hans-Günther Friedemann, Prof. Dr. Hans-Dieter Sill

Beratung:
Dr. Angelika Möller

1. Auflage
1 9 8 7 6 5 | 2015 2014 2013 2012 2011
Alle Drucke dieser Auflage können im Unterricht nebeneinander benutzt werden.
Die letzte Zahl bezeichnet das Jahr des Druckes.

Internet www.duden-schulbuch.de

Redaktion Dr. Reinhard Stamm
Gestaltungskonzept und Umschlag Britta Scharffenberg
Layout Birgit Kintzel
Grafik Wolfgang Beyer, Wiebke Drenkhan, Birgit Kintzel, Sybille Storch, Ute Winkler
Druck und Bindung DZA Druckerei zu Altenburg GmbH, Altenburg

ISBN 978-3-89818-219-5

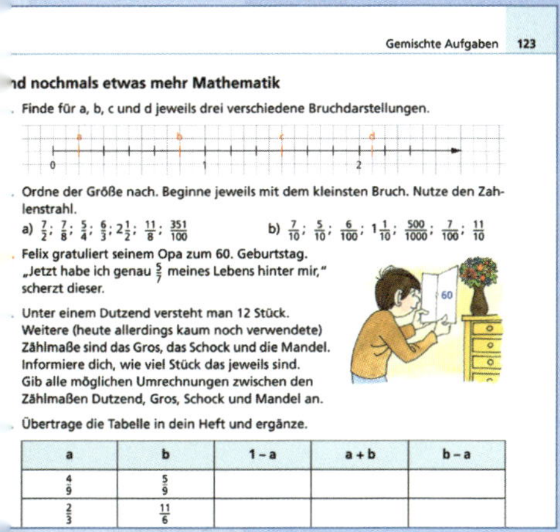

Gesonderte Abschnitte **„Gemischte Aufgaben"** dienen dem vielfältigen Anwenden.
Im gesamten Buch sind Aufgaben mit höherem Schwierigkeitsgrad durch rote Nummerierung hervorgehoben.
Den besonderen Charakter einiger Aufgaben kannst du auch an Symbolen erkennen. Insbesondere kennzeichnen:

 fachübergreifende Inhalte

 die Verbindung zu anderen Themenfeldern (Kapiteln)

 eine mögliche Nutzung des Internets

Der Kontrolle grundlegenden Wissens und Könnens dienen die auf den Seiten **„Teste dich selbst!"** angegebenen Aufgaben.
Zu diesen Aufgaben findest du im Anhang des Buches auch die Lösungen.

Die zu den einzelnen Kapiteln vorgeschlagenen **Projekte** eignen sich besonders für eine Arbeit in Gruppen.
Interessante praxisorientierte Themen mit unterschiedlichen Lösungsvarianten geben euch Impulse für entdeckendes Lernen.

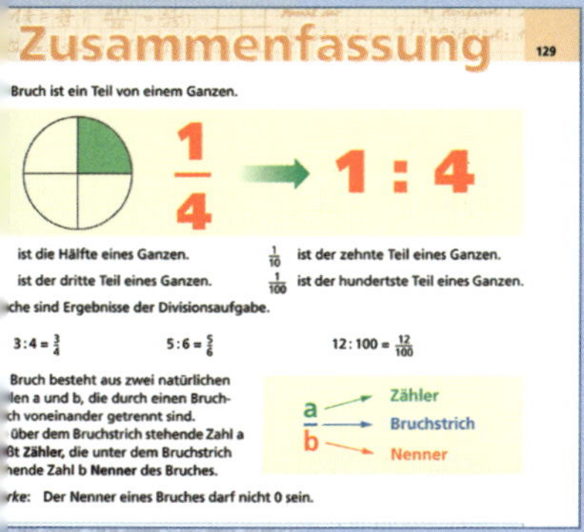

Kurze **Zusammenfassungen** schließen die Kapitel ab.
In einer knappen Darstellung findest du hier nochmals die wichtigsten Begriffe, Formeln und Lösungsverfahren.

nfang und das **Register** am Ende des Buches nutzen.

Inhaltsverzeichnis

Inhaltsverzeichnis

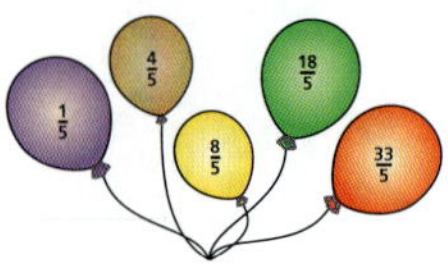

Inhaltsverzeichnis

Inhaltsverzeichnis

1 Natürliche Zahlen

Dualzahlen

Computer verwenden eine Maschinensprache aus Stromimpulsen. Diese Sprache ist eine Folge aus den Zeichen O und L. Bei O fließt kein Strom, bei L fließt ein Strom.
Zahlen müssen erst in die Computersprache übersetzt werden.
Wie sehen die Zahlen 574 und 3708 in dieser Sprache aus? Und welche Zahl ist mit LLOLOOLL gemeint?

Große Zahlen

Eine Bibliothek hat 47 gleichartige Bücherregale. Jedes dieser Regale enthält vier Reihen, und in eine Reihe passen durchschnittlich 60 Bücher nebeneinander.
Wie groß ist etwa der Buchbestand der Bibliothek? Schätze und rechne.

Rechenkünstler

CARL FRIEDRICH GAUSS (1777 bis 1855) war einer der bedeutendsten deutschen Mathematiker.
Bereits im Alter von etwa neun bis zehn Jahren soll er in wenigen Augenblicken folgende Aufgabe gelöst haben:
Welche Zahl erhältst du, wenn du die Zahlen von 1 bis 100 addierst?
Versuche auch du, diese Aufgabe möglichst schnell zu lösen.

Die Menge der natürlichen Zahlen

Die natürlichen Zahlen sind die Zahlen 0, 1, 2, 3, 4, 5, … Sie bilden die Menge $\mathbb{N}$. Es gibt unendlich viele natürliche Zahlen. Die kleinste ist die Zahl Null. Eine größte natürliche Zahl gibt es nicht.
Jede natürliche Zahl hat einen **Nachfolger.** Außer der Null hat jede natürliche Zahl auch einen **Vorgänger.**

B Vorgänger der Zahl 379 ist die Zahl 378.
Nachfolger der Zahl 415 ist die Zahl 416.

Natürliche Zahlen werden mit den Ziffern 0, 1, 2, 3, 4, 5, 6, 7, 8, 9 dargestellt. Die letzte Ziffer einer Zahl gibt die **Einer** an, die vorletzte Ziffer die **Zehner,** die Ziffer davor die **Hunderter** usw.

B $34 = 3 \cdot 10 + 4 \cdot 1$

$2\,718 = 2 \cdot 1\,000 + 7 \cdot 100 + 1 \cdot 10 + 8 \cdot 1$

Rechnen mit natürlichen Zahlen

Die Zahlen und Ergebnisse in Rechenaufgaben haben bestimmte Namen.

Addition	$a + b = c$	Summand + Summand = Summe
Subtraktion	$a - b = c$	Minuend – Subtrahend = Differenz
Multiplikation	$a \cdot b = c$	Faktor · Faktor = Produkt
Division	$a : b = c \quad (b \neq 0)$	Dividend : Divisor = Quotient

Für die Addition und Subtraktion bzw. Multiplikation und Division mehrstelliger natürlicher Zahlen gibt es **schriftliche Verfahren.**

Beim **Addieren** und **Subtrahieren** werden die Zahlen erst stellengerecht untereinander geschrieben, das heißt *Einer unter Einer, Zehner unter Zehner, Hunderter unter Hunderter* usw.
Danach rechnet man von rechts beginnend und berücksichtigt dabei mögliche Überträge.

B
```
   5 3 0 9        7 1 4 5 8
 +   9 1 4      - 2 3 0 4 9
    1   1          1     1
 ---------      -----------
   6 2 2 3        4 8 4 0 9
```

Kannst du das noch?

Auch für das **Multiplizieren** und **Dividieren** gibt es schriftliche Verfahren. Zu beachten ist, dass bei der Division ein Rest bleiben kann.

B

```
23 · 48          507 · 13
    92               507
   184              1521
  1104              6591

 308 : 4 = 77     703 : 9 = 78  Rest 1
-28              -63
  28               73
 -28              -72
   0                1
```

Bei Aufgaben mit mehreren Rechenschritten ist zu beachten, dass **Punktrechnungen vor Strichrechnungen** auszuführen sind.

B $13 + \underbrace{5 \cdot 19}_{95} = 13 + 95 = 108$ $\qquad$ $72 - \underbrace{81 : 3}_{27} = 72 - 27 = 45$

Aufgaben

1. Schreibe die folgenden Zahlen mit Ziffern.
a) vierhundertfünfundachtzig
b) dreitausendzwölf
c) fünfhundertachtundneunzig
d) viertausendvierzehn
e) zweiundfünfzigtausendsiebenhundertunddreizehn

2. Lies die Zahlen und schreibe sie mit Zahlwörtern.
a) 268
b) 307
c) 8 327
d) 4 012
e) 7 777
f) 525 252
g) 9 999
h) 384 721

3. Nenne
a) die größte zweistellige Zahl;
b) die kleinste sechsstellige Zahl;
c) die kleinste vierstellige Zahl, die mit einer einzigen Ziffer geschrieben werden kann.

4. Setze die Zahlenfolgen fort. Nenne jeweils die nächsten drei Zahlen.
a) 2; 4; 6; 8; …
b) 101; 202; 303; …
c) 7; 14; 21; 28; …
d) 31; 35; 39; 43; …

5. Wie heißt die nächste Zahl in der Zahlenfolge?
a) 1; 3; 9; 27; …
b) 1; 5; 25; 125; …
c) 1; 4; 9; 16; …
d) 1; 1; 2; 3; 5; 8; 13; 21; …

6. Schreibe ab und setze für ▒ das richtige Zeichen (<, > oder =) ein.
a) 771 ▒ 717
b) 3 335 ▒ 3 353
c) 17 · 4 ▒ 67
d) 508 + 834 ▒ 1 000
e) 144 ▒ 12 · 12
f) 10 · 3 ▒ 200 : 10

Kannst du das noch?

7. Wie viele natürliche Zahlen liegen jeweils zwischen den beiden Zahlen? Stelle deinen Lösungsweg dar.

a) 13 und 18 b) 100 und 200
c) 85 und 102 d) 204 und 402
e) 1 001 und 1 010 f) 1 000 und 10 000

8. Welche Zahl liegt genau in der Mitte zwischen den folgenden Zahlen?

a) 60 und 70 b) 650 und 850 c) 312 und 384
d) 100 und 1000 e) 700 und 930 f) 1 und 20

9. Berechne im Kopf.

a) $43 + 91$ b) $72 + 29$ c) $108 - 83$
d) $307 - 137$ e) $174 + 82$ f) $387 - 211$
g) $0 + 777$ h) $98 - 98$ i) $123 - 0$

10. Schreibe stellengerecht untereinander und rechne schriftlich.

a) $411 + 578$ b) $308 + 8\,042$ c) $976 - 435$
d) $8\,312 - 546$ e) $3\,472 + 765 + 2\,788$ f) $289 - 17 - 85$

11. Berechne im Kopf.

a) $14 \cdot 9$ b) $8 \cdot 32$ c) $270 : 9$ d) $93 : 3$ e) $21 \cdot 8$ f) $45 \cdot 11$
g) $84 : 12$ h) $87 \cdot 0$ i) $9 \cdot 9$ j) $0 : 5$ k) $12 : 12$ l) $17 \cdot 100$

12. Rechne schriftlich.

a) $52 \cdot 17$ b) $22 \cdot 65$ c) $285 : 15$ d) $618 : 3$ e) $1\,024 : 8$ f) $31 \cdot 72$
g) $22 : 7$ h) $1000 : 3$ i) $249 : 7$ j) $1\,234 \cdot 5$ k) $111 \cdot 222$ l) $289 : 17$

13. Berechne. Beachte dabei die Regel „Punktrechnung geht vor Strichrechnung".

a) $47 - 5 \cdot 9$ b) $18 \cdot 3 + 7 \cdot 12$ c) $8 + 102 : 3$
d) $147 : 7 + 11 \cdot 8$ e) $205 - 88 : 11 - 14$ f) $29 + 58 - 9 \cdot 2$

14. Obsthändler Nguyen hat seine Orangen zu einer quadratischen Pyramide aufgestapelt.

a) Aus wie vielen Orangen besteht die abgebildete Pyramide?
Hinweis: Überlege dir, wie viele Orangen sich in den einzelnen Ebenen befinden.

b) Nun möchte er die Pyramide noch um eine Ebene erhöhen.
Wie viele Orangen benötigt er zusätzlich, und wie viele sind es dann insgesamt?

15. Ergänze die fehlenden Zahlen.

a)
```
   333
+ ____
  1111
```

b)
```
   999
- ____
   123
```

c)
```
  2222
- ____
   681
```

1.1 Darstellen und Ordnen natürlicher Zahlen

Der Zahlenstrahl

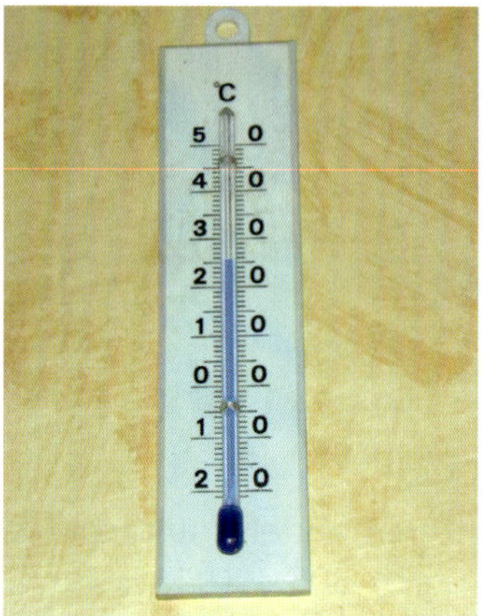

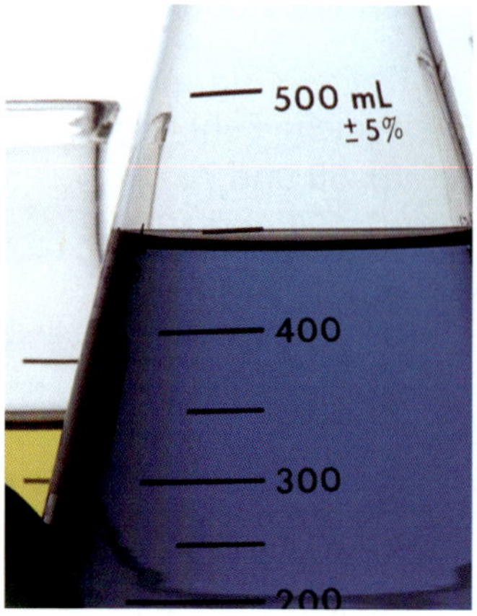

Natürliche Zahlen lassen sich am Zahlenstrahl veranschaulichen. Der Zahlenstrahl beginnt bei der Zahl Null.
Die Abstände zwischen zwei benachbarten natürlichen Zahlen sind immer gleich.

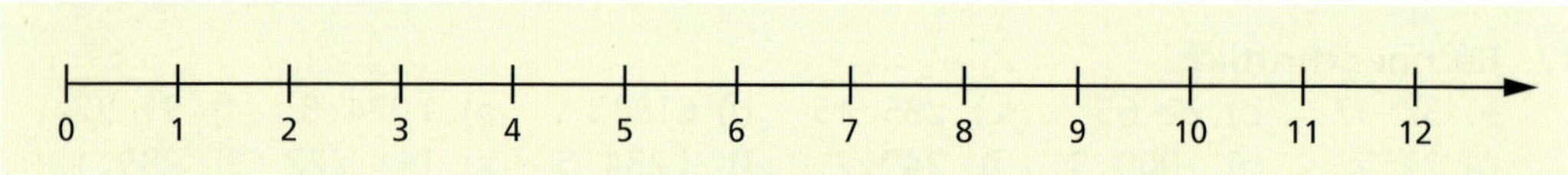

Wird als Abstand 1 cm gewählt, lassen sich nur wenige natürliche Zahlen darstellen. Um mehr oder größere Zahlen darstellen zu können, wird dieser Abstand verkleinert oder nur ein Ausschnitt des Zahlenstrahls gezeichnet.

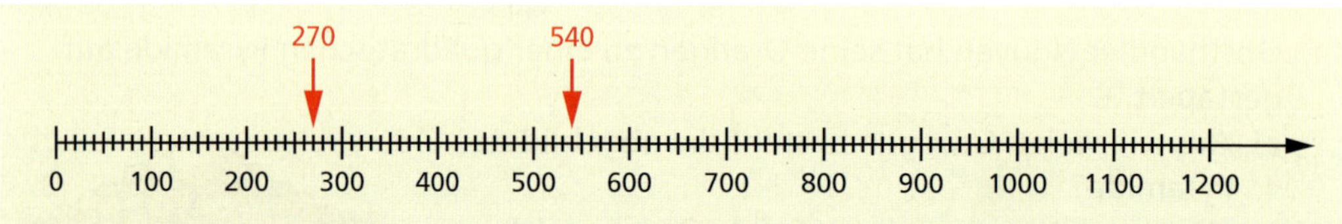

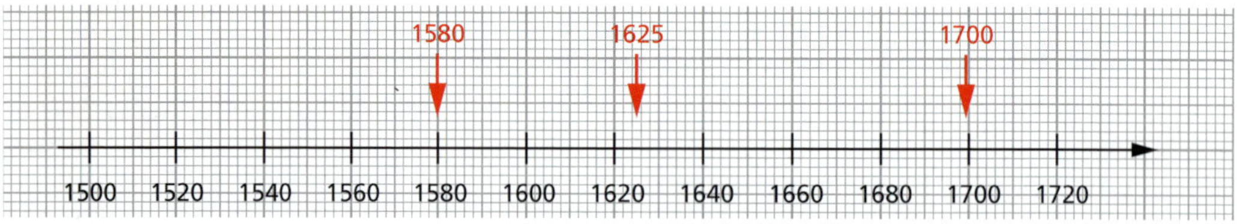

Die Zahl 1 580 liegt auf dem Zahlenstrahl **links** von der Zahl 1 625.
1 580 ist kleiner als 1 625.
Man schreibt: 1 580 < 1 625.

Die Zahl 1 700 liegt auf dem Zahlenstrahl **rechts** von der Zahl 1 625.
1 700 ist größer als 1 625.
Man schreibt: 1 700 > 1 625.

1 625 liegt **zwischen** 1 580 und 1 700. Man schreibt: 1 580 < 1 625 < 1 700.

Das Dezimalsystem

Die Zahl *vierundneunzigtausenddreihundertundsiebzehn* wird mit Ziffern 94 317 geschrieben. Das bedeutet:

$94\,317 = 9 \cdot 10\,000 + 4 \cdot 1\,000 + 3 \cdot 100 + 1 \cdot 10 + 7 \cdot 1$

In der **Stellentafel** sieht das so aus:

Tausender					
H	**Z**	**E**	**H**	**Z**	**E**
100 000	**10 000**	**1 000**	**100**	**10**	**1**
	9	4	3	1	7

Die Zahlen 1, 10, 100, 1 000, 10 000, … sind die **Stellenwerte.** Sie werden häufig als Zehnerpotenzen geschrieben.

M

Der **Exponent** (die Hochzahl) in einer Zehnerpotenz gibt an, wie oft die **Basis** (die Grundzahl) 10 als Faktor vorkommt, das heißt wie viele Nullen die Zahl hat.

$10^5 = 10 \cdot 10 \cdot 10 \cdot 10 \cdot 10 = 100\,000$

Die Stellentafel lässt sich beliebig erweitern, sodass auch sehr große Zahlen eingetragen werden können.

…	**Billionen**			**Milliarden**			**Millionen**			**Tausender**					
…	**H**	**Z**	**E**	**H**	**Z**	**E**	**H**	**Z**	**E**	**H**	**Z**	**E**	**H**	**Z**	**E**
…	10^{14}	10^{13}	10^{12}	10^{11}	10^{10}	10^9	10^8	10^7	10^6	10^5	10^4	10^3	10^2	**10**	**1**
					1	2	8	0	3	4	0	0	2	0	5
		5	7	3	0	0	4	1	2	0	0	0	0	0	0

Die oben dargestellten Zahlen heißen:

- *zwölf Milliarden achthundertdrei Millionen vierhunderttausendzweihundertfünf*
- *siebenundfünfzig Billionen dreihundert Milliarden vierhundertzwölf Millionen*

Zu beachten ist, dass Zahlen unter einer Million als Wort klein und zusammen geschrieben werden, Zahlen über einer Million dagegen getrennt.

Für die bessere Lesbarkeit großer Zahlen werden die Ziffern oft (von rechts beginnend) in Dreiergruppen zusammengefasst, z. B. $2\ \underbrace{073}\ \underbrace{408}$.

Für die Angabe sehr großer Zahlen werden oft Abkürzungen verwendet:
Millionen – Mio. oder Mill.
Milliarden – Mrd.

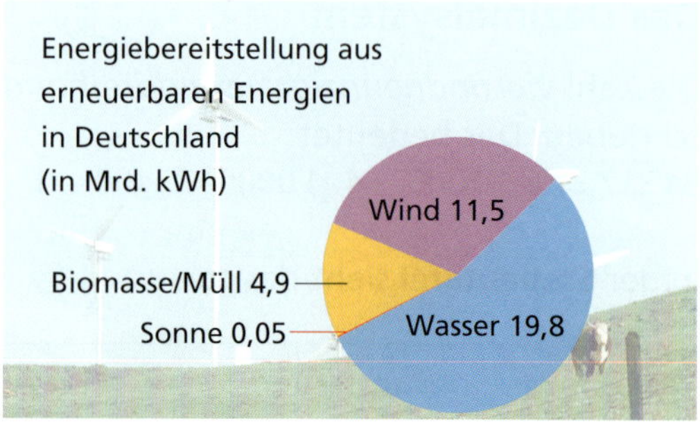

Natürliche Zahlen mit unterschiedlicher Stellenzahl lassen sich leicht vergleichen. Je mehr Stellen eine Zahl besitzt, desto größer ist sie.
Um entscheiden zu können, welche von zwei natürlichen Zahlen mit gleicher Stellenzahl die größere oder die kleinere ist, werden die Zahlen ziffernweise von links nach rechts verglichen.

B

93 008 < 93 080 | 180 881 > 180 818

345 067 > 344 567 | 375 757 < 377 415

Runden und Näherungswerte

Genaue Zahlenangaben sind oft nicht erforderlich, besonders bei sehr großen Zahlen. So ist es zum Beispiel nicht sinnvoll (und auch nicht möglich), die exakte Bevölkerungszahl der Erde in einem Buch zu veröffentlichen, da sich diese Zahl ständig ändert. Ausreichende Informationen vermitteln auch gerundete Werte.

Jahr	Anzahl der Menschen
1800	980 000 000
1850	1 260 000 000
1900	1 625 000 000
1950	2 520 000 000
1980	4 430 000 000
2000	6 070 000 000

Beim **Runden** ist zunächst festzustellen, auf welche Stelle gerundet werden soll. Dann wird die rechts davon stehende Stelle betrachtet.
Ist die Ziffer an dieser Stelle eine 0, 1, 2, 3 oder 4, wird **abgerundet,** bei einer 5, 6, 7, 8 oder 9 wird **aufgerundet.**

B

147 ≈ 150	5 382 ≈ 5 380	(auf *Zehner* gerundet)
3 145 ≈ 3 100	17 296 ≈ 17 300	(auf *Hunderter* gerundet)
907 ≈ 1 000	61 273 ≈ 61 000	(auf *Tausender* gerundet)

Durch das Zeichen ≈ wird gekennzeichnet, dass die Zahl gerundet wurde.

M Folgt auf die zu rundende Stelle eine 0, 1, 2, 3 oder 4, wird **abgerundet.**
Folgt auf die zu rundende Stelle eine 5, 6, 7, 8 oder 9, wird **aufgerundet.**

Auch beim **Schätzen von Größen oder Anzahlen** arbeitet man mit gerundeten Werten.

B Peter ist etwa 1,50 m groß. In einem Ameisenhaufen leben bis zu 600 000 Tiere.

Um auf einem Bild große Mengen (z.B. von Obst oder Gemüse) auszuzählen, zählt man nur in einem kleinen, überschaubaren Abschnitt und vervielfacht dann die ermittelte Anzahl entsprechend.

Andere Stellenwertsysteme

Das Dezimalsystem ist das Zehnersystem. Die Stellenwerte 1, 10, 100, 1 000, 10 000, ... sind Potenzen mit der Basis 10.

Für die Darstellung von Zahlen kann aber auch eine andere Basis gewählt werden, z.B. die Zahl 2. In diesem Fall heißen die Stellenwerte 1, 2, 4, 8, 16, 32, 64, ... Das sind die Zweierpotenzen 1, 2, $2 \cdot 2$, $2 \cdot 2 \cdot 2$, $2 \cdot 2 \cdot 2 \cdot 2$ usw.

Zahlen, die mit diesen Stellenwerten dargestellt werden, heißen **Dualzahlen.** Computer arbeiten mit solchen Zahlen. Um Zahlen im Zweiersystem darzustellen, werden nur die Ziffern 0 und 1 benötigt.

...	32	16	8	4	2	1
...	2^5	2^4	2^3	2^2	2^1	1
		1	0	0	1	1

B **Übertragen einer Zahl vom Zweiersystem ins Dezimalsystem:**

$$(10011)_2 = 1 \cdot 16 + 0 \cdot 8 + 0 \cdot 4 + 1 \cdot 2 + 1 \cdot 1$$
$$= 16 + 2 + 1 = 19$$

B **Übertragen einer Zahl aus dem Dezimalsystem ins Zweiersystem:**

$$21 = 16 + 4 + 1$$
$$= 1 \cdot 16 + 0 \cdot 8 + 1 \cdot 4 + 0 \cdot 2 + 1 \cdot 1$$
$$= (10101)_2$$

Man kann sich nun Stellenwertsysteme mit einer beliebigen Basis vorstellen. So hat z.B. das **Fünfersystem** die Stellenwerte 1, 5, 25, 125, 625, ... und die Zahl $(2403)_5$ kann in das Zehnersystem übertragen werden:

$$2 \cdot 125 + 4 \cdot 25 + 0 \cdot 5 + 3 \cdot 1 = 250 + 100 + 3 = 353$$

Römische Zahlzeichen

Ziffernblätter alter Uhren haben sehr oft **römische Zahlzeichen.** Solche Zahlzeichen wurden auch in Westeuropa noch bis zum 15. Jahrhundert benutzt.
Die heute von uns verwendeten Ziffern 0, 1, 2, 3, 4, 5, 6, 7, 8, 9 stammen ursprünglich aus Indien und wurden von den Arabern nach Europa gebracht. Daher heißen sie auch **arabische Ziffern.**

Die folgende Tabelle gibt einen Überblick über die wichtigsten römischen Zahlzeichen:

	Grundzeichen				Hilfszeichen		
Symbol	I	X	C	M	V	L	D
Zahl	1	10	100	1 000	5	50	500

Die Darstellung weiterer Zahlen erfolgt durch Aneinanderreihen dieser Zeichen nach bestimmten Regeln.

B XI bedeutet 10 + 1 = 11. VIII heißt 5 + 1 + 1 + 1 = 8. IX entspricht 10 – 1 = 9.

M Die den Zeichen zugeordneten Werte werden addiert oder subtrahiert, diese Zahlenschreibweise ist also kein Stellenwertsystem.

Regeln für die römische Zahlenschreibweise:

1. Die Grundzeichen I, X, C, M stehen höchstens dreimal hintereinander. Die Hilfszeichen V, L, D werden bei einer Zahl höchstens einmal verwandt.
2. Steht ein Zeichen rechts neben einem gleichen oder höheren, so wird sein Wert zum Wert dieses Zeichens addiert.
3. Steht ein Zahlzeichen links neben einem höheren, so wird sein Wert subtrahiert, dies gilt allerdings nur für IV, IX, XL, XC, CD und CM.

B
MDLXXI: 1 000 + 500 + 50 + 10 + 10 + 1 = 1 571
DCXCV: 500 + 100 + (100 – 10) + 5 = 695
MCCXXVII: 1 000 + 100 + 100 + 10 + 10 + 5 + 1 + 1 = 1 227
XCIX: (100 – 10) + (10 – 1) = 99

Das Schreiben von sehr großen Zahlen mithilfe römischer Zahlzeichen ist sehr aufwendig und erfordert immer neue Zeichen.

Aufgaben

Der Zahlenstrahl

1. Auf dem Zahlenstrahl sind mehrere Zahlen markiert.
Schreibe die Zahlen auf.

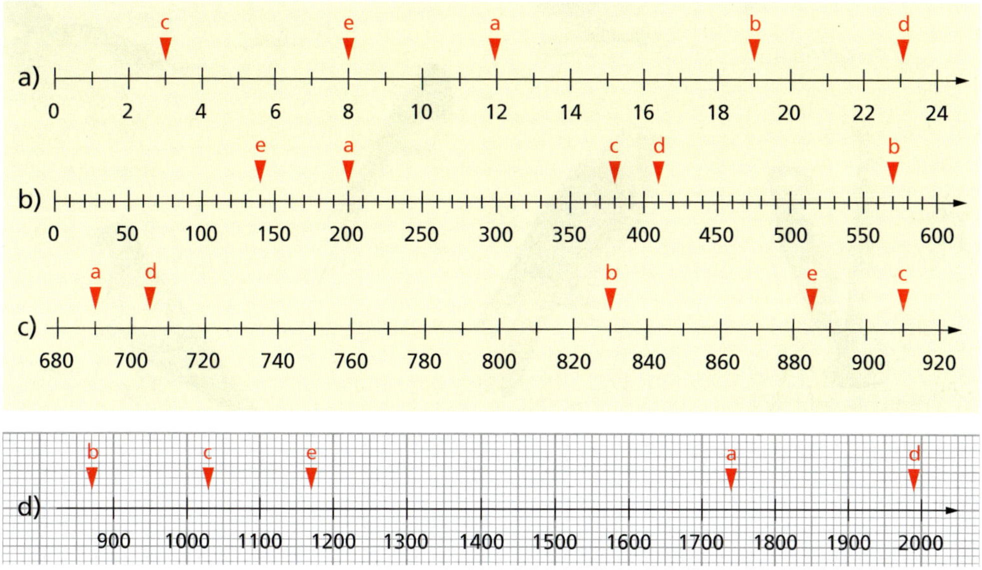

2. Zeichne jeweils einen Zahlenstrahl bis 120 und trage die folgenden Zahlen ein.
Wähle 1 cm für 10 Einheiten.
a) 8; 17; 24; 37; 51; 77; 84; 95; 112 b) 13; 35; 49; 62; 88; 92; 104; 119

3. Zeichne jeweils einen Zahlenstrahl und trage die genannten Zahlen ein.
Wähle selbst eine geeignete Einteilung.
a) 150; 280; 430; 690; 810; 1110 b) 800; 2200; 4600; 7650; 8300; 9950

4. Skalen an Messgeräten sind mit Zahlenstrahlen vergleichbar. Auf Seite 12 sind drei derartige Messgeräte abgebildet: Tachometer, Thermometer, Messbecher.
a) Welche Größen werden mit diesen Geräten jeweils gemessen?
b) Gib auch die entsprechenden Maßeinheiten für diese Größen an.
c) Die Skala des Thermometers hat im Vergleich zu den Skalen am Tachometer bzw. am Messbecher eine Besonderheit.
Worin besteht diese und warum ist sie notwendig?

5. Gib (falls möglich) jeweils zwei natürliche Zahlen an, die du für x einsetzen kannst.
a) $x < 5$ b) $x > 173$ c) $19 < x < 23$ d) $91 > x > 67$
e) $x > 0$ f) $x < 0$ g) $702 < x < 704$ h) $100 < x < 101$

6. Ordne die Flüsse der Länge nach.

Main	524 km	Rhein	1 320 km	Inn	510 km
Weser	440 km	Oder	912 km	Elbe	1 165 km
Donau	2 858 km	Mosel	545 km	Spree	403 km

7. Ordne die Vögel nach ihrem Gewicht.

Das Dezimalsystem

8. Lies die Zahlen und schreibe in Worten.
a) 344 b) 1 708 c) 935 014 d) 7 811 400 e) 83 507 000 408

9. Schreibe die Zahlen mit Ziffern und trage sie in eine Stellentafel ein.
a) fünfhundertachttausenddreiundvierzig
b) sieben Millionen vierhundertzwölf
c) dreiundachtzigtausendvier
d) drei Milliarden siebentausenddreihundertzehn
e) fünfundsechzig Millionen fünftausendsechs

10. Schreibe die Zahlen mit Ziffern.
a) $4 \cdot 100\,000 + 8 \cdot 10 + 3 \cdot 1$
b) $7 \cdot 1\,000\,000 + 4 \cdot 10\,000 + 7 \cdot 1\,000 + 8 \cdot 100 + 5 \cdot 10$
c) $3 \cdot 10\,000 + 5 \cdot 100 + 8 \cdot 1$
d) $9 \cdot 100\,000 + 9 \cdot 1\,000 + 3 \cdot 100 + 7 \cdot 1$
e) $5 \cdot 1\,000\,000 + 8 \cdot 100\,000 + 5 \cdot 100 + 8 \cdot 10$

11. Schreibe die Zahlen mit Ziffern.
a) $4 \cdot 10^5 + 5 \cdot 10^4 + 2 \cdot 10^1$ b) $7 \cdot 10^8 + 6 \cdot 10^5 + 2 \cdot 10^4 + 9 \cdot 10^3 + 7 \cdot 10^2$
c) $6 \cdot 10^{10} + 3 \cdot 10^5 + 4 \cdot 10^4$ d) $5 \cdot 10^{12} + 9 \cdot 10^9 + 4 \cdot 10^6 + 3 \cdot 1$
e) $7 \cdot 10^8 + 3 \cdot 10^7 + 6 \cdot 10^2 + 8 \cdot 1$ f) $1 \cdot 10^{15} + 1 \cdot 10^{11} + 1 \cdot 10^7 + 7 \cdot 10^3 + 1 \cdot 10^2$

12. Schreibe die Zahlen erst mit Ziffern und dann in Worten.
a) $23 \cdot 10^5$ b) $1\,097 \cdot 10^6$ c) $74 \cdot 10^{12}$ d) $1\,000 \cdot 10^{10}$
e) $749\,912 \cdot 10^8$ f) $10^3 \cdot 10^7$ g) $10^8 \cdot 10^5$ h) $47 \cdot 10^2 \cdot 10^4$

13. Der Speicherplatz von Computern, Disketten oder CD-ROMs wird oft in Megabyte (MB) oder Kilobyte (kB) angegeben. Ein Megabyte bedeutet 10^6 Byte, ein Kilobyte 10^3 Byte.
Schreibe die Angaben mit Ziffern.
(*Beispiel:* 8 kB = $8 \cdot 10^3$ Byte = 8 000 Byte)
a) 650 MB b) 30 kB c) 700 kB
d) 20 MB e) 3000 MB

14. Schreibe ab und setze für □ das passende Zeichen (<, > oder =) ein.
a) 2 385 □ 2 358 b) 110 110 □ 111 011 c) 3 443 343 □ 3 444 334
d) 710 189 □ 77 189 e) 380 608 □ 380 068 f) 84 414 841 □ 84 814 841

15. Ordne die Zahlen nach der Größe. Verwende das Kleinerzeichen.

a)	b)	c)	d)	e)	f)
365	8 435	92 590	17 307	41 105	369 406
370	8 405	92 509	17 377	40 115	369 640
312	4 835	920 005	17 703	41 150	366 940
371	8 345	92 905	13 707	14 150	639 430
657	8 354	52 909	31 307	45 104	396 406

16. Im Folgenden sind nur solche Zahlen gesucht, die aus den Ziffern 3, 5 und 6 gebildet werden können.
a) Gib alle dreistelligen Zahlen an, bei denen jede der Ziffern genau einmal vorkommt. Ordne sie der Größe nach.
b) Wie viele dreistelligen Zahlen lassen sich bilden, wenn sich die Ziffern wiederholen dürfen?
c) Nenne die kleinste vierstellige Zahl, die sich aus diesen Ziffern bilden lässt.
d) Welche dieser Zahlen ist die größte, die kleiner als 500 ist?
e) Welche dieser Zahlen ist die kleinste, die größer als 500 ist?

17. Wie viele dreistellige Zahlen gibt es, die folgende Ziffern enthalten? Schreibe sie auf und ordne sie der Größe nach.
a) zweimal die Ziffer 7 und einmal die Ziffer 5
b) zweimal die Ziffer 2 und einmal die Ziffer 0
c) nur die Ziffern 4 oder 5
d) genau zweimal die Ziffer 8

Runden und Näherungswerte

18. Runde auf Zehner (Hunderter).
108; 17; 544; 839; 1 902; 10 499; 474; 582 358; 19 998; 12 765

19. Runde auf Tausender (Zehntausender).
a) 1 295 509; 35 450; 99 877 b) 25 844 500; 115 843; 428 271
c) 465 811; 494 599; 803 394 d) 30 005 555; 788 431; 3

20. Runde auf Millionen.
a) 3 980 405 b) 1 730 487 c) 88 088 088 d) 104 300 e) 34 588 011

21. David erhält nach dem Runden einer Zahl 4200. Lisa meint, er habe auf Hunderter gerundet. Ist das richtig?

22. Mareen rundet 397 auf volle Tausender und erhält 0. Hat sie Recht?

23. Nenne mindestens drei verschiedene Zahlen, die beim Runden
a) auf Zehner die Zahl 30 ergeben;
b) auf Tausender die Zahl 43 000 ergeben;
c) auf Hunderter 72 400 ergeben.

24. Entscheide, ob man runden darf. Wenn ja, runde sinnvoll.
a) Herr Müller hat im letzten Jahr 38 411,63 € verdient.
b) Tims Telefonnummer lautet 8 217 455.
c) Der Kirchturm hat eine Höhe von 87,53 m.
d) Sabine hat die Schuhgröße 37.
e) Die Verkäuferin an der Kasse verlangt 13,17 €.
f) Die Marathonstrecke ist 42,195 km lang.
g) Für ein Konzert wurden 17 823 Eintrittskarten verkauft.
h) Der Sportler hat die Startnummer 834.

25. Julia und Alex runden die gleichen Zahlen. Was sagst du zu ihrem Vorgehen?

26. Nenne die kleinste und die größte Zahl, die beim Runden
a) auf Zehner die Zahl 450 ergibt;
b) auf Hunderter die Zahl 7 800 ergibt;
c) auf Zehntausender die Zahl 9 850 000 ergibt;
d) auf Millionen die Zahl 17 000 000 ergibt.

27. Runde jeweils auf ganze Meter.
a) 324 cm b) 1 275 cm c) 98 cm d) 89 dm e) 1 435 mm

28. Schätze, wie viele Pinguine auf dem Bild zu sehen sind.
Hinweis: Zähle für einen kleinen Abschnitt aus und vervielfache dein Ergebnis.

29. Schätze die Höhe eines Hochhauses mit zehn Etagen.
Hinweis: Überlege, wie hoch eine Etage ist, und vervielfache.

30. Die folgende Übersicht enthält die auf Tausender gerundeten Einwohnerzahlen und die Flächen der deutschen Bundesländer (Stand 31.12.2002).
a) Runde die Einwohnerzahlen weiter auf Hunderttausender und die Flächen auf Hunderter.

b) Ordne die Länder entsprechend der Einwohnerzahl.
c) Ordne die Länder entsprechend der Größe des Territoriums.

	Bundesland	**Kürzel**	**Bevölkerung**	**Fläche**	
	Baden-Württemberg	BW	10 661 000	35 752 km^2	
	Bayern	BY	12 387 000	70 549 km^2	
	Berlin	BE	3 392 000	892 km^2	
	Brandenburg	BB	2 582 000	29 477 km^2	
	Bremen	HB	662 000	404 km^2	
	Hamburg	HH	1 729 000	755 km^2	
	Hessen	HE	6 092 000	21 119 km^2	
	Mecklenburg-Vorpommern	MV	1 745 000	23 173 km^2	
	Niedersachsen	NI	7 980 000	47 618 km^2	
	Nordrhein-Westfalen	NW	18 076 000	34 083 km^2	
	Rheinland-Pfalz	RP	4 058 000	19 847 km^2	
	Saarland	SL	1 065 000	2 569 km^2	
	Sachsen	SN	4 349 000	18 413 km^2	
	Sachsen-Anhalt	ST	2 549 000	20 445 km^2	
	Schleswig-Holstein	SH	2 817 000	15 763 km^2	
	Thüringen	TH	2 392 000	16 172 km^2	

Andere Stellenwertsysteme

31. Übertrage ins Zehnersystem.
a) $(100)_2$; $(11001)_2$; $(100101)_2$ b) $(10011)_2$; $(1111101)_2$; $(1001010)_2$

32. Gib jeweils den Vorgänger und den Nachfolger an.
a) $(110)_2$; $(11)_2$; $(10000)_2$ b) $(111100)_2$; $(11101)_2$; $(1001101)_2$

33. Schreibe im Zweiersystem.
a) 5; 18; 23 b) 135; 222; 357 c) 794; 912; 1 023

34. Welche Dezimalzahl ist im Zweiersystem
a) die kleinste vierstellige Zahl? b) die größte fünfstellige Zahl?

35. Wie viele Stellen haben die folgenden Zahlen im Zweiersystem?
a) 1 000 b) 2 000 c) 5 000 d) 8 000 e) 10 000

36. Wird an eine Zahl im Dezimalsystem eine Null angehängt, so verzehnfacht sich die Zahl. Wie ändern sich Zahlen im Zweiersystem, wenn eine Null angehängt wird?

37. Übertrage ins Dezimalsystem.
a) $(10)_3$; $(22)_3$; $(2102)_3$ b) $(34)_5$; $(62)_7$; $(3333)_4$

38. a) Schreibe im Dreiersystem: 21; 84; 156
b) Schreibe im Fünfersystem: 77; 128; 855

Römische Zahlzeichen

39. Schreibe mithilfe römischer Zahlzeichen.
a) 12; 29; 124 b) 87; 110; 309 c) 543; 1987; 3072

40. In welchem Jahr wurde das nebenstehend abgebildete Bauwerk errichtet? Ist die Scheibweise mithilfe der römischen Zahlzeichen korrekt?

41. Schreibe als Dezimalzahl.
a) XXX; XXV; XCII
b) MCIX; CCLXXXVII; CDXLVII
c) MDCLXVI; MCXVI; MDXCII

42. a) Lies die Schrift um das Porträt von ADAM RIES.
b) In welchem Jahr wurde er geboren? Schreibe das Geburtsjahr mit römischen Zeichen.
c) ADAM RIES starb im Jahr MDLIX. Schreibe das Todesjahr mit arabischen Ziffern.

43. Welche ist die größte (kleinste) Zahl, die
a) nur mit den Zahlzeichen X und V;
b) nur mit C, X und V;
c) unter Verwendung aller auf Seite 16 genannten (auch mehrfach auftretender) römischen Zahlzeichen geschrieben werden kann?

1.2 Rechnen mit natürlichen Zahlen

Addition und Subtraktion natürlicher Zahlen

Manuela und Tobias fahren mit ihren Eltern in den Urlaub. Sie haben mit dem Wohnmobil schon 215 km zurückgelegt. Bis zum Feriendorf sind es noch 137 km. Wie weit fahren sie insgesamt?

In der Aufgabe 28 + 13 = 41 sind die Zahlen 28 und 13 die **Summanden** und das Ergebnis 41 ist die **Summe.**
Dabei ist es egal, ob 28 + 13 oder 13 + 28 gerechnet wird, die Summe ist jeweils dieselbe. Die Summanden dürfen vertauscht werden.

M

Kommutativgesetz (Vertauschungsgesetz) der Addition
Beim Addieren dürfen die Summanden vertauscht werden.
Für beliebige natürliche Zahlen a und b gilt:
a + b = b + a

Auch bei drei oder mehr Summanden spielt es keine Rolle, in welcher Reihenfolge sie addiert werden.

B

19 + 27 + 21 = 19 + 21 + 27
= 40 + 27 = 67

33 + 46 + 7 + 24 = (33 + 7) + (46 + 24)
= 40 + 70 = 110

Klammern zeigen an, was zuerst berechnet werden soll. Beim Addieren dürfen Klammern jedoch beliebig gesetzt werden.

M

Assoziativgesetz (Verbindungsgesetz) der Addition
Beim Addieren dürfen Summanden durch Klammern verbunden werden.
Für beliebige natürliche Zahlen a, b und c gilt:
a + b + c = (a + b) + c = a + (b + c)

Das Kommutativgesetz und das Assoziativgesetz können genutzt werden, um vorteilhaft zu rechnen.

B

Rechnen, wie es die Klammer vorschreibt:

$14 + (26 + 11) = 14 + 37$
$= 51$

Besser:

$14 + (26 + 11) = (14 + 26) + 11$
$= 40 + 11$
$= 51$

Die **Subtraktion** macht die Addition rückgängig. Deshalb ist sie die Umkehrrechnung zur Addition. Genauso ist die Addition die Umkehrrechnung zur Subtraktion.

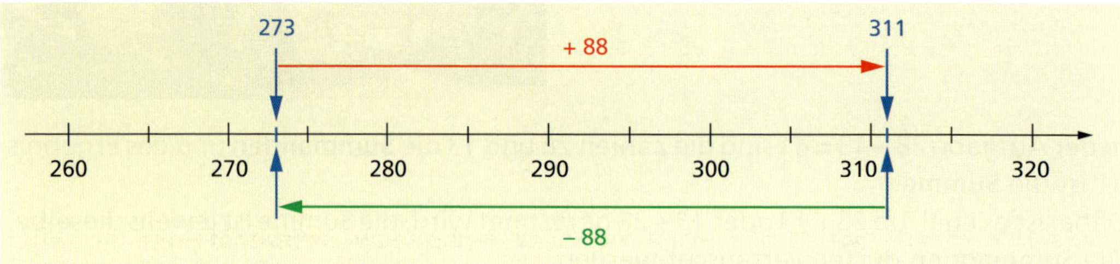

In der Aufgabe 311 – 88 = 273 ist die Zahl 311 der **Minuend,** die Zahl 88 der **Subtrahend** und das Ergebnis 273 die **Differenz.**
Anders als bei der Addition dürfen Minuend und Subtrahend nicht vertauscht werden.

Die Aufgabe 88 – 311 ist in der Menge der natürlichen Zahlen nicht lösbar.
Die Subtraktion ist nur dann ausführbar, wenn der Minuend größer oder gleich dem Subtrahenden ist.

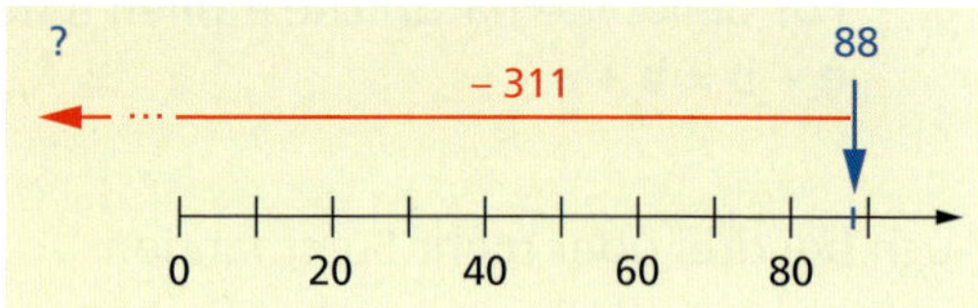

Auch Klammern dürfen beim Subtrahieren nicht beliebig gesetzt werden.

B

$85 - (43 - 17) = 85 - 26 = 59$ aber: $(85 - 43) - 17 = 42 - 17 = 25$

$(112 - 45) - 37 = 67 - 37 = 30$ aber: $112 - (45 - 37) = 112 - 8 = 104$

Schriftliches Addieren und Subtrahieren

Beim **schriftlichen** Addieren und Subtrahieren sind die Zahlen **stellengerecht** untereinander zu schreiben. Dann wird von rechts nach links gerechnet, das heißt, erst werden die Einer addiert, dann die Zehner, die Hunderter usw.
Dabei sind Überträge zu beachten.

B

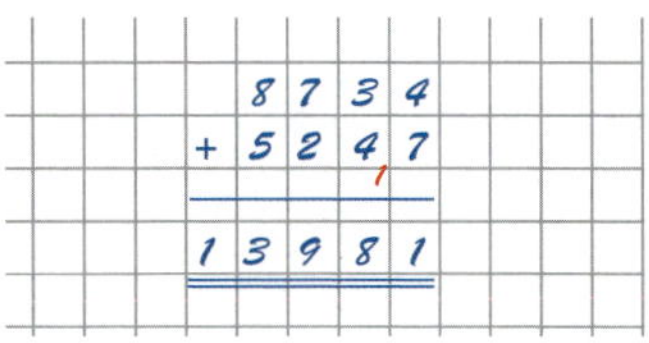

Rechne:	Schreibe:	Übertrage:
4 + 7 = 11	1	1
1 + 3 + 4 = 8	8	
7 + 2 = 9	9	
8 + 5 = 13	13	

B

	4	3	0	8
−	2	6	5	7
		1	1	
	1	6	5	1

Rechne:	Schreibe:	Übertrage:
8 − 7 = 1	1	
10 − 5 = 5	5	1
13 − 6 − 1 = 6	6	1
4 − 2 − 1 = 1	1	

Mehrere Summanden werden nach demselben Verfahren addiert. Beim **Subtrahieren** mehrerer Zahlen gibt es dagegen zwei Möglichkeiten, wie das folgende Beispiel zeigt.

B

	6	7	0	3	4
−		6	7	0	5
−	1	2	3	3	0
−		2	0	0	3
	1	2	1	1	
	4	5	9	9	6

oder

		6	7	0	5
+	1	2	3	3	0
+		2	0	0	3
	1	1			
	2	1	0	3	8

	6	7	0	3	4
−	2	1	0	3	8
		1	1	1	
	4	5	9	9	6

Da Addition und Subtraktion zueinander Umkehrrechnungen sind, können Rechenergebnisse durch die umgekehrte Rechnung überprüft werden.
Sinnvoll ist auch die Kontrolle durch einen **Überschlag.** Dazu werden die Zahlen so weit gerundet, dass sie schnell im Kopf addiert oder subtrahiert werden können.

B

	5	6	1	7
−	3	4	4	6
		1		
	2	1	7	1

Überschlag:

	5	6	0	0
−	3	4	0	0
	2	2	0	0

Multiplikation und Division natürlicher Zahlen

Lisa spendiert ihren fünf Freunden eine Runde Smarties. Jeder erhält 16 Stück. Wie viele Smarties verteilt Lisa?

In der Aufgabe 12 · 7 = 84 sind die Zahlen 12 und 7 die **Faktoren,** das Ergebnis 84 ist das **Produkt.** Es ist egal, welcher der Faktoren der erste und welcher der zweite ist: Es gilt auch 7 · 12 = 84; d.h., das Ergebnis der Rechnung bleibt gleich.

M

Kommutativgesetz (Vertauschungsgesetz) der Multiplikation
Beim Multiplizieren dürfen die Faktoren vertauscht werden.
Für beliebige natürliche Zahlen a und b gilt:
a · b = b · a

Auch bei drei oder mehr Faktoren spielt es keine Rolle, in welcher Reihenfolge sie multipliziert werden. Es kann sogar vorteilhaft sein, die Faktoren vor dem Rechnen zu vertauschen.

Klammern zeigen an, was zuerst berechnet werden soll. Beim Multiplizieren dürfen Klammern beliebig gesetzt werden.

$13 \cdot 5 \cdot 20 = 13 \cdot (5 \cdot 20)$
$= 13 \cdot 100 = 1\,300$

$7 \cdot 5 \cdot 4 \cdot 25 = (7 \cdot 5) \cdot (4 \cdot 25)$
$= 35 \cdot 100 = 3\,500$

Assoziativgesetz (Verbindungsgesetz) der Multiplikation
Beim Multiplizieren dürfen die Faktoren durch Klammern verbunden werden.
Für beliebige natürliche Zahlen a, b und c gilt:
$\mathbf{a \cdot b \cdot c = (a \cdot b) \cdot c = a \cdot (b \cdot c)}$

Die **Division** macht die Multiplikation rückgängig. Sie ist die Umkehrrechnung zur Multiplikation. Genauso ist die Multiplikation die Umkehrung der Division.

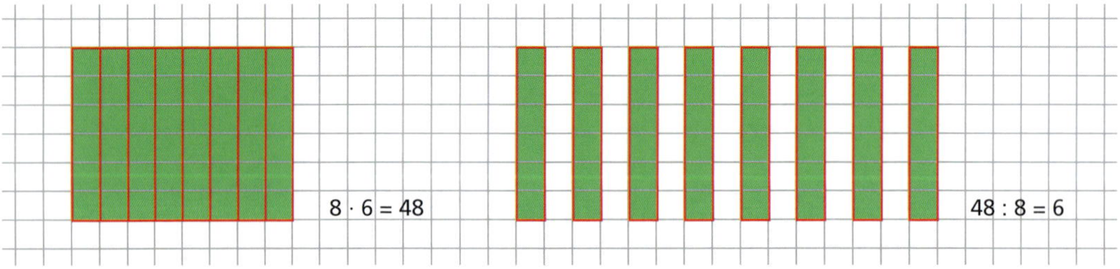

In der Aufgabe $405 : 3 = 135$ ist die Zahl 405 der **Dividend,** die 3 der **Divisor** und das Ergebnis 135 der **Quotient.**
Es ist leicht zu erkennen, dass Dividend und Divisor nicht einfach vertauscht werden dürfen. Bei der Division dürfen auch Klammern nicht beliebig gesetzt werden.

$(120 : 6) : 2 = 20 : 2 = 10$ aber: $120 : (6 : 2) = 120 : 3 = 40$

Besonders einfach sind das **Multiplizieren mit Zehnerpotenzen** und das **Dividieren durch Zehnerpotenzen.**
Wird eine Zahl mit 10, 100, 1000, … multipliziert, so hängt man an diese Zahl nur eine Null bzw. zwei, drei, … Nullen an. Beim Dividieren durch 10, 100, 1000, … sind nur (falls vorhanden) entsprechend viele Nullen als letzte Ziffern zu streichen.

$13 \cdot 10 = 130$

$4\,500 \cdot 1\,000 = 4\,500\,000$

$560 : 10 = 56$

$56\,730\,000 : 1\,000 = 56\,730$

Dieser Sachverhalt kann auch genutzt werden, wenn mit Vielfachen von Zehnerpotenzen multipliziert oder durch Vielfache von Zehnerpotenzen dividiert werden soll.

B $13 \cdot 200 = 13 \cdot 2 \cdot 100 = 26 \cdot 100 = 2\,600$ $\qquad$ $4\,800 : 60 = 480 : 6 = 80$

Schriftliches Multiplizieren und Dividieren

Auch für die Multiplikation und Division von natürlichen Zahlen gibt es **schriftliche Verfahren.** Bevor man diese anwendet, sollte stets eine **Überschlagsrechnung** durchgeführt werden.

B Überschlag: $70 \cdot 40 = 2\,800$

```
68 · 37
 204
  476
 2516
```

Rechne:	Schreibe:	Übertrage:
$3 \cdot 8 = 24$	4	2
$3 \cdot 6 + 2 = 20$	20	
$7 \cdot 8 = 56$	6	5
$7 \cdot 6 + 5 = 47$	47	
$2\,040 + 476 = 2\,516$	Vergleich: $2\,516 \approx 2\,800$	

Tritt im zweiten Faktor eine Null auf, kann eine Zeile gespart werden, indem einfach an die vorhergehende Zeile eine Null angehängt wird.

```
137 · 205
  2740
    685
  28085
```

Überschlag: $130 \cdot 200 = 26\,000$

Vergleich: $28\,085 \approx 26\,000$

Vor dem schriftlichen Multiplizieren ist zu überlegen, welche Reihenfolge der Faktoren günstig ist. Als zweiter Faktor eignen sich Zahlen, die wenige Stellen haben und mehr Nullen oder Einsen als Ziffern enthalten.

B $15 \cdot 4\,328$ besser: $4\,328 \cdot 15$ $\qquad$ $4\,005 \cdot 239$ besser: $239 \cdot 4\,005$

Beim schriftlichen **Dividieren** ist das bekannte Verfahren auf mehrstellige Divisoren übertragbar.

B

```
 297 : 11 = 27
-22
  77
 -77
   0
```

Rechne:
$29 : 11 = 2$ Rest 7
$2 \cdot 11 = 22$
$77 : 11 = 7$ Rest 0
$7 \cdot 11 = 77$

Überschlag:
$300 : 10 = 30$

Vergleich:
$27 \approx 30$

```
 12870 : 18 = 715
-126
   27
  -18
    90
   -90
     0
```

Rechne:
$128 : 18 = 7$ Rest 2
$7 \cdot 18 = 126$
$27 : 18 = 1$ Rest 9
$1 \cdot 18 = 18$
$90 : 18 = 5$ Rest 0
$5 \cdot 18 = 90$

Überschlag:
$13\,000 : 20 = 650$

Vergleich:
$715 \approx 650$

Manchmal bleibt beim Dividieren ein Rest, wie das folgende Beispiel zeigt.

B

```
 2873 : 14 = 205   R.3
-28
  07
  -0
   73
  -70
    3
```

Rechne:		Überschlag:
$28 : 14 = 2$	Rest 0	$3\,000 : 15 = 200$
$2 \cdot 14 = 28$		
$7 : 14 = 0$	Rest 7	
$0 \cdot 14 = 0$		
$73 : 14 = 5$	Rest 3	Vergleich:
$5 \cdot 14 = 70$		$205 \approx 200$

Nach dem Dividieren sollte eine **Probe** erfolgen. Für das obige Beispiel könnte diese wie in der nebenstehenden Darstellung aussehen.

```
205 · 14
    205
     820
   2870 + 3 = 2873
```

Rechnen mit 0 und 1

Wenn in Rechenaufgaben die Zahlen 0 oder 1 vorkommen, sind diese Aufgaben manchmal besonders einfach oder es treten Besonderheiten auf.

M Für beliebige natürliche Zahlen a gilt:

$a + 0 = a$	$a \cdot 1 = a$	$a : 1 = a$
$a - 0 = a$	$a \cdot 0 = 0$	$0 : a = 0$ (falls $a \neq 0$)

Beachte: Die Aufgabe $a : 0$ ist nicht lösbar.

Potenzen natürlicher Zahlen

Für die Zahl $10 \cdot 10 \cdot 10 \cdot 10 \cdot 10 \cdot 10 = 1\,000\,000$ gibt es die abkürzende Schreibweise 10^6. Dies ist eine **Zehnerpotenz.**
Genauso lassen sich Potenzen anderer Zahlen bilden, z.B. $2^5 = 2 \cdot 2 \cdot 2 \cdot 2 \cdot 2 = 32$ oder $5^3 = 5 \cdot 5 \cdot 5 = 125$.

M Der **Exponent** (die Hochzahl) in der Potenz gibt an, wie oft die **Basis** (die Grundzahl) a als Faktor vorkommt.

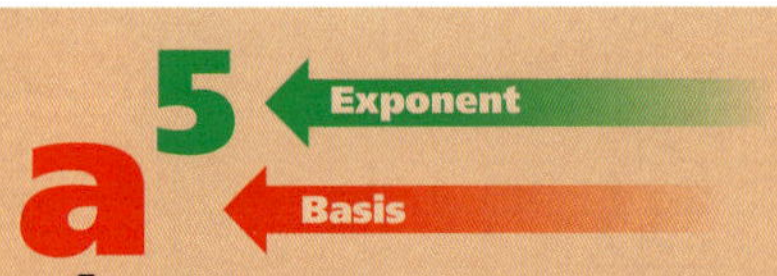

$a^5 = a \cdot a \cdot a \cdot a \cdot a$

Die Basis und der Exponent dürfen normalerweise nicht vertauscht werden:
$5^3 = 125$, aber $3^5 = 243$.
Beispiele wie $2^4 = 4^2 = 16$ bilden eine Ausnahme.

Spezielle Potenzen sind die Quadratzahlen (zweite Potenzen) und die Kubikzahlen (dritte Potenzen).

Quadratzahlen erhält man, wenn eine Zahl mit sich selbst multipliziert wird. Das führt auf den Exponenten 2.

$6 \cdot 6 = 6^2 = 36$
Sprechweise für 6^2: „Sechs (zum) Quadrat“ oder „Sechs hoch zwei“

Quadratzahlen, die größer als 1 sind, können durch Punkte in quadratischen Gittern veranschaulicht werden.

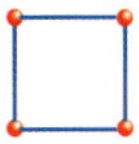

$2 \cdot 2 = 2^2 = 4$

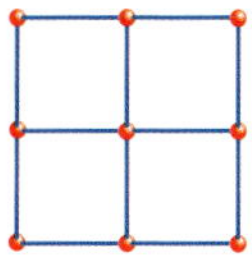

$3 \cdot 3 = 3^2 = 9$

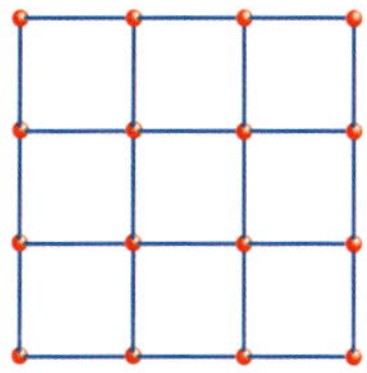

$4 \cdot 4 = 4^2 = 16$

Im Folgenden sind die Quadrate der natürlichen Zahlen von 0 bis 20 (d. h. die Quadratzahlen bis 400) angegeben:

a	0	1	2	3	4	5	6	7	8	9	10
a^2	0	1	4	9	16	25	36	49	64	81	100

a	10	11	12	13	14	15	16	17	18	19	20
a^2	100	121	144	169	196	225	256	289	324	361	400

Kubikzahlen erhält man als Produkt von drei gleichen Faktoren. Daher lassen sich diese Zahlen als Potenzen mit dem Exponenten 3 darstellen.

$6 \cdot 6 \cdot 6 = 6^3 = 216$
Sprechweise: „Sechs kubik“ oder „Sechs hoch drei“

Auch Kubikzahlen, die größer als 1 sind, lassen sich veranschaulichen.
Man verwendet hierzu so genannte Würfelgitter.

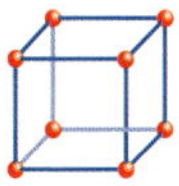

$2 \cdot 2 \cdot 2 = 2^3 = 8$

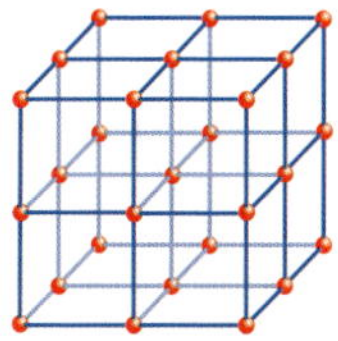

$3 \cdot 3 \cdot 3 = 3^3 = 27$

Im Folgenden sind die Kubikzahlen bis 1000 angegeben:

a	0	1	2	3	4	5	6	7	8	9	10
a^3	0	1	8	27	64	125	216	343	512	729	1000

Berechnen von Termen

$83 + 27$ und $56 \cdot 11 - 415$ sind Beispiele für Rechenausdrücke. Ein Rechenausdruck wird auch als **Term** bezeichnet.

Der Term $83 + 27$ ist eine Summe. Das ist leicht erkennbar, da nur eine Rechenoperation auszuführen ist.
Doch was ist der zweite Term $56 \cdot 11 - 415$? Ist es ein Produkt oder ist es eine Differenz?

Dieser Term ist eine Differenz, wobei der Minuend das Produkt von den Faktoren 56 und 11 ist und der Subtrahend 415 heißt.

$$\underbrace{56 \cdot 11}_{\text{Minuend}} - \underbrace{415}_{\text{Subtrahend}}$$

Ob es sich bei einem Term um eine Summe, eine Differenz, ein Produkt oder einen Quotienten handelt, erkennt man, wenn man sich die richtige Reihenfolge der auszuführenden Rechenoperationen überlegt.

Julia und Alex beteiligen sich an einem Wettbewerb im Kopfrechnen und sollen die Aufgabe $34 \cdot 7 + 16 \cdot 7$ lösen.
Alex rechnet:
$34 \cdot 7 + 16 \cdot 7 = 238 + 112 = 350$
Julia dagegen geht folgendermaßen vor:
$(34 + 16) \cdot 7 = 50 \cdot 7 = 350$
Wer von beiden wird wohl schneller sein?

Der Term $34 \cdot 7 + 16 \cdot 7$ ist eine Summe von zwei Produkten. In beiden Produkten gibt es den Faktor 7. Deshalb lässt sich dieser Term auch als $(34 + 16) \cdot 7$ schreiben. Während Alex drei Rechenoperationen ausführen muss, hat Julia nur zwei verschiedene Rechnungen vorzunehmen.

Umgekehrt ist es manchmal günstig, einen Faktor in eine Summe zu zerlegen und ihn dadurch auf zwei Summanden zu verteilen.

B $126 \cdot 5 = (120 + 6) \cdot 5 = 120 \cdot 5 + 6 \cdot 5 = 600 + 30 = 630$

M **Distributivgesetz (Verteilungsgesetz)**
Soll eine Summe mit einem Faktor multipliziert werden, wird jeder Summand mit dem Faktor multipliziert und die Produkte werden addiert.
Für beliebige natürliche Zahlen a, b und c gilt:
$\mathbf{(a + b) \cdot c = a \cdot c + b \cdot c}$

Ähnlich günstig kann eine Differenz multipliziert oder eine Summe dividiert werden.

B $(30 - 7) \cdot 4 = 30 \cdot 4 - 7 \cdot 4 = 120 - 28 = 92$

$412 : 4 = (400 + 12) : 40 = 400 : 4 + 12 : 4 = 100 + 3 = 103$

Treten in einer Aufgabe Klammern oder mehrere Rechenoperationen auf, so ist die richtige Reihenfolge der Rechnungen zu beachten. Es gelten folgende **Vorrangregeln:**

(1) Was in Klammern steht, wird zuerst berechnet.
(2) Potenzrechnung geht vor Punktrechnung.
(3) Punktrechnung geht vor Strichrechnung.
(4) Sonst wird von links nach rechts gerechnet.

B $17 \cdot 3^2 = 17 \cdot 9 = 153$ $\quad$ $312 : 3 + 65 : 5 = 104 + 13 = 117$

$54 - 3 \cdot 14 = 54 - 42 = 12$ $\quad$ $4^3 - (83 - 52) = 64 - 31 = 33$

Bei längeren Aufgaben treten manchmal mehrfach Klammern auf. Dann sind zunächst die inneren (runden) Klammern zu berechnen, danach die äußeren (eckigen).

B $100 - [512 : (8 + 24) + 47] = 100 - [512 : 32 + 47] = 100 - [16 + 47] = 100 - 63 = 37$

Unter Einhaltung der Regeln und Rechengesetze können die Zahlen in einer Aufgabe auch geeignet geordnet und zusammengefasst werden.

B $426 - 83 + 14 - 117 = 426 + 14 - 83 - 117 = 440 - 200 = 240$

Berechnen des Durchschnitts

Eine Wetterstation hat in fünf aufeinander folgenden Jahren jeweils im Monat August die folgenden Niederschlagsmengen gemessen:

Jahr	1999	2000	2001	2002	2003
Niederschlag in mm	98	76	87	55	79

Wie groß war in diesen Jahren die durchschnittliche Niederschlagsmenge im August?

Zunächst lässt sich abschätzen, dass der gesuchte Wert zwischen dem kleinsten und dem größten Wert, also zwischen 55 mm und 98 mm, liegen muss.
Insgesamt fielen 98 mm + 76 mm + 87 mm + 55 mm + 79 mm = 395 mm Niederschlag.
Verteilt auf die fünf Jahre sind das pro Jahr 395 mm : 5 = 79 mm Niederschlag.
Kurz: $(98 + 76 + 87 + 55 + 79) : 5 = 79$

M Der **Durchschnitt** (oder das **arithmetische Mittel**) mehrerer Zahlen wird berechnet, indem die Summe dieser Zahlen durch deren Anzahl dividiert wird.

Aufgaben

1. a) Ordne die folgenden Begriffe sinnvoll.

Addieren; Verringern; Teilen; Multiplizieren; Dazugeben; Vervielfachen; Aufteilen; Vermehren; Abziehen; Dividieren; Verlängern; Subtrahieren; Malnehmen; Vermindern; Halbieren; Verkleinern; Zugeben; Wegnehmen

b) Kennzeichne jeweils die Fachbegriffe.

Addition und Subtraktion natürlicher Zahlen

2. Berechne im Kopf.

a) 73 + 67 b) 134 – 85 c) 99 + 156 d) 232 + 323
e) 94 – 28 f) 570 – 345 g) 362 + 614 h) 1 008 – 810

3. Berechne im Kopf. Nutze Rechenvorteile, indem du geschickt zusammenfasst.

a) 85 + 37 + 15 b) 34 + 77 + 23 + 102 c) 176 + 48 + 224 + 12
d) 182 + 513 + 18 e) 143 + 11 + 57 + 77 f) 271 + 101 + 99 + 29

4. Berechne im Kopf. Überlege, wie du geschickt vorgehen kannst.

a) 532 – 87 – 232 b) 527 – 64 + 73 c) 138 – 24 – 14
d) 278 – 56 – 222 e) 246 + 317 – 146 – 12 f) 453 – 299 + 46

5. Wie alt wurden diese Mathematiker?

Blaise Pascal
(1623 bis 1662)

Leonhard Euler
(1707 bis 1783)

Joseph Louis Lagrange
(1763 bis 1813)

6. Übertrage in dein Heft und ergänze zu einem magischen Quadrat.

Hinweis: Bei einem magischen Quadrat sind die Summen der Zahlen in den Zeilen, Spalten und Diagonalen jeweils gleich.

a)

17	4	3	14
6	11		9
5		15	

b)

35	15		
25	29	31	
33	21		27

Summe: 104

7. Um wie viele Euro wurde der Preis der Geräte reduziert?

8. Addiere schriftlich.
a) 8 903 + 4 567
b) 56 023 + 87 533
c) 610 088 + 61 088
d) 54 546 + 2 303
e) 720 867 + 777 307
f) 3 708 405 + 8 005 097

9. Subtrahiere schriftlich.
a) 5 609 – 4 662
b) 8 787 – 5 329
c) 87 054 – 66 912
d) 78 022 – 6 543
e) 98 980 – 65 497
f) 309 903 – 903 309

10. Schreibe untereinander und rechne schriftlich.
a) 4 908 + 2 372
b) 6 256 + 8 739
c) 7 894 + 56 003 + 4 563
d) 4 991 + 7 562 + 9 822
e) 5 007 + 431 + 6 789 + 116 745
f) 356 + 78 + 112 998 + 53 709

11. Schreibe untereinander und rechne schriftlich.
a) 78 003 – 5 643
b) 21 103 – 5 644
c) 212 309 – 98 382
d) 100 001 – 87 999
e) 78 903 – 6523 – 67 553
f) 38 005 – 6 742 – 8 897
g) 7 650 – 1 643 – 876 – 2 228
h) 573 380 – 34 509 – 765 – 998

12. Der Tierpark von Affenrode hatte in den ersten acht Monaten des Jahres folgende Besucherzahlen:
580, 715, 681, 890, 722, 805, 773, 854
a) Wie viele Besucher kamen bisher in den Tierpark?
b) In welchem Monat kam der 5 000. Besucher?

13. Berechne. Nutze Rechenvorteile.
a) 5 678 – 345 + 687 – 654
b) 777 – 555 + 333 + 222 – 444
c) 8 844 – 993 + 566 – 112 – 308
d) 9 890 + 5 003 – 1 276 – 543 + 1 006
e) 6 543 – 3 456 + 456 – 654
f) 128 065 – 67 543 – 987 + 44 325 – 18

14. Berechne.
a) 647 + (318 – 45)
b) 973 – (388 – 207)
c) (83 + 673) + (907 – 161)
d) (885 – 588) – (412 – 114)
e) 634 – 519 + (836 – 255)
f) 844 + 715 – (844 – 715)
g) 18 586 – (3 771 + 7 307)
h) (55 981 – 7 634) – (78 902 – 45 003)

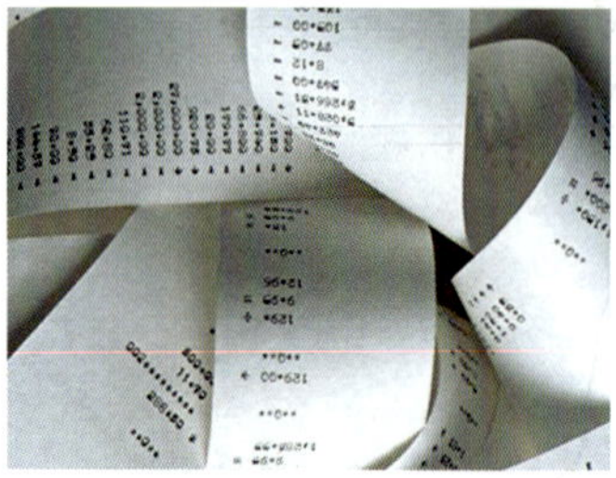

15. Frederik kauft ein: Wurst für 1,67 €, zwei Flaschen Limonade für je 0,59 € und einmal Milch für 0,84 €. An der Kasse gibt er noch drei leere Flaschen ab. Für jede Flasche erhält er 0,15 € Pfand.
Wie viel Euro muss Frederik noch bezahlen?

16. Juliana darf sich für ihr Zimmer neue Möbel aussuchen. Im Möbelhaus wählt sie Folgendes aus: ein Bett für 139 €, einen Kleiderschrank für 189 €, einen Schreibtisch für 79 €, einen Drehstuhl für 39 € und ein Regal für 49 €.
Welcher Betrag steht auf der Rechnung?

Multiplikation und Division natürlicher Zahlen

17. Berechne im Kopf.

a) $3 \cdot 14$	$4 \cdot 15$	$9 \cdot 11$	$3 \cdot 13$	$0 \cdot 12$
b) $7 \cdot 17$	$6 \cdot 16$	$8 \cdot 18$	$6 \cdot 19$	$34 \cdot 0$
c) $90 : 18$	$90 : 15$	$72 : 12$	$105 : 15$	$0 : 7$
d) $70 : 14$	$84 : 12$	$96 : 16$	$117 : 13$	$87 : 87$
e) $4 \cdot 14$	$95 : 5$	$108 : 12$	$17 \cdot 8$	$0 \cdot 0$

18. Berechne vorteilhaft. Begründe deinen Rechenweg.

a) $2 \cdot 17 \cdot 50$	$25 \cdot 19 \cdot 4$	$2 \cdot 37 \cdot 50$	$91 \cdot 5 \cdot 200$
b) $99 \cdot 8$	$47 \cdot 11$	$7 \cdot 69$	$104 \cdot 21$

19. Berechne im Kopf.

a) $120 \cdot 7$	$900 \cdot 9$	$250 \cdot 4$	$1\,600 \cdot 5$
b) $80 \cdot 9\,000$	$60 \cdot 50$	$900 \cdot 40$	$90 \cdot 400$
c) $360 \cdot 500$	$250 \cdot 3\,000$	$1\,100 \cdot 90$	$1\,200 \cdot 700$
d) $90 \cdot 50\,000$	$800 \cdot 3\,000$	$210 \cdot 40$	$2\,300 \cdot 3\,000$

20. Berechne die Quotienten und vergleiche die Ergebnisse.

a) $54 : 9$	$540 : 9$	$5\,400 : 9$	$54\,000 : 9$
b) $35 : 7$	$350 : 70$	$3\,500 : 700$	$35\,000 : 7\,000$

21. Berechne.

a) $380 : 20$	$4\,800 : 60$	$600 : 40$	$560 : 70$
b) $10\,800 : 600$	$80\,000 : 500$	$7\,200 : 900$	$3\,600 : 400$
c) $720\,000 : 24\,000$	$120\,000 : 1\,200$	$55\,000 : 110$	$8\,700\,000 : 1\,000$
d) $4\,200 : 600$	$144\,000 : 120$	$54\,000 : 900$	$250\,000 : 50$

22. Überschlage die folgenden Produkte.

a) $39 \cdot 712$ b) $2\,103 \cdot 4$ c) $24 \cdot 48$ d) $121 \cdot 79$ e) $437 \cdot 117$

23. In einer Hausaufgabe waren die folgenden Aufgaben gestellt worden:

a) $353 \cdot 37$ b) $113 \cdot 54$
c) $69 \cdot 271$ d) $27 \cdot 888$

Katharina hat sich nur die Ergebnisse notiert.
Welches Ergebnis gehört zu welcher Aufgabe?

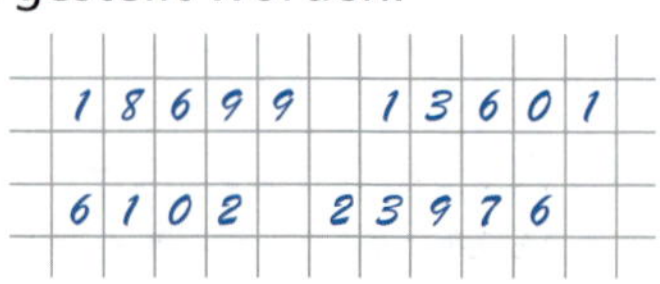

24. Für die Teilaufgaben a) bis d) sind in den Klammern verschiedene Überschläge angegeben. Welche sind ungeeignet? Begründe.
Berechne anschließend jeweils den Quotienten.

a) 1 887 : 3
(2 000 : 3; 1 900 : 3; 1 800 : 3; 1 500 : 3)

b) 4 744 : 4
(4 700 : 4; 4 800 : 4; 4 000 : 4; 5 000 : 4)

c) 7 088 : 8
(7 000 : 8; 7 100 : 8; 7 200 : 8; 7 000 : 10)

d) 8 436 : 12
(8 400 : 12; 8 000 : 12; 8 400 : 10; 8 500 : 10)

25. Vergleiche die Produkte ohne zu rechnen.

a) 27 · 77 □ 56 · 82
b) 312 · 8 □ 102 · 18
c) 55 · 98 · 7 □ 33 · 102 · 8
d) 35 · 21 · 15 □ 19 · 37 · 12

26. Multipliziere schriftlich. Prüfe das Ergebnis mit einem Überschlag.

a)	b)	c)	d)
305 · 27	361 · 995	2 023 · 151	3 737 · 1 005
681 · 46	909 · 101	4 698 · 322	5 672 · 5 245
222 · 87	270 · 117	9 255 · 504	8 313 · 6 050
317 · 63	462 · 419	8 808 · 434	11 256 · 6 111

27.
a) Berechne das Produkt aus dem Dreifachen von 17 und der Zahl 406.
b) Wie groß ist das Tausendfache des Vorgängers von 1 000?
c) Multipliziere das Doppelte von 93 mit dem Fünffachen von 11.
d) Bilde das Produkt der kleinsten dreistelligen durch 3 teilbaren Zahl und der größten dreistelligen Zahl.
e) Ermittle den Nachfolger des siebenfachen Produktes der Zahlen 21 und 18.

28. Dividiere schriftlich. Rechne zur Probe die Umkehraufgabe.

a)	b)	c)	d)
2 934 : 6	54 312 : 8	2 068 : 11	39 978 : 18
5 268 : 6	95 955 : 5	3 738 : 21	18 147 : 23
3 885 : 7	43 194 : 6	2 356 : 19	20 520 : 45
5 391 : 9	13 539 : 3	7 803 : 17	10 947 : 41

29. Führe erst einen Überschlag aus und berechne dann.
Beachte im Ergebnis auftretende Nullen.

a)	b)	c)	d)
8 464 : 8	12 036 : 17	78 117 : 13	242 424 : 12
2 163 : 7	55 066 : 11	54 702 : 27	139 717 : 31
2 420 : 4	84 654 : 18	92 161 : 23	173 451 : 17

30. Dividiere schriftlich. Beachte mögliche Reste. Kontrolliere mit einem Überschlag.

a)	b)	c)	d)
10 989 : 33	77 348 : 24	99 087 : 105	149 117 : 213
57 672 : 11	13 680 : 72	639 630 : 207	85 344 : 381
62 727 : 87	33 521 : 32	125 454 : 406	325 432 : 512

31. Wie viele Bücher insgesamt stehen etwa in den Regalen der Bibliothek, die auf Seite 8 beschrieben wird?

32. Eine Lottogemeinschaft gewinnt 7 200 €. Wie viel Euro erhält jeder, wenn es
a) fünf; b) acht; c) zehn; d) zwölf
Mitspieler sind?

33. a) Die Entfernung Sonne – Erde beträgt etwa 150 Millionen km.
Wie lange braucht ein Lichtstrahl von der Sonne bis zur Erde, wenn das Licht in einer Sekunde rund 300 000 km zurücklegt?
b) Vergleiche die Lichtgeschwindigkeit mit der Geschwindigkeit des Schalls in Luft.
Wievielmal schneller ist das Licht als der Schall?
Hinweis: Nutze ein Nachschlagewerk.

34. Die Klasse 5a plant einen Ausflug mit dem Bus. Wenn alle 25 Schülerinnen und Schüler mitfahren, beträgt der Unkostenbeitrag für jeden 9,20 €.
Zwei Schüler werden krank. Wie teuer ist es nun für jeden?

35. Eine Schulwoche hat 30 Unterrichtsstunden. Jede Unterrichtsstunde dauert 45 Minuten. Ein Schuljahr hat etwa 38 Unterrichtswochen.
Wie viel Minuten Unterricht hast du in einem Schuljahr?

36. Ein wissbegieriger Bücherwurm frisst sich durch die sechs Nachschlagewerke (Lexika). Jedes Buch umfasst 960 Seiten.
Wie lange braucht der Bücherwurm, wenn er pro Tag fünf Blatt „schafft“ und für einen Buchdeckel vier Tage braucht?

37. Schreibe zu den folgenden Aufgaben erst einen Term. Rechne dann.
a) Für einen Staudamm fahren fünf LKW mit je 15 t, vier LKW mit je 12 t und fünf LKW mit je 10 t Ladevermögen täglich elfmal vollständig beladen Schüttgut auf die Baustelle. Wie viel Tonnen sind das insgesamt pro Tag?
b) Die Kinder der Klasse 5c sammeln Eicheln und wollen sie im Zoo abliefern. Bertram möchte wissen, welche Menge insgesamt gesammelt wurde, und notiert: drei Schüler haben jeweils fünf Tüten mit 2 kg, sieben Schüler jeweils 4 kg und zwei Schüler zusammen einen Sack mit 13 kg Eicheln gesammelt.

38. 310 Personen wollen mit der Seilbahn zum Gipfel eines Berges fahren. Die Kabine kann 42 Fahrgäste auf einmal mitnehmen.
a) Wie viele Fahrten sind notwendig, um alle Personen zum Gipfel zu befördern?
b) Wie viele Plätze bleiben bei der letzten Fahrt frei, wenn die Kabine zuvor stets voll besetzt wurde?
c) Nach welcher Zeit haben alle 310 Personen den Gipfel erreicht, wenn alle zehn Minuten eine Auffahrt erfolgt und diese sechs Minuten dauert?

Potenzen natürlicher Zahlen

39. Schreibe als Potenz.
a) $3 \cdot 3 \cdot 3 \cdot 3 \cdot 3 \cdot 3 \cdot 3 \cdot 3$ b) $17 \cdot 17 \cdot 17 \cdot 17$
c) $31 \cdot 31 \cdot 31 \cdot 31 \cdot 31$ d) $a \cdot a \cdot a$

40. Schreibe als Produkt von Potenzen.
a) $2 \cdot 2 \cdot 3 \cdot 3 \cdot 3 \cdot 3$ b) $5 \cdot 5 \cdot 5 \cdot 11 \cdot 11$
c) $7 \cdot 7 \cdot 7 \cdot 7 \cdot 9$ d) $x \cdot x \cdot y \cdot y \cdot y$

41. Schreibe als Produkt und berechne.
a) 2^7 b) 3^5 c) 23^1 d) 10^7 e) 5^3 f) 15^2
g) 7^3 h) 0^{10} i) 6^3 j) 13^3 k) 20^4 l) 5^5

42. Welche der folgenden Zahlen sind Quadratzahlen?
76; 144; 196; 1 000; 400; 600; 625; 900; 810; 344; 256; 55

43. Welche der folgenden Zahlen sind keine Kubikzahlen?
16; 216; 555; 1000; 10; 1 331; 864; 1 728; 200; 8

44. Bestimme den Exponenten so, dass eine wahre Aussage entsteht.
a) $4^{\square} = 64$ b) $5^{\square} = 125$ c) $2^{\square} = 512$ d) $10^{\square} = 100\,000\,000$

45. Schreibe die Zahlen als Potenzen. Suche zuerst eine geeignete Basis.
a) 10 000 b) 81 c) 256 d) 1 024 e) 729

46. Bestimme die Basis so, dass eine wahre Aussage entsteht.
a) $\square^5 = 32$ b) $\square^3 = 1\,000\,000$ c) $\square^3 = 343$ d) $\square^3 = 1\,728$

47. Vergleiche. Setze für $\square$ das passende Zeichen (<, > oder =) ein.
a) $2^3 \square 3^2$ b) $4^5 \square 5^4$ c) $2^4 \square 4^2$ d) $2^8 \square 4^4$ e) $3^{10} \square 10^3$

48. Nenne alle geraden Quadratzahlen, die kleiner als 150 sind.

49. Ermittle alle Kubikzahlen zwischen 500 und 1000.

50. Sind die folgenden Aussagen jeweils wahr oder falsch? Begründe.
a) Die Quadratzahl einer Kubikzahl ist eine Kubikzahl.
b) Jede Kubikzahl ist durch 3 teilbar.
c) Die Quadratzahl einer geraden Zahl ist durch 4 teilbar.
d) Wenn eine Quadratzahl durch 2 teilbar ist, dann ist sie auch durch 4 teilbar.

51. Überlege:
Liegen zwischen 10 000 und 20 000 mehr Quadratzahlen oder mehr Kubikzahlen?

52. Gibt es Zahlen, die gleichzeitig Quadratzahl und Kubikzahl sind?
Wenn ja, nenne Beispiele.

53. Sabrina faltet ein großes Blatt Papier (etwa eine Zeitung) mehrfach nacheinander. Wie viele Schichten Papier liegen übereinander, wenn sie das Blatt
a) dreimal; b) fünfmal; c) siebenmal; d) zehnmal
gefaltet hat? Probiere aus, wie oft du ein Blatt Papier falten kannst.

54. Sascha spart für ein neues Fahrrad. Sein Opa möchte ihn dabei unterstützen und bietet ihm dazu einen „Deal" an. Sascha kann sich für eine der folgenden Möglichkeiten entscheiden:

(1) Er erhält zehn Wochen lang wöchentlich fünf Euro.

(2) Er bekommt in der ersten Woche 20 Cent, in der zweiten Woche das Doppelte, also 40 Cent, in der dritten Woche wiederum das Doppelte der Vorwoche usw. – und das ebenfalls zehn Wochen lang.

Wie würdest du entscheiden?

Berechnen von Termen

55. Berechne. Beachte dabei die Reihenfolge der auszuführenden Rechnungen.

a) $5 \cdot (23 + 4 \cdot 2) - 45$ b) $3 \cdot 5^2 - (2^5 - 4^2)$ c) $14 + 15 \cdot 4 - 4$

d) $3^4 + (57 - 32)^2$ e) $45 - 15 : 5$ f) $350 - 72 : 9 - 15 \cdot 6$

g) $24 + 48 : (35 - 19)$ h) $12^2 - 8^2 : (3^3 - 5^2)$ i) $89 - 7^{(7-5)}$

56. Berechne unter Nutzung des Distributivgesetzes. Zerlege dazu einen der Faktoren und rechne dann vorteilhaft.

Beispiel: $37 \cdot 102 = 37 \cdot (100 + 2) = 37 \cdot 100 + 37 \cdot 2 = 3\,700 + 74 = 3\,774$

a) $2 \cdot 113$ b) $15 \cdot 42$ c) $83 \cdot 50$ d) $24 \cdot 25$ e) $39 \cdot 6$ f) $25 \cdot 13$

57. Rechne vorteilhaft. Nutze das Distributivgesetz.

a) $7 \cdot 23 + 3 \cdot 23$ b) $52 \cdot 37 + 52 \cdot 63$ c) $128 \cdot 51 - 28 \cdot 51$

$88 \cdot 29 - 88 \cdot 27$ $47 \cdot 8 + 12 \cdot 47$ $43 \cdot 19 + 43 \cdot 11$

$45 \cdot 18 + 45 \cdot 2$ $72 \cdot 4 + 72 \cdot 16$ $67 \cdot 108 + 67 \cdot 17 - 67 \cdot 25$

58. Löse folgende Aufgaben. Schreibe dazu erst den zugehörigen Term auf und berechne dann dessen Wert.

a) Berechne die Summe aus 457 und dem Produkt von 32 und 12.

b) Ermittle die Differenz aus dem Vierfachen von 803 und dem Elffachen von 77.

c) Dividiere 3 840 816 durch die Differenz von 705 und 563.

d) Multipliziere viertausenddreihundertfünfundzwanzig und fünftausendachthundertdreizehn.

e) Addiere den Quotienten von 162 und 18 und die Differenz von 162 und 18.

f) Subtrahiere das Produkt von 27 und 11 von der dritten Potenz der Zahl 7.

59. In den folgenden Gleichungen fehlen Klammern. Setze diese so, dass wahre Aussagen entstehen.

a) $14 + 16 \cdot 5 = 150$ b) $40 - 84 - 69 = 25$ c) $8 + 9 \cdot 8 - 30 : 5 = 130$

d) $48 + 24 : 12 + 3 = 9$ e) $98 - 49 : 7 \cdot 6 = 42$ f) $60 : 30 - 24 + 21 = 31$

60. a) Setze für ☐ beliebig Rechenzeichen (+, –, · oder :) ein und rechne.

15 ☐ 5 ☐ 21 48 ☐ 24 ☐ 9 73 ☐ 8 ☐ 9 ☐ 1

b) Bei welcher Variante findest du jeweils ein möglichst kleines Ergebnis?

61. Die folgenden Rechnungen sind falsch. Finde die Fehler und korrigiere.

a) $42:7+7\cdot 4 = 42:14\cdot 4$
$= 3\cdot 4$
$= 12$

b) $150-25\cdot 3 = 125\cdot 3$
$= 375$

c) $72+24:(12-8) = 72+2-8$
$= 74-8$
$= 66$

d) $12\cdot 53 - 8\cdot 53 = (12+8)\cdot 53$
$= 20\cdot 53$
$= 1060$

62. Berechne. Ordne die Ergebnisse mit der kleinsten Zahl beginnend der Größe nach. Die zugehörigen Buchstaben ergeben ein Lösungswort.

a) $81:27+2\cdot 17$ C
b) $35+120:3$ S
c) $(71+9)\cdot(213-183)$ Z
d) $1+55:11+80:20$ Ü
e) $5\cdot(21-16)\cdot 2^2$ I
f) $84:7+3\cdot 5^2$ P
g) $5\cdot 20+109-7^2$ L
h) $96:4-15$ L
i) $180:(18+12)+2^5$ K
j) $3^2-2\cdot 3+3$ G

Berechnen des Durchschnitts

63. Berechne jeweils den Durchschnitt der folgenden Zahlen:
a) 3; 7; 4; 6; 5
b) 12; 38; 45; 34; 28; 23
c) 67; 46; 34; 46; 46; 65; 46

64. In einer Mathematikarbeit wurden in der Klasse 5c folgende Punktzahlen erreicht:
28; 30; 24; 29; 15; 21; 22; 8; 26; 18; 27; 30; 15; 23; 25; 25; 22; 24
a) Schätze, wie groß die erreichte Punktzahl im Durchschnitt ist.
b) Berechne die durchschnittliche Punktzahl. Runde sinnvoll.

65. Bei einem Sportfest erzielten die Mannschaften der Klassen 5a und 5b im Weitsprung folgende Ergebnisse:
2,70 m; 3,08 m; 2,85 m; 2,93 m; 3,14 m (Klasse 5a)
3,05 m; 2,47 m; 2,88 m; 3,06 m; 2,99 m (Klasse 5b)
Für die Wertung zählt jeweils die Durchschnittsweite. Welche Mannschaft hat gewonnen?

66. Familie Wirbel macht während eines achttägigen Urlaubs eine Fahrradtour. An den ersten drei Tagen fahren sie 47 km, 53 km bzw. 32 km. Am vierten und fünften Tag sind es jeweils 60 km. Der sechste Tag ist ein Ruhetag. An den letzten beiden Tagen schaffen sie 46 km bzw. 38 km.
a) Wie lang ist die insgesamt zurückgelegte Strecke?
b) Wie weit sind sie im Durchschnitt pro Tag gefahren?
c) Wie groß ist die durchschnittlich zurückgelegte Entfernung in den ersten vier Tagen?

67. Wie verändert sich der Durchschnitt von zehn natürlichen Zahlen, wenn alle Zahlen um 1 vergrößert werden.
Überlege erst und kontrolliere dann an einem Beispiel.

1.3 Teilbarkeit

Vielfache und Teiler

Wird eine Zahl nacheinander mit 1, 2, 3, 4 usw. multipliziert, erhält man deren **Vielfache.** Alle Vielfachen einer Zahl bilden ihre **Vielfachenmenge.**

B $1 \cdot 8 = 8$ $2 \cdot 8 = 16$ $3 \cdot 8 = 24$

$4 \cdot 8 = 32$ $5 \cdot 8 = 40$ $6 \cdot 8 = 48$

…

$V_8 = \{8; 16; 24; 32; 40; 48; \ldots\}$

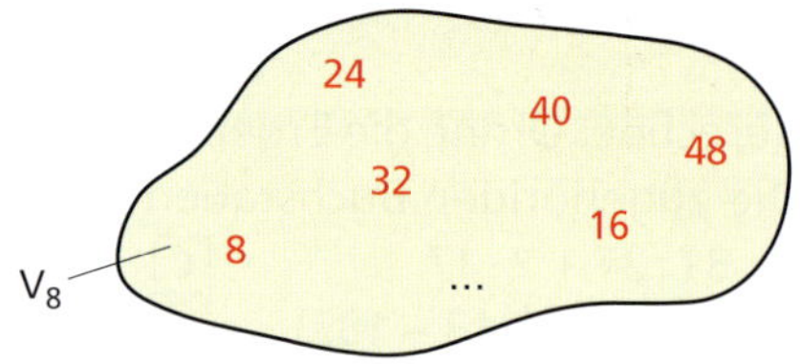

Wird eine Zahl in Faktoren zerlegt, erhält man deren **Teiler.** Wird die Zahl durch einen ihrer Teiler dividiert, bleibt kein Rest.
Alle Teiler einer Zahl bilden ihre **Teilermenge.**

B $48 = 1 \cdot 48$ $48 = 2 \cdot 24$ $48 = 3 \cdot 16$

$48 = 4 \cdot 12$ $48 = 6 \cdot 8$

$T_{48} = \{1; 2; 3; 4; 6; 8; 12; 16; 24; 48\}$

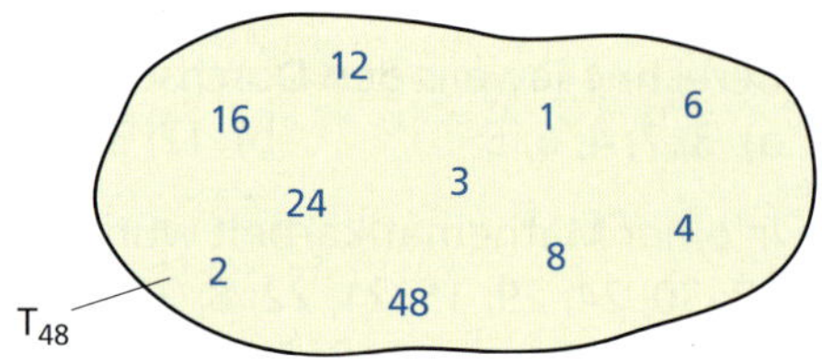

Ist a ein Teiler von b, so schreibt man $a \mid b$.

B $8 \mid 48$ (Sprechweise: 8 ist ein Teiler von 48)

$9 \nmid 48$ (Sprechweise: 9 ist kein Teiler von 48)

Teilbarkeitsregeln

Betrachtet man die Vielfachenmengen von Zahlen, stellt man fest, dass die Vielfachen einiger Zahlen nur mit ganz bestimmten Ziffern enden. So haben zum Beispiel die Vielfachen von 10 stets eine Null als letzte Ziffer. Demzufolge ist bei der Frage, ob eine Zahl durch eine bestimmte Zahl teilbar ist, oft nur die letzte Ziffer dieser Zahl zu betrachten.

M

Eine Zahl ist **teilbar durch 10,** wenn ihre letzte Ziffer eine 0 ist.

Eine Zahl ist **teilbar durch 5,** wenn ihre letzte Ziffer eine 0 oder eine 5 ist.

Eine Zahl ist **teilbar durch 2,** wenn ihre letzte Ziffer eine 0, 2, 4, 6 oder 8 ist.

Zahlen, die durch 2 teilbar sind, heißen auch **gerade** Zahlen. Zahlen, die nicht durch 2 teilbar sind, heißen **ungerade** Zahlen.

Manchmal gibt auch die aus den letzten Ziffern gebildete Zahl Auskunft über die Teilbarkeit einer Zahl.

M Eine Zahl ist **teilbar durch 4,** wenn die letzten beiden Ziffern Nullen sind oder eine durch 4 teilbare Zahl bilden.

Eine Zahl ist **teilbar durch 25,** wenn die letzten beiden Ziffern Nullen sind oder eine durch 25 teilbare Zahl bilden.

Eine Zahl ist **teilbar durch 8,** wenn die letzten drei Ziffern Nullen sind oder eine durch 8 teilbare Zahl bilden.

B

$4 \mid 212$,	denn $4 \mid 12$	$4 \nmid 322$,	denn $4 \nmid 22$
$25 \mid 34\,975$,	denn $25 \mid 75$	$25 \nmid 5\,555$,	denn $25 \nmid 55$
$8 \mid 64\,168$,	denn $8 \mid 168$	$8 \nmid 67\,801$,	denn $8 \nmid 801$

Willst du feststellen, ob eine Zahl durch 3 bzw. 9 teilbar ist, so musst du ihre Quersumme bilden.
Die **Quersumme** einer Zahl ist die Summe der Ziffern dieser Zahl.
So erhält man zum Beispiel als Quersumme von 51 462 die Zahl 18.

M Eine Zahl ist **durch 3 teilbar,** wenn ihre Quersumme durch 3 teilbar ist.

Eine Zahl ist **durch 9 teilbar,** wenn ihre Quersumme durch 9 teilbar ist.

B

$3 \mid 7212$,	denn $7 + 2 + 1 + 2 = 12$ und $3 \mid 12$	$3 \nmid 242$,	denn $3 \nmid 8$
$9 \mid 33975$,	denn $3 + 3 + 9 + 7 + 5 = 27$ und $9 \mid 27$	$9 \nmid 5575$,	denn $9 \nmid 22$

Die Teilbarkeitsegeln lassen sich auch kombinieren. Bei der Untersuchung der Teilbarkeit durch 6 helfen dir die Regeln für 2 und 3, bei der Untersuchung der Teilbarkeit durch 15 die Regeln für 3 und 5.

Für die meisten Zahlen gibt es jedoch keine Teilbarkeitsregeln.
Dann muss die Teilbarkeit durch Dividieren oder durch ein geschicktes Zerlegen der zu untersuchenden Zahl überprüft werden.

Teilbarkeit von Termen

Große Zahlen auf ihre Teilbarkeit zu untersuchen, ist oft nicht so einfach. Es ist jedoch hilfreich, diese Zahlen zu zerlegen. Dabei können die Zahlen als Summe, als Differenz oder als Produkt geschrieben werden.

B

Ist 2 149 durch 7 teilbar?
2 149 = 2 100 + 49
7 ist ein Teiler von 2100 und von 49.
Also ist 7 auch ein Teiler von 2149.

Ist 1 089 durch 11 teilbar?
1 089 = 1100 – 11
11 teilt 1100 und 11 teilt 11.
Also teilt 11 auch die Zahl 1 089.

M

Wenn mehrere Zahlen denselben Teiler haben, dann haben auch die Summe und die Differenz der Zahlen diesen Teiler.

B

Ist 1440 durch 12 teilbar?
$1\,440 = 144 \cdot 10$ und $12 \mid 144$. Also ist 12 auch ein Teiler von 1440, denn
$1\,440 = (12 \cdot 12) \cdot 10 = 12 \cdot (12 \cdot 10) = 12 \cdot 120$.

M

Wenn ein Faktor eines Produkts eine Zahl als Teiler hat, dann hat auch das Produkt diese Zahl als Teiler.

Primzahlen

Zahlen können unterschiedlich viele Teiler haben, wie die folgende Tabelle zeigt. Jede Zahl ist zumindest durch 1 und durch sich selbst teilbar.
Zahlen, die genau zwei verschiedene Teiler haben, heißen **Primzahlen.** Alle anderen Zahlen heißen **zusammengesetzte Zahlen.**

Zahl	Teiler												Anzahl der Teiler
1	1												1
2	1	2											2
3	1		3										2
4	1	2		4									3
5	1				5								2
6	1	2	3			6							4
7	1						7						2
8	1	2		4				8					4
9	1		3						9				3
10	1	2			5					10			4
11	1										11		2
12	1	2	3	4		6						12	6
…	1	…											…

M Eine Zahl, die größer als 1 ist und nur durch 1 und durch sich selbst teilbar ist, heißt **Primzahl.**

Die ersten Primzahlen sind 2, 3, 5, 7, 11, 13, 17, 19, 23, 29, 31, 37, 41, 43, 47, 53, …
Es gibt unendlich viele Primzahlen. Das fand schon der berühmte Mathematiker EUKLID VON ALEXANDRIA (etwa 365 bis etwa 300 v. Chr.) heraus. Heute interessiert man sich vor allem für sehr große Primzahlen. Sie spielen eine bedeutende Rolle beim Verschlüsseln von Nachrichten.

Alle zusammengesetzten Zahlen, die größer als 1 sind, lassen sich in ein Produkt von Primzahlen zerlegen. Diese Zerlegung ist bis auf die Reihenfolge der Faktoren eindeutig. Man spricht von der **Primfaktorzerlegung** einer Zahl.

B
$$252 = 21 \cdot 12$$
$$= 3 \cdot 7 \cdot 2 \cdot 6$$
$$= 3 \cdot 7 \cdot 2 \cdot 2 \cdot 3$$

geordnet: $252 = 2 \cdot 2 \cdot 3 \cdot 3 \cdot 7 = 2^2 \cdot 3^2 \cdot 7$

Zur Primfaktorzerlegung gelangt man am besten durch wiederholtes Abspalten von Primfaktoren, wobei systematisch geprüft wird, welche Primzahlen Teiler der Zahl sind.

B $600 = 2 \cdot 300 = 2 \cdot 2 \cdot 150 = 2 \cdot 2 \cdot 2 \cdot 75 = 2 \cdot 2 \cdot 2 \cdot 3 \cdot 25 = 2 \cdot 2 \cdot 2 \cdot 3 \cdot 5 \cdot 5 = 2^3 \cdot 3 \cdot 5^2$

Gemeinsame Teiler und Vielfache

Herr Grünbusch möchte am Rand einer rechteckigen Rasenfläche in gleichmäßigen Abständen Blumen pflanzen. Diese sollen mindestens einen Abstand von 40 cm haben.
Welche Möglichkeiten für die Wahl des Abstandes gibt es? Wie viele Pflanzen braucht Herr Grünbusch dafür?

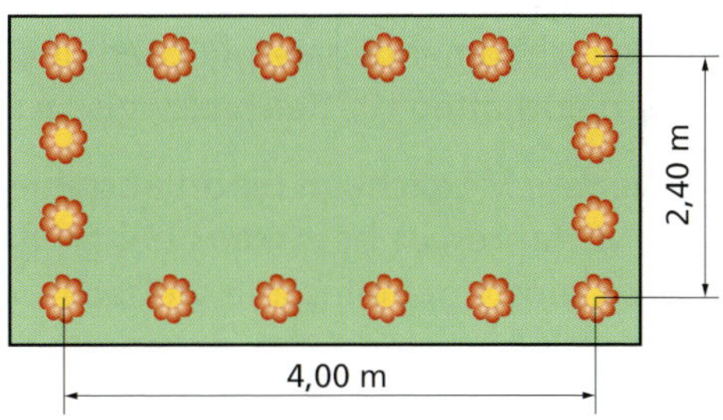

Eine Zahl heißt **gemeinsamer Teiler** von a und b, wenn sie sowohl a als auch b teilt.

B $T_{24} = \{1; 2; 3; 4; 6; 8; 12; 24\}$
$T_{40} = \{1; 2; 4; 5; 8; 10; 20; 40\}$

Die gemeinsamen Teiler von 24 und 40 sind 1, 2, 4, 8.

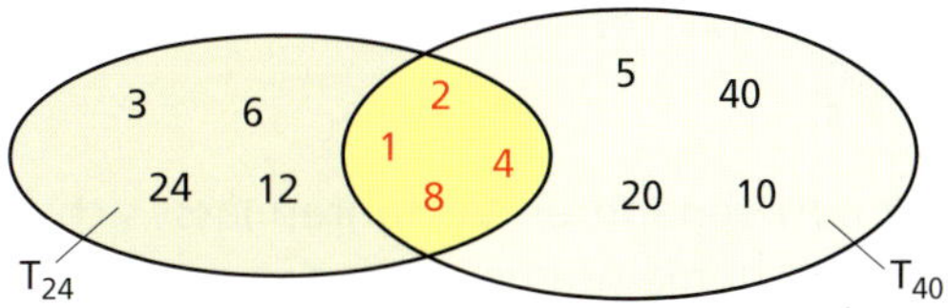

Von besonderem Interesse ist der **größte gemeinsame Teiler** zweier Zahlen a und b, für den man kurz ggT(a, b) schreibt. Um ihn zu bestimmen, kann man die entsprechenden Teilermengen vergleichen und nach der größten Zahl suchen, die in beiden Mengen enthalten ist. Beispielsweise ist ggT(24, 40) = 8.

Eine andere Möglichkeit bietet die Primfaktorzerlegung der Zahlen. Für den größten gemeinsamen Teiler werden die Primfaktoren ausgewählt, die in beiden Zahlen vorkommen, und zwar mit dem jeweils niedrigsten Exponenten.

B

$$300 = 2^2 \cdot 3 \cdot 5^2$$
$$840 = 2^2 \cdot 3 \cdot 5 \cdot 7$$
$$\text{ggT}(300, 840) = 2^2 \cdot 3 \cdot 5 = 60$$

$$5\,544 = 2^3 \cdot 3^2 \cdot 7 \cdot 11$$
$$5\,940 = 2^2 \cdot 3^3 \cdot 5 \cdot 11$$
$$\text{ggT}(5\,544, 5\,940) = 2^2 \cdot 3^2 \cdot 11 = 396$$

Zahlen, deren größter gemeinsamer Teiler 1 ist, heißen zueinander **teilerfremd.**

B 35 und 52 sind teilerfremd.
$T_{35} = \{1; 5; 7; 35\}$
$T_{52} = \{1; 2; 4; 13; 26; 52\}$

33 und 100 sind teilerfremd.
$T_{33} = \{1; 3; 11; 33\}$
$T_{100} = \{1; 2; 4; 5; 10; 20; 25; 50; 100\}$

Eine Zahl heißt **gemeinsames Vielfaches** von a und b, wenn sie sowohl Vielfaches von a als auch Vielfaches von b ist.

B $V_6 = \{6; 12; 18; 24; 30; 36; 42; 48; \ldots\}$
$V_8 = \{8; 16; 24; 32; 40; 48; 56; 64 \ldots\}$

Die gemeinsamen Vielfachen von 6 und 8 sind 24, 48, 72, …

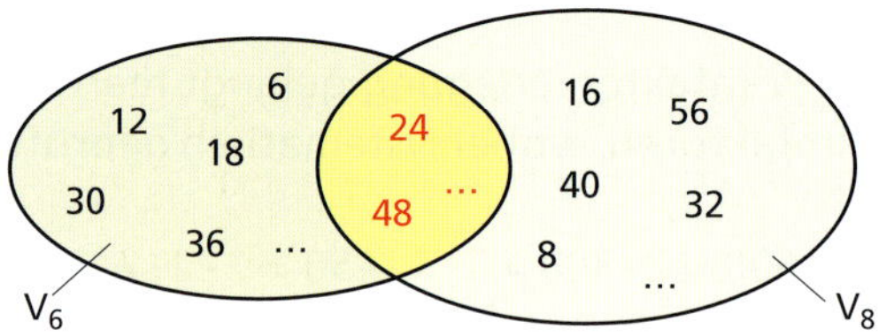

Oft wird nach dem **kleinsten gemeinsamen Vielfachen** zweier Zahlen a und b gesucht, für das man kurz kgV(a, b) schreibt. Um es zu bestimmen, kann man die entsprechenden Vielfachenmengen vergleichen und nach der kleinsten Zahl suchen, die in beiden Mengen enthalten ist. Beispielsweise ist kgV(6, 8) = 24.

Eine weitere Möglichkeit bietet auch hier wieder die Primfaktorzerlegung der Zahlen. Dieses Verfahren ist besonders bei größeren Zahlen vorteilhaft.
Für das kleinste gemeinsame Vielfache werden alle vorkommenden Primfaktoren mit dem jeweils höchsten Exponenten gewählt.

B

$$12 = 2^2 \cdot 3$$
$$18 = 2 \cdot 3^2$$
$$\text{kgV}(12,18) = 2^2 \cdot 3^2 = 36$$

$$20 = 2^2 \cdot 5$$
$$24 = 2^3 \cdot 3$$
$$45 = 3^2 \cdot 5$$
$$\text{kgV}(20, 24, 45) = 2^3 \cdot 3^2 \cdot 5 = 360$$

Mit den genannten Verfahren lässt sich auch der größte gemeinsame Teiler bzw. das kleinste gemeinsame Vielfache von mehr als zwei Zahlen bestimmen.

Aufgaben

Vielfache und Teiler

1. Welche Zahlen zwischen 20 und 100 sind Vielfache
a) von 7; b) von 9; c) von 15; d) von 20; e) von 28; f) von 105?

2. Nenne fünf dreistellige Zahlen, die ein Vielfaches von 25 sind.

3. Welche der genannten Zahlen sind jeweils Vielfache der Zahl in Klammern?
a) 78, 34, 24, 66, 92, 108, 48, 72, 164, 120, 144 (von 6)
b) 30, 65, 145, 90, 75, 180, 105, 135, 215, 165 (von 15)
c) 36, 48, 198, 212, 144, 108, 136, 76, 126, 54 (von 18)

4. Gib die Vielfachenmengen an. Nenne mindestens die ersten acht Zahlen dieser Mengen.
a) V_5 b) V_{11} c) V_{12} d) V_{14} e) V_{25} f) V_{31} g) V_{45} h) V_{62}

5. Welche Vielfachenmengen sind hier gemeint? Übertrage die Mengen in dein Heft und fülle die Lücken.
a) V□ = {…; □; □; 144; 156; 168; □; □; □; …}
b) V□ = {…; □; □; 210; 231; 252; □; □; □; …}
c) V□ = {…; □; 136; 153; 170; □; □; □; □; …}
d) V□ = {□; □; 324; 432; 540; □; □; □; …}

6. Gib die vollständigen Teilermengen an.
a) T_{12} b) T_{25} c) T_{36} d) T_{46} e) T_{64} f) T_{84} g) T_{100} h) T_{120}

7. Nenne jeweils zwei Beispiele für Teilermengen, die genau drei (vier, fünf, sechs) Zahlen enthalten?

8. Setze für □ die Zeichen | oder ∤ ein, sodass wahre Aussagen entstehen.

a)	b)	c)	d)	e)
17 □ 17	12 □ 60	36 □ 336	11 □ 4411	14 □ 196
25 □ 185	3 □ 166	9 □ 99	55 □ 555	15 □ 220
8 □ 94	5 □ 245	24 □ 484	21 □ 189	24 □ 12

9. Gib mindestens zwei Zahlen an, die für □ eingesetzt wahre Aussagen liefern.
a) 12 | □ b) □ | 54 c) 32 ∤ □ d) □ ∤ 88 e) □ | 96
f) □ ∤ 100 g) 6 ∤ □ h) 18 | □ i) □ | 18 j) □ ∤ 50
k) 17 | □ l) 12 ∤ □ m) □ ∤ 120 n) 75 | □ o) □ | 275

10. Zahlen, die viele Teiler haben, kann man als „teilerreich“ bezeichnen.
Finde möglichst viele solcher „teilerreichen“ Zahlen.
Gibt es zwischen ihnen einen Zusammenhang?

11. Welche Zahlen fehlen? Schreibe ab und vervollständige.
a) T□ = {□; 7; 11; □}
b) T□ = {□; □; 3; 4; □; □; 12; 18; □}
c) T□ = {□; 5; □}
d) T□ = {□; □; 289}

12. Entscheide, ob die folgenden Aussagen wahr oder falsch sind. Begründe.
a) Alle Teiler von 12 sind auch Teiler von 240.
b) Es gibt Teiler von 18, die auch Teiler von 63 sind.
c) Kein Teiler von 200 ist Teiler von 25.
d) Es gibt Vielfache von 8, die Teiler von 12 sind.
e) Alle Vielfachen von 8 sind auch Vielfache von 24.
f) Alle Vielfachen von 24 sind auch Vielfache von 8.
g) Jede Teilermenge enthält mindestens zwei Zahlen.

13. Bestimme jeweils die Teilermengen und vergleiche sie miteinander.
a) T_2, T_4, T_8, T_{16}, T_{32}, T_{64} b) T_5, T_{25}, T_{125}, T_{625}

14. Verkäufer Karlheinz will 36 Schuhkartons in einem Regal so stapeln, dass immer gleich viele Kartons übereinander stehen. Aus Sicherheitsgründen dürfen dies aber höchstens sechs Kartons sein.
Wie viele Möglichkeiten des Stapelns gibt es? Kannst du Karlheinz helfen?

Teilbarkeitsregeln

15. Welche der Zahlen sind durch 2 (5; 10) teilbar?
a) 18; 35; 350; 27; 445 b) 252; 2520; 1025; 1052; 2510

16. Welche der Zahlen sind durch 4 (8) teilbar?
a) 232; 652; 168; 432; 288 b) 1 008; 4 158; 2 056; 5 000; 3 128

17. Welche der Zahlen sind durch 3 (9) teilbar?
a) 891; 133; 3567; 344; 5 007 b) 344 591; 45 290; 9 723; 8 5176; 723 102

18. Welche der Zahlen sind durch 6 teilbar?
a) 78 456; 433 096; 1 467; 3 564 b) 213 012; 301 211; 210 312; 221 301

19. Setze für ☐ die Zeichen | oder ∤ ein, sodass wahre Aussagen entstehen.
a) 3 ☐ 2499 b) 6 ☐ 3552 c) 5 ☐ 4 555 d) 8 ☐ 1 222 e) 9 ☐ 939
f) 25 ☐ 22 025 g) 3 ☐ 18 435 h) 2 ☐ 34 566 i) 0 ☐ 23 005 j) 5 ☐ 20 033
k) 9 ☐ 82 476 l) 4 ☐ 237 834 m) 6 ☐ 43476 n) 75 ☐ 7575 o) 3 ☐ 45 712

20. Ergänze die fehlende Ziffer so, dass wahre Aussagen entstehen.
a) 3 | 15 6☐9 b) 2 | 7 65☐ c) 6 | 62 9☐8 d) 5 | 344☐ e) 15 | 2☐565
f) 4 | 3☐34 g) 8 | 2 2☐8 h) 25 | 27 4☐0 i) 6 | 333☐ j) 9 | ☐444
k) 3 | 27☐51 l) 8 | 62☐62 m) 4 | 8☐28 n) 12 | 6 723☐ o) 4 | 32☐32

21. Nenne fünf vierstellige Zahlen, die
a) durch 5, aber nicht durch 3 teilbar sind;
b) durch 9, aber nicht durch 8 teilbar sind;
c) durch 25, aber nicht durch 6 teilbar sind.

22. Maria sammelt von jedem Schüler ihrer Klasse 3 € für einen Ausflug ein. Zuletzt zählt sie 76 € und merkt sofort, dass etwas nicht stimmen kann. Warum?

23. a) Nenne die kleinste vierstellige Zahl, die durch 9 teilbar ist.
b) Nenne die größte dreistellige Zahl, die durch 3 und durch 7 teilbar ist.
c) Nenne die kleinste fünfstellige Zahl, die durch 6 teilbar ist.
d) Nenne die kleinste vierstellige Zahl, die durch 3, aber nicht durch 6 teilbar ist.
e) Nenne die größte vierstellige Zahl, die man nur mit einer Ziffer schreiben kann und die durch 3, aber nicht durch 9 teilbar ist.

24. Konservengläser können in Kisten zu je neun Stück oder in Kisten zu je zwölf Stück verpackt werden. Welche Art von Kisten ist zu wählen, wenn
a) 153 Gläser; b) 264 Gläser; c) 180 Gläser
verpackt werden müssen?

25. Formuliere Regeln für die Teilbarkeit einer Zahl
a) durch 18; b) durch 24; c) durch 75.

26. Erkunde, ob es Regeln für die Teilbarkeit durch 7 oder 11 gibt.
Nutze dazu auch das Internet.

Teilbarkeit von Termen

27. Prüfe jeweils die Richtigkeit der folgenden Aussagen.
a) 5 ist ein Teiler von 120 + 75 + 10.
b) 11 ist ein Teiler von 770 – 66 + 440.
c) 3 ist ein Teiler von 330 – 63.
d) 9 ist ein Teiler von 180 + 999 – 27.
e) 7 ist ein Teiler von 77 + 49 + 28.
f) 4 ist ein Teiler von 2 000 – 16 – 256.

28. Untersuche, ob die Zahlen durch die in Klammern angegebene Zahl teilbar sind. Zerlege sie dazu in eine geeignete Summe oder Differenz.
a) 324; 2 796; 5 916 (durch 4)
b) 693; 7 711; 4 957 (durch 7)
c) 3 400; 209; 528 (durch 11)
d) 1313; 2 650; 3 930 (durch 13)

29. Untersuche die Richtigkeit der folgenden Aussagen.
a) 5 ist ein Teiler von $120 \cdot 8$.
b) 7 ist ein Teiler von $14 \cdot 23$.
c) 3 ist ein Teiler von $31 \cdot 6 \cdot 2$.
d) 9 ist ein Teiler von $5 \cdot 18 \cdot 13$.
e) 4 ist ein Teiler von $7 \cdot 41$.
f) 13 ist ein Teiler von $4 \cdot 26 \cdot 5$.

30. Sind die folgenden Aussagen wahr oder falsch? Begründe.
a) Alle Vielfachen von 4 sind durch 2 teilbar.
b) Ist eine Zahl durch 3 teilbar, dann ist sie auch durch 9 teilbar.
c) Eine durch 3 teilbare Zahl kann durch 9 teilbar sein.
d) Jedes Vielfache von 8 ist durch 16 teilbar.
e) Alle geraden Zahlen, deren Quersumme durch 9 teilbar ist, sind durch 18 teilbar.
f) Ist eine Zahl durch 6 teilbar, dann ist sie auch durch 3 teilbar.

31. Entscheide, ob die Aussagen wahr oder falsch sind. Begründe.
a) Wenn beide Summanden einer Summe durch 3 teilbar sind, dann ist die Summe durch 3 teilbar.
b) Wenn kein Summand einer Summe durch 3 teilbar ist, dann ist die Summe nicht durch 3 teilbar.

c) Wenn eine Summe durch 3 teilbar ist, dann muss jeder Summand durch 3 teilbar sein.
d) Wenn mindestens ein Faktor eines Produkts durch 6 teilbar ist, dann ist das Produkt durch 6 teilbar.
e) Wenn kein Faktor eines Produkts durch 6 teilbar ist, dann ist das Produkt nicht durch 6 teilbar.
f) Wenn ein Produkt durch 6 teilbar ist, dann muss mindestens ein Faktor des Produkts durch 6 teilbar sein.

Primzahlen

32. Suche die Primzahlen heraus. (*Hinweis:* Es sind jeweils fünf.)

a)
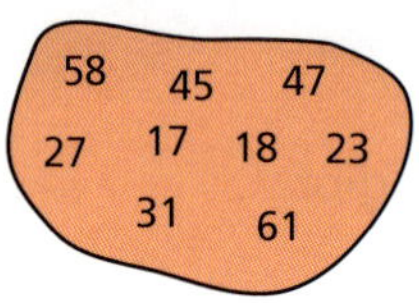

b)
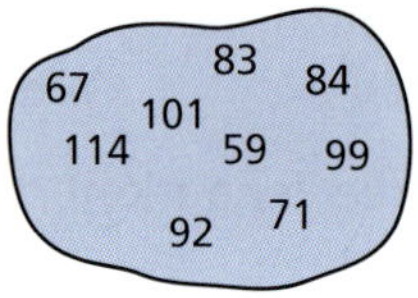

c)
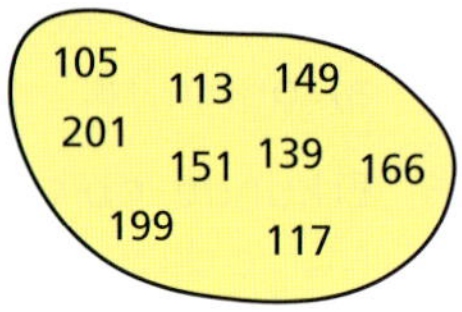

33. Ermittle alle Primzahlen, die jeweils zwischen den gegebenen Zahlen liegen.
a) 15 und 40 b) 60 und 90 c) 100 und 120
d) 290 und 300 e) 510 und 520 f) 990 und 1 000

34. Welche Zahl ist
a) die kleinste Primzahl; 2
b) die kleinste zweistellige Primzahl; 11
c) die kleinste dreistellige Primzahl; 101
d) die größte Primzahl, die kleiner als 70 ist; 67
e) die kleinste Primzahl, die man mit den Ziffern 1 und 2 schreiben kann? 211

35. Entscheide, ob die folgenden Aussagen jeweils wahr oder falsch sind. Begründe.
a) Es gibt keine gerade Primzahl. falsch
b) Der Nachfolger einer Primzahl ist niemals eine Primzahl. falsch
c) Die Differenz zweier Primzahlen kann niemals 3 sein. falsch
d) Der Nachfolger eines Vielfachen von 6 ist immer eine Primzahl. falsch
e) Die Summe zweier Primzahlen ist wieder eine Primzahl. falsch (außer 2)
f) Die Differenz zweier Primzahlen kann wieder eine Primzahl sein. wahr

36. Ermittle die Primfaktorzerlegung für die folgenden Zahlen.
a) 28 b) 32 c) 64 d) 36 e) 84
f) 110 g) 155 h) 220 i) 375 j) 500

37. Bestimme die zusammengesetzten Zahlen.
a) $\square = 2 \cdot 3 \cdot 11$ b) $\square = 5^2 \cdot 3^2$ c) $\square = 3 \cdot 5 \cdot 7$
d) $\square = 2 \cdot 7^2 \cdot 13$ e) $\square = 11^2 \cdot 23 \cdot 37$ f) $\square = 3^3 \cdot 5^3 \cdot 19$
g) $\square = 11^3 \cdot 13$ h) $\square = 3^4 \cdot 5 \cdot 23$ i) $\square = 2^6 \cdot 11 \cdot 31$

38. Welche der folgenden Zahlen sind bereits in Primfaktoren zerlegt? Führe bei den anderen Zahlen die Zerlegung zu Ende und gib die Zerlegung in Kurzschreibweise an.

a) $72 = 2 \cdot 3 \cdot 12$ b) $87 = 3 \cdot 29$ c) $625 = 25 \cdot 25$
d) $144 = 2 \cdot 6 \cdot 12$ e) $552 = 4 \cdot 138$ f) $444 = 2 \cdot 2 \cdot 3 \cdot 37$

39. Zerlege die folgenden Zahlen jeweils in Primfaktoren.

a) 60; 72; 81   b) 207; 333; 564   c) 120; 415; 588
d) 525; 741; 882   e) 9 009; 6 125; 5 632   f) 7 854; 8 000; 13 125

40. Eine Zahl hat die Primfaktorzerlegung $2^3 \cdot 5^2 \cdot 7$. Gib alle Teiler der Zahl an.

Gemeinsame Teiler und Vielfache

41. Schreibe jeweils die Teilermengen der gegebenen Zahlen auf und kennzeichne deren gemeinsamen Teiler.

a) 18 und 24   b) 48 und 72   c) 45, 60 und 105

42. Ermittle alle gemeinsamen Teiler der gegebenen Zahlen.

a) 12 und 14   b) 17 und 33   c) 45 und 105
d) 15, 45 und 75   e) 26, 65 und 169   f) 38, 57 und 69

43. Finde möglichst viele verschiedene Lösungen.

a) ☐ ist ein Teiler von 28 und 56.   b) ☐ ist ein Teiler von 60 und 90.
c) ☐ ist ein Teiler von 36 und 78.   d) ☐ ist ein Teiler von 8 und ☐.

44. Bilde aus den gegebenen Zahlen möglichst viele Paare teilerfremder Zahlen.

a) 21; 46; 35; 22; 51   b) 33; 108; 16; 27; 52

45. Bestimme für folgende Zahlen jeweils den größten gemeinsamen Teiler.

a) 34 und 51   b) 24 und 40   c) 75 und 90   d) 96 und 120
e) 44 und 110   f) 49 und 21   g) 45 und 54   h) 28 und 126

46. Bestimme für folgende Zahlen jeweils den größten gemeinsamen Teiler.

a) 27, 81 und 63   b) 50, 125 und 300   c) 168, 420 und 252
d) 84, 378 und 210   e) 105, 435 und 195   f) 144, 252, 684 und 756

47. Während einer Exkursion fuhren genau 319 Schüler mit mehreren Autobussen, ein anderes Mal genau 232 Schüler.
Wie viele Plätze hatten die Busse, wenn in allen Fällen der gleiche Typ verwendet wurde und jeder Bus immer voll besetzt war?

Hinweis: Zum Probieren kannst du auch einen Taschenrechner benutzen.

48. Schreibe die Vielfachenmengen der gegebenen Zahlen bis zur 120 auf und kennzeichne jeweils die gemeinsamen Vielfachen.

a) von 12 und 15   b) von 16 und 24   c) von 8, 12 und 15

49. Ein rechteckförmiges Stück Moosgummi, das 48 cm lang und 36 cm breit ist, soll zum Basteln in quadratische Stücke zerschnitten werden.
Die Seitenlängen der entstehenden Quadrate sollen Vielfache von 1 cm sein.
a) Wie groß können die Quadrate sein, wenn kein Abfall entstehen soll?
b) Wie viele Quadrate erhält man jeweils?

50. Aus einem Schaumstoffquader, der 88 cm lang, 56 cm breit und 24 cm hoch ist, sollen gleich große Würfel mit Kantenlängen, die Vielfache von 1 cm sind, herausgeschnitten werden.
Wie groß könnten die Würfel sein, wenn kein Abfall entstehen soll?

51. Bestimme jeweils zwei gemeinsame Vielfache der gegebenen Zahlen.
a) 21 und 14 b) 7 und 35 c) 16 und 20
d) 15, 18 und 45 e) 26, 65 und 39 f) 22, 121 und 66

52. Vervollständige zu wahren Aussagen. Gib jeweils mindestens zwei Lösungen an.
a) ☐ ist ein Vielfaches von 8 und 18. b) ☐ ist ein Vielfaches von 12 und 16.
c) ☐ ist ein Vielfaches von 20 und 36. d) ☐ ist ein Vielfaches von 3, 6 und 7.
e) ☐ ist ein Vielfaches von 15, 20 und 18. f) ☐ ist ein Vielfaches von 4 und ☐.

53. Bestimme für folgende Zahlen jeweils das kleinste gemeinsame Vielfache.
a) 24 und 40 b) 15 und 25 c) 75 und 90 d) 39 und 52
e) 48 und 72 f) 63 und 189 g) 45 und 81 h) 35 und 343

54. Bestimme für folgende Zahlen jeweils das kleinste gemeinsame Vielfache.
a) 5, 12 und 20 b) 15, 21 und 24 c) 62, 66 und 93
d) 10, 84 und 35 e) 18, 63 und 105 f) 24, 25, 90 und 135

55. An einer Bushaltestelle halten Busse zweier Linien, die im Abstand von 9 Minuten bzw. 15 Minuten fahren. Um 8 Uhr fahren beide Linien gleichzeitig ab. Nenne alle gemeinsamen Abfahrtszeiten bis 12 Uhr.

56. Drei Brüder fahren Runden auf einer langen Spielstraße. Johann benötigt mit seinen Inlineskates eine Minute und zwölf Sekunden für jede Runde, Georg schafft mit dem Fahrrad die Runde in 48 Sekunden und der kleine Markus fährt mit dem Roller in anderthalb Minuten. Die Brüder starten gleichzeitig.
a) Nach welcher Zeit beenden je zwei Brüder gleichzeitig eine Runde?
b) Nach welcher Zeit beenden alle drei gemeinsam eine Runde?

57. Zwei Nachbargrundstücke sind jeweils so eingezäunt, dass die Pfosten immer denselben Abstand haben. Bei Familie Ludwig stehen die Pfosten im Abstand von 2,40 m, bei Familie Wildner im Abstand von 1,80 m. Die gemeinsame Grundstücksgrenze ist 36 m lang.
a) In welchen Abständen stehen die Pfosten an derselben Stelle?
b) Wie viele Pfosten stehen an der gemeinsamen Grenze auf jedem Grundstück?

1.4 Gleichungen und Ungleichungen

Grundbegriffe

Ausdrücke wie $3 + 42 - 7$ und $5 \cdot (22 - 13)$ sind **Terme,** die nur Zahlen, Rechenzeichen und Klammern enthalten. Ihren Wert kann man sofort berechnen.
Aber auch $2 \cdot a - 7$ oder $x^2 + 4 \cdot x - 6$ sind Terme. Sie enthalten zusätzlich eine **Variable.** Dies sind „Platzhalter" für beliebige Zahlen. Der Wert eines solchen Terms ist dann davon abhängig, welche Zahl für die Variable eingesetzt wird.

B Der Term $2 \cdot x + 7$ hat für $x = 9$ den Wert 25 (denn $2 \cdot 9 + 7 = 25$), aber für $x = 45$ den Wert 97 (denn $2 \cdot 45 + 7 = 97$).

M Ein **Term** ist eine sinnvolle Zusammenstellung von Zahlen, Variablen, Rechenzeichen und Klammern.

Zwei Terme können durch das Gleichheitszeichen oder durch die Zeichen „≠", „<", „>" verbunden werden. Dadurch erhält man **Gleichungen** bzw. **Ungleichungen.**

M Eine **Gleichung** besteht aus zwei Termen, die durch das Zeichen „=" verbunden sind. Sind zwei Terme durch eines der Zeichen „≠", „<" oder „>" verbunden, so spricht man von einer **Ungleichung.**

Gleichungen bzw. Ungleichungen, die keine Variable enthalten, sind entweder wahre oder falsche Aussagen.

B

$27 \cdot 11 = 93$	(falsch)	$48 + 71 > 100$	(wahr)
$24 - 3^2 = 15$	(wahr)	$25 + 7 \cdot 5 \neq 60$	(falsch)

Enthalten Gleichungen bzw. Ungleichungen dagegen eine Variable, so kann erst nach dem Einsetzen einer Zahl für die Variable entschieden werden, ob dies zu einer wahren oder falschen Aussage führt.

B

$40 + 8 \cdot x = 120$	$x = 5$:	$40 + 8 \cdot 5 = 120$	(falsch)
	$x = 10$:	$40 + 8 \cdot 10 = 120$	(wahr)
$4 \cdot y < 10$	$y = 2$:	$4 \cdot 2 < 10$	(wahr)
	$y = 5$:	$4 \cdot 5 < 10$	(falsch)

Jede Zahl, die beim Einsetzen für die Variable zu einer wahren Aussage führt, ist eine **Lösung** der Gleichung (bzw. Ungleichung). Die Menge aller Lösungen heißt **Lösungsmenge** und wird mit L bezeichnet. Für die Anzahl der Lösungen gibt es verschiedene Möglichkeiten, wie die Beispiele auf der folgenden Seite zeigen.

genau eine Lösung:	$34 - x = 19$	$L = \{15\}$
	$2 \cdot x + 1 < 2$	$L = \{0\}$
mehrere Lösungen:	$x \cdot x - 3 \cdot x = 0$	$L = \{0; 3\}$
	$3 \cdot x + 5 < 12$	$L = \{0; 1; 2\}$
unendlich viele Lösungen:	$a + 7 = 7 + a$	$L = \mathbb{N}$
	$5 + 3 \cdot x > 10$	$L = \{2; 3; 4; 5; 6; \ldots\}$
keine Lösung:	$x + 1 = x + 2$	$L = \emptyset$
	$23 + a < 7$	$L = \emptyset$

Die Schreibweise $L = \mathbb{N}$ bedeutet, dass alle natürlichen Zahlen zur Lösungsmenge gehören; $\emptyset$ ist das Zeichen für die leere Menge.

Die Lösbarkeit bzw. die Lösung einer Gleichung oder Ungleichung hängt auch vom **Grundbereich** ab. Dies ist die Menge aller Zahlen, die für die Variable eingesetzt werden dürfen.

	Grundbereich	Lösung
$5 \cdot x + 12 < 28$	alle natürlichen Zahlen alle geraden Zahlen	$L = \{0; 1; 2; 3\}$ $L = \{0; 2\}$
$x \cdot x - 12 \cdot x = 0$	alle natürlichen Zahlen alle natürliche Zahlen, die kleiner als 10 sind	$L = \{0; 12\}$ $L = \{0\}$

Lösen von Gleichungen und Ungleichungen

(1) Lösen durch Darstellung am Zahlenstrahl

Oft hilft beim Lösen einer Gleichung schon eine Veranschaulichung am Zahlenstrahl.

Löse die Gleichung $940 - y = 360$.

Anhand der Skizze berechnet man den Unterschied und erhält $y = 580$ bzw. $L = \{580\}$.

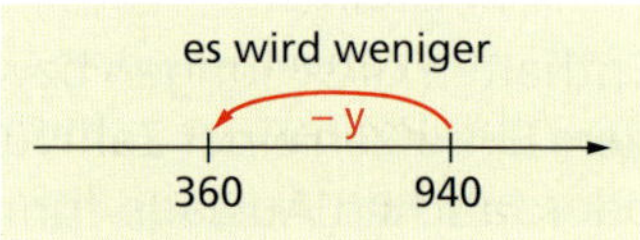

(2) Lösen durch Probieren

Manche Gleichungen oder Ungleichungen sind durch **einfaches Probieren** lösbar. Man setzt so lange Zahlen ein, bis die Gleichung oder Ungleichung erfüllt ist.

Löse die Gleichung $3 \cdot x = 51$.

Man setzt für x die Zahl 14 ein und rechnet.
Das ist zu wenig und man probiert es mit 19.
Das ist zu viel und man probiert es mit 17.
Damit hat man mit $x = 17$ eine Lösung gefunden.

$3 \cdot 14 = 42 \quad (42 < 51)$
$3 \cdot 19 = 57 \quad (57 > 51)$
$3 \cdot 17 = 51$

Oftmals ist es besser, beim Probieren **systematisch** vorzugehen. Es ist sinnvoll, eine Tabelle anzulegen und für die probierten Werte einzutragen, ob die entstehenden Aussagen wahr (w) oder falsch (f) sind.

B Löse die Ungleichung $3 \cdot x + 5 > 30$.

9 ist die erste Lösung der Ungleichung und auch alle größeren Zahlen erfüllen sie. Somit ist $L = \{9; 10; 11; 12; 13; \dots\}$ die Lösungsmenge.

x	$3 \cdot x + 5$	$3 \cdot x + 5 > 30$
0	5	f
1	8	f
8	29	f
9	32	w
10	35	w

(3) Lösen durch Zerlegen von Zahlen

Häufig können Zahlen geschickt in eine Summe oder ein Produkt zerlegt werden.

B Welche Zahlen erfüllen die Gleichung $5 \cdot n + 60 = 90$?

Man zerlegt 90 in eine geeignete Summe.
Man vergleicht und findet eine neue Gleichung.
Nun zerlegt man 30 geschickt in ein Produkt.
Man vergleicht und findet mit n = 6 die Lösung.

$30 + 60 = 90$
$5 \cdot n = 30$
$5 \cdot 6 = 30$

(4) Lösen durch Umkehren der Rechnungen

Mithilfe von Pfeilketten können die ausgeführten Rechenoperationen veranschaulicht werden.

B Löse die Gleichung $x : 4 - 225 = 975$.

Man stellt sich die Gleichung als Pfeilkette vor.
Dann kehrt man die Rechnungen (und Pfeile) um und rechnet „rückwärts".
Damit erhält man die Lösung x = 4 800.

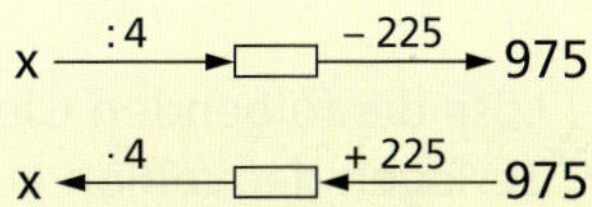

$975 + 225 = 1\,200$
$1\,200 \cdot 4 = 4\,800$

Manchmal ist auch die Anwendung mehrerer Methoden sinnvoll.

B Löse die Gleichung $160 : x + 127 = 135$.

Man stellt sich die Gleichung als Pfeilkette vor.
Man kehrt die Rechnungen um und rechnet „rückwärts".
Man zerlegt 160 in ein Produkt.
Es ergibt sich die Lösung x = 20.

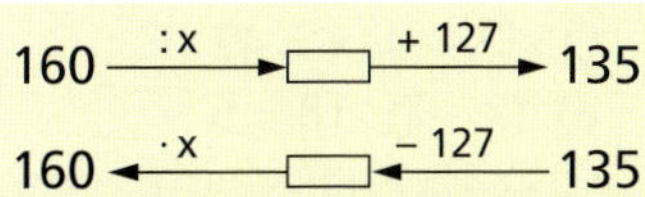

$135 - 127 = 8$
$8 \cdot x = 160$
$160 = 8 \cdot 20$

Aufgaben

Grundbegriffe

1. Entscheide, ob es sich um Terme handelt.
a) $(3 + 7) - 4$ b) $a \cdot a -)$ c) $44 \cdot 8^2 - 7$ d) $x4 - 2 + +$
e) $6 \cdot 23 = 138$ f) $x^2 + x - 2 \cdot x$ g) $3 \cdot x + 7$ h) $[a \cdot (4 + a) - 7] \cdot 3$

2. Bilde Terme. Verwende dazu jeweils alle Zahlen, Rechenzeichen und Klammern.
a) 4 5 6 + · ( ) b) 12 8 5 + –
c) 48 8 12 + : ( ) d) 25 50 100 – · ( )

3. Finde für die Teilaufgaben 2 a) bis 2 d) einen Term mit möglichst großem Wert.

4. Berechne den Wert der Terme für a = 2 (5; 8 und 12).
a) $a + 5$ b) $(a + 3) \cdot 4$ c) $a \cdot a - 1$ d) $45 - 3 \cdot a$ e) $(a + 1)^2$
f) $200 - a \cdot a$ g) $(a + 5) \cdot a$ h) $15 - a$ i) $2 \cdot a - 7$ j) $8 \cdot a + 2 \cdot a$

5. Ordne. Was ist ein Term, was eine Gleichung und was eine Ungleichung?
a) $2 \cdot x + 1$ b) $34 - 21 = 8$ c) $45 + x > 120$
d) $2 < 8 \cdot 5$ e) $2 \cdot x + 8 = 34$ f) $49 > 3 \cdot x - 2$
g) $a \cdot a \cdot 3 - a$ h) $12 - (a + 6)$ i) $55 \cdot a + 6 = 300$

Lösen von Gleichungen

6. Überprüfe, ob die Zahlen 6, 7, 12 die folgenden Gleichungen erfüllen.
a) $14 + x = 26$ b) $4 \cdot x - 15 = 25$ c) $7 \cdot a + 13 = 62$
d) $x \cdot x - 30 = x$ e) $(3 + x) \cdot 4 = 60$ f) $(x - 7) \cdot (x - 12) = 0$

7. Löse jeweils durch Probieren. Überlege erst, welche Zahlen geeignet sind.
a) $25 \cdot x = 5\,000$ b) $y : 80 = 80$ c) $a \cdot 2 = 4\,488$
d) $300 \cdot x = 3\,000\,000$ e) $80\,808 : x = 40\,404$ f) $a : 12 = 12$

8. Löse die folgenden Gleichungen durch geschicktes Zerlegen der Zahlen auf der rechten Seite.
a) $5 \cdot x + 30 = 90$ b) $70 + 8 \cdot a = 230$
c) $5 \cdot x \cdot 20 = 7\,000$ d) $(x - 1) \cdot 5 = 150$
e) $4 \cdot x \cdot x = 100$ f) $50 \cdot y + 150 = 600$

9. Löse die Gleichungen, indem du „rückwärts" rechnest.
a) $x + 27 = 93$ b) $2 \cdot x - 40 = 120$
c) $15 + 4 \cdot x = 47$ d) $6 \cdot (3 + y) = 120$
e) $(x - 7) : 18 = 5$ f) $(a + 2) \cdot 5 - 13 = 32$

10. Finde möglichst alle Lösungen durch systematisches Probieren.
a) $x + 1 = 2 \cdot x$ b) $x \cdot x = 2 \cdot x$ c) $x + 3 = 3 + x$
d) $2 \cdot x - x = 5$ e) $x - 2 = 2 - x$ f) $(x - 3) \cdot (x - 1) = 0$
g) $4 \cdot x - 6 = 3 \cdot x$ h) $x \cdot x - x = 6$ i) $x \cdot (x + 4) = 5$

11. Löse die folgenden Gleichungen. Wähle selbst ein geeignetes Verfahren.

a) $12 \cdot a - 12 = 60$
b) $(x + 7) : 11 = 7$
c) $a \cdot a + 31 = 200$
d) $y : 9 + 12 = 21$
e) $420 : (30 - x) = 60$
f) $x + 3 - x = 8$
g) $25 \cdot (b - 13) = 0$
h) $25 \cdot (b - 13) = 150$
i) $x^2 + 6 = 5 \cdot x$

12. Schreibe den Text zunächst als Gleichung. Ermittle dann die gesuchte Zahl.

a) Wenn man eine Zahl mit 3 multipliziert und dann 5 addiert, erhält man 17.
b) Wenn man eine Zahl durch 5 dividiert, anschließend 3 addiert und das Ergebnis mit 5 multipliziert, dann erhält man die kleinste dreistellige natürliche Zahl.
c) Bildet man die Summe vom Doppelten der Zahl und 4, erhält man dasselbe wie bei der Differenz aus dem Dreifachen der Zahl und 7.

13. Denke dir selbst Zahlenrätsel aus: Merke dir eine Zahl, führe mit dieser nacheinander zwei oder drei verschiedene Rechenoperationen durch und nenne das Ergebnis. Dein Banknachbar muss nun deine Zahl finden.

Lösen von Ungleichungen

14. Welche der Zahlen 2, 4, 8, 16 sind Lösungen? Setze die Zahlen ein und überprüfe.

a) $3 + x < 12$
b) $x - 3 > 5$
c) $2 \cdot x + 7 < 15$
d) $5 \cdot (x + 15) > 100$
e) $x \cdot x - 2 \cdot x > 3$
f) $(2 \cdot x + 8) : 4 < 6$
g) $7 \cdot (x - 1) - 3 > 100$
h) $3 \cdot x > 3 + x$
i) $x^3 < x + 100$

15. Finde die Lösungsmenge durch systematisches Probieren.

a) $2 \cdot x - 7 < 15$
b) $3 \cdot x - 10 < 27$
c) $25 - 4 \cdot x < 10$
d) $11 + 2 \cdot a < 21$
e) $5 \cdot y < 4 \cdot y + 1$
f) $5 \cdot y < 4 \cdot y + 8$
g) $7 \cdot x > 7 \cdot x + 2$
h) $4 \cdot b + 12 > 26$
i) $x \cdot x - 8 < 75$

16. a) Für welche natürlichen Zahlen ist ihr Siebenfaches vermindert um 13 kleiner als 52?
b) Für welche natürlichen Zahlen ist ihr Doppeltes größer als die Summe aus dieser Zahl und 13?
c) Für welche natürlichen Zahlen ist das Fünfzehnfache der Zahl vermehrt um 8 kleiner als 200, aber größer als 150?
d) Für welche natürlichen Zahlen gilt: Die Differenz aus dem Vierfachen der Zahl und der Zahl 23 ist kleiner als die größte einstellige Primzahl?

17. Jens möchte Hefte für 29 Cent das Stück kaufen. Er hat aber nur 2,50 € dabei. Wie viele Hefte kann er höchstens kaufen?

18. Beatrice kauft einen Hefter für 0,79 € und Bleistifte, die jeweils 0,19 € kosten. Sie muss insgesamt mehr als 1 €, aber weniger als 2 € bezahlen. Wie viele Bleistifte könnte sie gekauft haben?

19. Herr Meyer stapelt in seinem Keller Kartons. Der Keller ist 2,40 m hoch. Wie viele Kartons kann er höchstens übereinander stapeln, wenn diese eine Höhe von 45 cm haben?

1.5 Gemischte Aufgaben

1. Schreibe die folgenden Zahlen mit Ziffern.
a) elftausendelf
b) drei Milliarden dreitausenddreiunddreißig
c) siebzehn Millionen siebzehntausend-siebenhundertsiebzehn
d) acht Billionen achtundachtzig Milliarden achttausendachtundachtzig
e) einundvierzig Milliarden einundvierzig

2. a) Schreibe mit Ziffern: neunzehn Milliarden siebenhundertvierunddreißig Millionen fünfundachtzigtausenddreihundertsechs.
b) Welche Zahl ergibt sich, wenn man bei der in Aufgabe a) gegebenen Zahl die Nullen als Ziffern weglässt? Schreibe sie in Worten.

3. Marion und Achim denken sich Zahlen aus. Marions Zahl kann nur mit den Ziffern 3 und 4 geschrieben werden, die Zahl von Achim enthält als Ziffern nur die 7 und die 8. Wessen Zahl ist die größere?

4. Wie heißen die größtmögliche und die kleinstmögliche Zahl, die du unter Verwendung aller Kärtchen legen kannst?

5. Welches ist die kleinste und welches die größte zehnstellige Zahl, die du mit den Kärtchen legen kannst? Schreibe diese Zahlen in Worten.

6. Wähle Kärtchen aus und ordne sie so an,
a) dass eine möglichst große durch 3 teilbare Zahl entsteht;
b) dass eine durch 4 teilbare fünfstellige Zahl entsteht;
c) dass eine möglichst große durch 8 teilbare Zahl entsteht;
d) dass eine dreistellige Primzahl entsteht.

7. Zwei Zahlen mit der Differenz 500 liegen gleich weit von der Zahl 400 entfernt. Wie heißen die beiden Zahlen?

8. Bei den folgenden Zahlen sind einige Ziffern (*) unleserlich geworden. Versuche trotzdem, diese Zahlen der Größe nach zu ordnen.
a) 1*3; 3**1; **94*
b) 2*76*; 2*75**; *2*76*; 2*7**
c) 2**37**; 3**7**; **91**; 9*****

9. Übersetze die Zahlen des einführenden Beispiels von Seite 8 in die Computersprache bzw. aus der Computersprache ins Dezimalsystem.

10. a) Gib alle fünfstelligen Zahlen an, die sich mit den Ziffern 0, 1, 3, 5 und 6 schreiben lassen und durch 4 teilbar sind.

b) Gib die größte und die kleinste fünfstellige Zahl an, die sich mit den Ziffern 2, 3, 5, 7 und 8 schreiben lässt und durch 4 teilbar ist.

11. Jeweils fünf Zahlen der Menge haben eine gemeinsame Eigenschaft. Finde heraus, welche Eigenschaft dies ist und welche Zahl nicht in die Menge gehört.

a) {1; 2; 4; 8; 12; 16}
b) {15; 35; 40; 62; 75; 80}
c) {47; 31; 12; 19; 23; 71}
d) {13; 16; 20; 88; 104; 200}
e) {3; 27; 9; 81; 33; 243}
f) {18; 24; 42; 54; 64; 96}

12. a) Schätze die Anzahl der Punkte, Nägel bzw. Schafe auf folgenden Bildern.

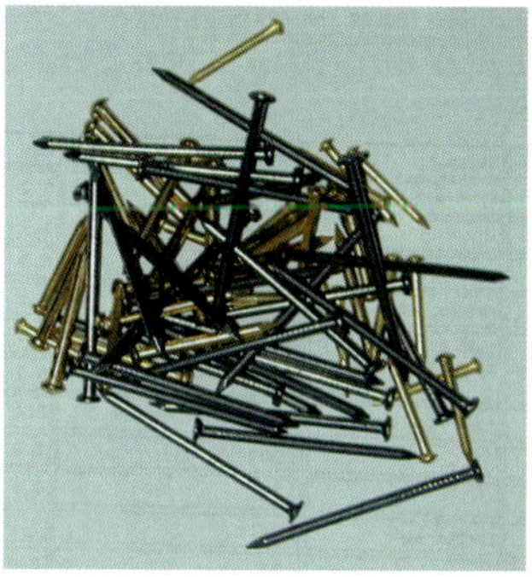

b) Versuche, durch Auszählen eines Bildausschnittes und Bilden eines Überschlags einen möglichst guten Schätzwert zu ermitteln.

13. Schätze. Schlage auch in einem Lexikon nach und vergleiche die Werte mit deinen Schätzungen.

a) Wie viele Blätter etwa hat eine ausgewachsene Buche?
b) Wie viele Haare etwa hat ein Mensch auf dem Kopf?
c) Wie viele Bienen etwa leben in einem Bienenstock?

14. a) Schätze, wie viele Büroklammern zusammen ein Kilogramm wiegen.

b) Ermittle das Gewicht von 100 Büroklammern. Überlege, wie du damit deine Schätzung aus Teilaufgabe a) überprüfen kannst.

15. Ordne durch Bilden eines Überschlags jeweils das richtige Ergebnis zu. (Ergebnisse: 350; 4 050; 971; 1 559; 2 001; 2 436)

a) $113 + 917 + 529$
b) $29 \cdot 84$
c) $23 \cdot 87$
d) $1\,043 - 316 + 244$
e) $7\,350 : 21$
f) $76\,950 : 19$

16. Durch Vertauschen zweier Ziffern sind falsche Aussagen entstanden. Formuliere jeweils die wahren Aussagen.

Beispiel: 12 + 79 = 46 (f); richtig: 17 + 29 = 46 (w)

a) $43 + 57 = 82$
b) $13 + 26 = 84$
c) $38 + 74 = 116$
d) $75 - 38 = 43$
e) $23 - 46 = 77$
f) $64 - 20 = 22$
g) $8 \cdot 7 = 24$
h) $5 \cdot 4 = 95$
i) $12 \cdot 14 = 124$
j) $88 : 0 = 10$
k) $55 : 13 = 6$
l) $260 : 80 = 19$

17. Entscheide durch Bilden eines Überschlags bzw. Abschätzen, welche der folgenden Rechnungen falsch sind.

a) $343 : 7 = 59$ b) $21\,365 \cdot 5 = 96\,825$ c) $5\,820 : 12 = 485$
d) $470 \cdot 108 = 40\,760$ e) $341 \cdot 205 = 69\,905$ f) $5\,586 : 19 = 294$
g) $2\,288 \cdot 109 = 219\,392$ h) $892 \cdot 678 = 704\,776$ i) $27\,693 : 51 = 543$

18. Prüfe folgende Gleichungen ohne genaue Rechnung. Welche können auf keinen Fall stimmen? Begründe.

a) $26\,537 - 18\,474 = 8\,063$ b) $6\,142 : 83 = 74$ c) $27 \cdot 72 - 486 = 480$
d) $37\,675 - 14\,790 = 22\,886$ e) $29 \cdot 196 = 5\,684$ f) $(842 - 38) \cdot 7 = 576$

19. Übertrage die Rechenpyramiden in dein Heft und vervollständige sie entsprechend der Rechenoperation.
Hinweis: Im Feld über zwei benachbarten Feldern steht jeweils das Ergebnis.

a)
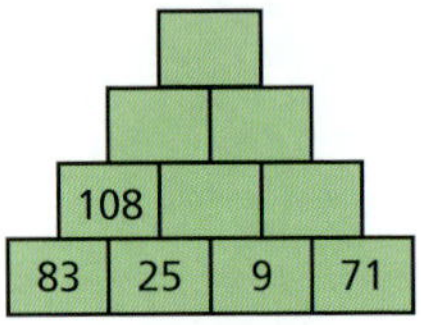

Addition

b)
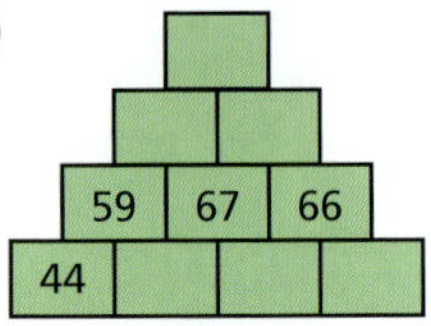

Addition

c)
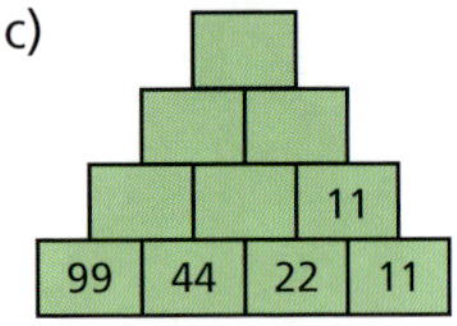

Subtraktion

d)

Multiplikation

e)
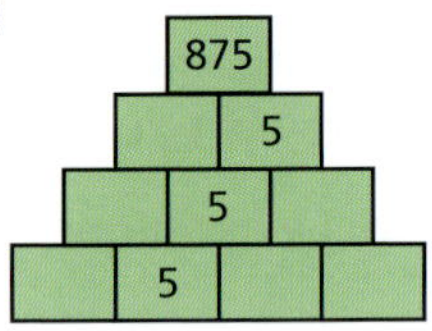

Multiplikation

f)
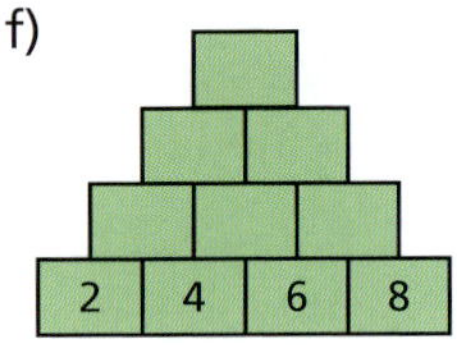

Multiplikation

20. Setze für die Kästchen eine der Zahlen 2, 3, 4 oder 6 ein. Jede der Zahlen darf in jeder Aufgabe nur einmal verwendet werden.

a) □ − □ − □ = 0 b) □ + □ − □ = 1 c) □ + □ − □ = 3
d) □ + □ − □ = 4 e) □ − □ + □ = 5 f) □ + □ − □ = 7
g) □ + □ − □ = 8 h) □ + □ + □ = 9 i) □ + □ + □ = 11

21. a) Addiere zum Produkt von 45 und 16 die Zahl 2907.
b) Berechne das Fünffache der Differenz von 836 und 487.
c) Subtrahiere vom Elffachen der Zahl 93 das Siebenfache von 81.
d) Berechne den Quotienten aus dem Dreifachen von 126 und der Zahl 27.
e) Multipliziere die Summe von 307 und 4098 mit der Differenz von 412 und 257.

22. Im alten Griechenland wurden Quadratzahlen durch Punktbilder veranschaulicht.
a) Zeichne Punktbilder auch für die Quadrate der Zahlen 6 bis 10.
b) Untersuche mithilfe der Punktbilder die Differenzen benachbarter Quadratzahlen. Was stellst du fest?

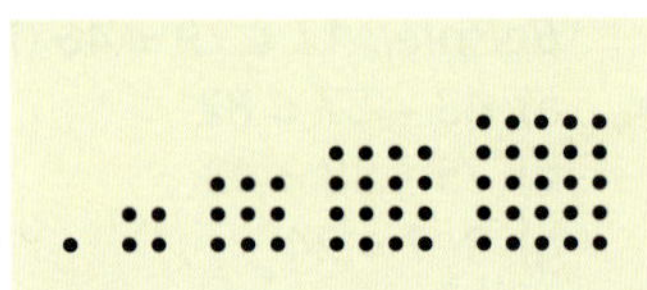

23. Setze für die Zeichen eine der Ziffern 0 bis 9 so ein, dass jeweils wahre Aussagen entstehen.
Gleiche Zeichen innerhalb einer Aufgabe bedeuten gleiche Ziffern, unterschiedliche Zeichen bedeuten verschiedene Ziffern.

a) ■2 : 4 = ▲ b) ■9 + ■8 = 3▲ c) 5 · 1▲ = 6■
d) ■3 : ▲ = 7 e) 2▲ + ■■ = ▲8 f) ●● + ▲ = ▲■■

24. Eine Spielzeugfirma soll eine Kaufhauskette mit 2 350 Bällen beliefern. Um ihren Vertrag zu erfüllen, lieferte sie 580 Bälle an die erste und 1 140 Bälle an die zweite Filiale. Wie viele Bälle sind noch auszuliefern?

25. Die Beete einer Parkanlage sollen mit weißen, blauen und gelben Stiefmütterchen bepflanzt werden. Insgesamt werden 2 700 Pflanzen benötigt.

a) Wie viele blaue Stiefmütterchen braucht man noch, wenn bereits 845 weiße und 1 365 gelbe Stiefmütterchen zur Verfügung stehen?
b) Wie viele Stiefmütterchen von jeder Sorte werden benötigt, wenn es genau so viele blaue sein sollen wie gelbe und weiße zusammen? Gib eine mögliche Lösung an.

26. In einer Schule sind 214 Mädchen und 197 Jungen. Davon haben 183 das Schwimmabzeichen in Bronze, 137 in Silber und 58 in Gold.
Wie viele Schüler haben keine Schwimmprüfung abgelegt?

27. Die Zeitung „Neues von vorgestern" kostet monatlich 15,20 €, die Zeitschrift „Klatsch und Tratsch" erscheint wöchentlich und kostet 1,40 € je Heft. Wie viel Euro muss Familie Neu-Gier in einem halben Jahr für diese Zeitungen bezahlen?

28. Im Unterhaltungsteil von Zeitschriften oder Zeitungen findet man häufig so genannte Kryptogramme als spezielle Form einer Geheimschrift. Ein Kryptogramm ist eine Anordnung von Symbolen, für die Ziffern so gefunden werden müssen, dass sechs ineinander verschachtelte Gleichungen erfüllt sind. Gleiche Symbole bedeuten gleiche Ziffern, unterschiedliche Symbole verschiedene Ziffern.
Finde jeweils die Lösung der folgenden Rätsel.

a)

■●	+	8	=	3▲
−		−		−
1▼	+	▲	=	1▲
1●	+	3	=	■▼

b)

●	+	●	=	■
+		·		·
●	·	●	=	■
■	·	■	=	▼▲

c)

●	·	▼	=	■◖
:		:		:
▲	·	■	=	■
●	·	■	=	▲2

29. Der Leiter einer Sportgruppe zahlt für acht Teilnehmer einer Fahrt jeweils 27 € Fahrgeld und 15 € für die Übernachtung. Den Rest kann er für Verpflegung ausgeben. Ihm stehen insgesamt 496 € zur Verfügung.
Wie viel Euro darf er für Verpflegung ausgeben?

30. Lege ein Streichholz so um, dass eine wahre Aussage entsteht.

31. Im Jahre 1949 entdeckte der indische Mathematiker KAPREKAR (1905 bis 1986) die nach ihm benannten Kaprekarzahlen. Das sind Zahlen, die sich nach wiederholter Subtraktion gemäß folgender Vorschrift nicht mehr ändern:
Bilde aus drei verschiedenen Ziffern von 1 bis 9 die größte und die kleinste dreistellige Zahl. Subtrahiere die kleinere von der größeren Zahl. Wiederhole mit dem Ergebnis das Verfahren so lange, bis sich die Ziffern nicht mehr ändern.

654	– 981	972
– 456	189	– 279
198	792	…

a) Führe das begonnene Beispiel zu Ende. Bei welcher Kaprekarzahl endet es? Probiere auch andere dreistellige Zahlen aus.
b) Wähle eine beliebige vierstellige Zahl, bei der nicht alle Ziffern gleich sind, und verfahre wie oben.
Wie heißt die vierstellige Kaprekarzahl?
c) Wie müsste man verfahren, wenn die Ziffer Null zugelassen ist?
d) Untersuche, ob es auch zweistellige oder fünfstellige Kaprekarzahlen gibt.

32. Berichtige jeweils durch Umlegen eines Hölzchens.

a) 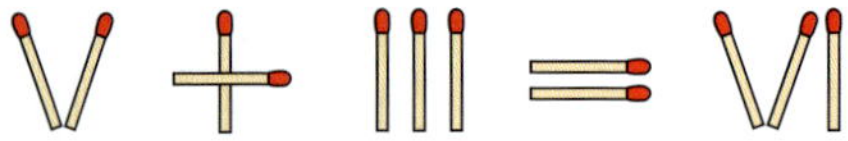

b) 

c) 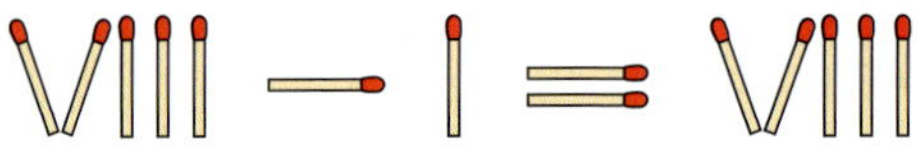

d) 

33. Versuche, unter Verwendung nur einer Ziffer sowie von Rechenzeichen und Klammern die Zahl 200 als Ergebnis verschieden darzustellen.
Finde Darstellungen, die möglichst wenige Ziffern benötigen.
Beispiel: $(111 - 11) \cdot (1 + 1) = 200$

34. Herr Beyer fährt mit dem Auto zur Arbeit. Bei einer Fünf-Tage-Woche ergibt dies nach 23 Wochen eine Fahrstrecke von 6 210 km.
a) Wie weit hat es Herr Beyer bis zur Arbeit?
b) Welche Strecke fährt er jede Woche?

35. Eine Tageszeitung wiegt ungefähr 150 g und ist zusammengelegt sechs Millimeter dick. Sie erscheint etwa dreihundertmal im Jahr.

a) Wie schwer ist der Zeitungsstapel von einem Jahr?
b) Wie hoch wird der Stapel, wenn alle Zeitungen übereinandergelegt werden könnten?
c) Schätze, wie schwer und wie dick deine Lieblingszeitschrift ist.
Was für ein Stapel käme hier im Laufe eines Jahres zusammen?

36. Eine Turmuhr schlägt die vollen Stunden mit jeweils 1, 2, 3, …, 12 Schlägen.
a) Wie oft schlägt die Uhr im Laufe eines Tages?
b) Wie oft schlägt die Uhr, wenn sie zusätzlich die Viertelstunde mit einem Schlag, die halbe Stunde mit zwei Schlägen, die Dreiviertelstunde mit drei und die volle Stunde mit vier Schlägen anzeigt?

37. Ein Kinosaal hat insgesamt 250 Plätze. Für eine Filmvorführung haben die Klassen einer Schule wie folgt reserviert:

Klasse	4a	4b	5a	5b	5c
Schüler	29	27	25	28	27

Wie viele Karten können noch verkauft werden?

38. Wie viele Jahre sind seit den folgenden Ereignissen vergangen? Ermittle die zur Berechnung erforderlichen Daten mithilfe von Nachschlagewerken bzw. des Internets (z. B. www.schuelerlexikon.de).
a) Entdeckung Amerikas durch CHRISTOPH KOLUMBUS
b) Bau des ersten Computers durch den deutschen Ingenieur KONRAD ZUSE
c) Bau der ersten Dampfmaschine durch JAMES WATT
d) Erfindung des Fernrohrs durch JOHANNES KEPLER
e) Erfindung des Buchdrucks durch JOHANN GUTENBERG
f) Bau der ersten deutschen Eisenbahn von Nürnberg nach Fürth

39. Wie die Sage berichtet, wurde das Schachspiel von einem Inder namens SESSA erfunden. Dem König SHERAM gefiel das Spiel so gut, dass sich SESSA zur Belohnung etwas wünschen durfte. Nach einem Tag Bedenkzeit nannte dieser seinen Wunsch:
Für das erste Feld des Schachbrettes sollte ihm der König ein Weizenkorn, für das zweite Feld zwei Körner, für das dritte vier und für jedes weitere der 64 Felder jeweils das Doppelte wie für das vorangegangene geben.
Ein äußerst bescheidener Wunsch – oder wohl doch nicht?

40. In einem ägyptischen Rechenbuch aus der Zeit von etwa 1700 v. Chr. steht Folgendes:

7 Personen besitzen jeweils 7 Katzen; jede Katze vertilgt 7 Mäuse; jede Maus frisst 7 Ähren Gerste; aus einer Gerstenähre können 7 Maß Getreide entstehen. Wie viel Maß Getreide insgesamt sind der Nützlichkeit der Katzen zu danken?

a) Schätze zunächst das Ergebnis.
b) Schreibe als Potenz und berechne das Ergebnis.

41. Landkarten oder andere Pläne stellen Entfernungen maßstabsgerecht verkleinert dar. Beim Maßstab 1 : 10 000 etwa entsprechen 1 cm auf der Karte 10 000 cm (also 100 m) in der Natur. Wie weit sind zwei Orte A und B tatsächlich voneinander entfernt, wenn sie auf einer Karte folgendermaßen dargestellt sind?

a) Maßstab 1 : 100, im Abstand 1 cm
b) Maßstab 1 : 100 000, im Abstand 4 cm
c) Maßstab 1 : 1 000 000, im Abstand 2,3 cm
d) Maßstab 1 : 10 000, im Abstand 7,8 cm
e) Maßstab 1 : 50 000, im Abstand 11 cm

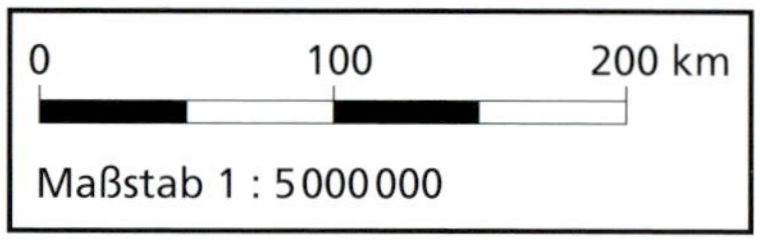

42. Die Städte Potsdam und Rostock sind etwa 220 km voneinander entfernt. In welchem Abstand sind sie auf einer Karte bei folgenden Maßstäben dargestellt?
a) 1 : 1 000 000 b) 1 : 100 000 c) 1 : 200 000 d) 1 : 500 000

43. Die Lichtgeschwindigkeit ist eine grundlegende Naturkonstante. Ein Lichtstrahl legt im Vakuum bzw. in der Luft in einer Sekunde 300 000 km zurück.
a) Wie lange braucht ein Lichtstrahl von der Erde bis zum Mond?
b) Welche Zeit vergeht, bis Licht von der Sonne bis zur Erde gelangt?
Hinweis: Entnimm die benötigten Entfernungen einer Formelsammlung o. Ä.

44. Die Länge des Erdäquators (d. h. der Umfang der Erde) beträgt etwa 40 000 km.
Berechne die Zeit, die man für eine solche Strecke benötigen würde, wenn man pro Tag folgende Entfernungen zurücklegt?
a) 10 km zu Fuß
b) 40 km mit dem Fahrrad
c) 800 km mit dem Auto
d) 8600 km mit dem Flugzeug

45. Die kürzeste Entfernung zu einer anderen Galaxis, der Andromeda-Galaxis, beträgt etwa $2 \cdot 10^{19}$ km. Wie lange würde ein Raumschiff bis zu dieser Galaxis benötigen, wenn es mit Lichtgeschwindigkeit fliegen könnte? Das Licht legt in einem Jahr eine Strecke von etwa 10^{13} km zurück.

46. Fünf Freunde haben zusammen einen siebentägigen Ausflug gemacht. Die Kosten betrugen insgesamt 1 085 € und sollen gleichmäßig auf alle aufgeteilt werden.
a) Wie viel muss jeder zahlen?
b) Max ist nach drei Tagen vorzeitig abgereist. Wie viel Euro muss jeder zahlen, wenn seine Teilnahme nur anteilig berücksichtigt wird?

47. Gib zu den Zahlen 25, 37, 69 eine vierte Zahl so an, dass sich als Durchschnitt dieser vier Zahlen jeweils die angegebene Zahl ergibt.

a) 35 b) 45 c) 17

48. Ein Kolibri macht durchschnittlich 75 Flügelschläge in einer Sekunde. Wie viele Flügelschläge macht er in einer Minute (in einer Stunde)?

49. Ein landwirtschaftlicher Betrieb kontrolliert durch zufällige Auswahl einzelner Früchte das Gewicht von Tomaten und protokolliert das Ergebnis:

76 g; 83 g; 72 g; 68 g; 75 g; 75 g;
84 g; 76 g; 82 g; 78 g; 80 g; 75 g

a) Berechne, wie schwer im Durchschnitt eine Tomate ist.

b) Eine Kontrolle von acht weiteren Tomaten ergab ein durchschnittliches Gewicht von 82 Gramm. Welches durchschnittliche Gewicht ergibt sich aus beiden Kontrollen?

50. a) Wie ändert sich eine Summe aus zwei Summanden, wenn ein Summand gleich bleibt und der andere Summand um 10 vergrößert (bzw. verkleinert) wird?

b) Wie ändert sich eine Summe aus zwei Summanden, wenn beide Summanden um 10 vergrößert (bzw. verkleinert) werden?

c) Wie ändert sich eine Summe aus zwei Summanden, wenn ein Summand um 10 vergrößert und der andere Summand um 10 verkleinert wird?

51. a) Wie ändert sich die Differenz zweier Zahlen, wenn der Subtrahend gleich bleibt und der Minuend um 10 vergrößert (bzw. verkleinert) wird?

b) Wie ändert sich die Differenz zweier Zahlen, wenn der Minuend gleich bleibt und der Subtrahend um 10 vergrößert (bzw. verkleinert) wird?

c) Wie ändert sich die Differenz zweier Zahlen, wenn Minuend und Subtrahend jeweils um 10 vergrößert (bzw. verkleinert) werden?

52. a) Wie ändert sich ein Produkt aus zwei Faktoren, wenn ein Faktor gleich bleibt und der andere Faktor verdoppelt (halbiert; verzehnfacht) wird?

b) Wie ändert sich ein Produkt aus zwei Faktoren, wenn beide Faktoren verdoppelt (halbiert; verzehnfacht) werden?

c) Wie ändert sich ein Produkt aus zwei Faktoren, wenn der eine Faktor verdoppelt und der andere Faktor halbiert wird?

53. a) Wie ändert sich ein Quotient, wenn der Dividend verdoppelt (halbiert; verzehnfacht) wird und der Divisor gleich bleibt?

b) Wie ändert sich ein Quotient, wenn der Divisor verdoppelt (halbiert; verzehnfacht) wird und der Dividend gleich bleibt?

c) Wie ändert sich ein Quotient, wenn Dividend und Divisor in gleicher Weise verdoppelt (halbiert; verzehnfacht) werden?

54. Berechne. Verwende dabei die Erkenntnisse aus den Aufgaben 50 bis 53.

a)	b)	c)	d)	e)
374 + 684	543 – 329	12 · 34	648 : 18	12 · 16
374 + 697	543 – 429	6 · 68	648 : 36	24 · 8
364 + 697	643 – 329	120 · 34	108 : 3	48 · 4
394 + 707	563 – 309	24 · 68	324 : 18	32 · 6

55. Setze die Reihen jeweils mit zwei weiteren Beispielen fort und berechne.

a)	b)	c)	d)
1 · 9 + 2	9 · 9 + 7	11 · 11	34^2
21 · 9 + 33	98 · 9 + 6	111 · 111	334^2
321 · 9 + 444	987 · 9 + 5	1111 · 1111	3334^2

56. Rechne die folgenden Aufgaben. Was stellst du fest?
a) 707 · 707 b) 606 · 606 c) 505 · 505 d) 404 · 404

57. Wie ändert sich ein Produkt von drei Faktoren, wenn man einen Faktor verdoppelt, einen Faktor verdreifacht und den dritten Faktor vervierfacht?

58. Erik beobachtet, dass bei einem tropfenden Wasserhahn in vier Stunden etwa ein Liter Wasser verloren geht. Wie viel Liter Wasser gehen dann etwa
a) in einer Woche verloren;
b) in einem Jahr in einem Ort verloren, wenn dort 5 000 Wasserhähne tropfen?

59. Marios Schulweg ist zwei Kilometer lang. Er geht diese Strecke jeden Tag zweimal zu Fuß.
Wie viel Kilometer läuft er im Laufe eines Schuljahres bei wöchentlich fünf Schultagen und etwa 35 Unterrichtswochen?

60. Berechne.
a) 38 · 4 – 2 · (134 – 9 · 12 + 45)
b) (328 · 3 – 5 · 82 + 49) · (31 · 2 + 9 · 17)
c) (34 + 2 · 7 + 3 · 5 · 7 – 6 · 4) · 11 – 705
d) 51 · 7 + 909 – 2 · (83 – 4 · 17+ 65 · 3)
e) 1 403 : 23 + 7 · (19 + 18 · 51)
f) 12 000 – 22 · (9 191 : 13 – 7 659 : 37)
g) 517 · 8 – (21 · 5 – 105) : 304
h) 48 033 · (398 – 56 · 7 – 6)

61. Berechne. Bei mehreren Klammern beginne mit den inneren Klammern.
Beispiel: 5 · [47 + 9 · (38 – 17) – 24] = 5 · [47 + 9 · 21 – 24] = …
a) [3 · (514 – 4 · 24) + 6] : 12
b) [7 · (45 – 23) + 68] : (2 · 14 – 22)
c) 2 · [3 + 4 · 5 + 67] – 89
d) 357 + (357 : 3 – 49) : 7
e) (238 : 34) · [15 · (64 – 3 · 12)]
f) 19 · (18 · (23 – 7) – 89 · 3) + 17 · 8 + 243

62. Eine einfache Karte fürs Schwimmbad kostet 2,60 €. Für eine Zwölferkarte sind 25 € zu zahlen.
a) Wie oft muss man ins Bad gehen, damit sich der Kauf einer Zwölferkarte lohnt?
b) Sara war im letzten Jahr 15-mal im Schwimmbad. Sie hat eine Zwölferkarte und drei einzelne Karten gekauft.
Wie viel Euro hat sie insgesamt bezahlt? Wie viel hat sie durch den Kauf der Zwölferkarte gespart?

63. Ein Computer soll 735,00 € kosten. Der Verkäufer bietet neben dem Sofortkauf an, das Gerät in Raten zu bezahlen:
- 6 Raten zu je 125 €
- 9 Raten zu je 85 €
- 12 Raten zu je 65 €

a) Berechne jeweils den Gesamtpreis.
b) Welches Angebot würdest du beim Ratenkauf wählen? Begründe.

64. In einem Hühnerstall wurden an sieben Tagen der Reihe nach 525, 615, 498, 582, 601, 590 und 565 Eier gelegt.
a) Wie viele Eier wurden durchschnittlich je Tag gelegt?
b) Nach wie vielen Tagen war das Wochensoll von 3 500 Eiern erfüllt?

65. Entscheide, ob die folgenden Aussagen jeweils wahr oder falsch sind. Begründe.
a) Jede natürliche Zahl ist entweder gerade oder ungerade.
b) Jede durch 6 teilbare Zahl ist auch durch 3 teilbar.
c) Die Quadratzahl jeder Primzahl ist eine Primzahl.
d) Der Nachfolger einer ungeraden Zahl kann keine Primzahl sein.
e) Der Vorgänger einer Primzahl ist immer eine gerade Zahl.

66. Von drei Holzlatten mit den Längen 120 cm, 96 cm bzw. 150 cm sollen Holzklötze abgeschnitten werden, die alle gleich lang sind (wobei als Längen nur Vielfache von 1 cm möglich sind).
a) Wie lang können die Holzklötze sein, wenn kein Holz übrig bleiben soll?
b) Gib für jede Möglichkeit die Anzahl der erhaltenen Holzklötze an.

67. Auf einer Modelleisenbahnanlage verkehren ein Schnellzug und ein Güterzug. Der Schnellzug benötigt für eine Runde 15 Sekunden, der Güterzug 21 Sekunden. Beide Züge starten gleichzeitig am Bahnhof.
a) Nach welcher Zeit durchfahren sie wieder gleichzeitig den Bahnhof?
b) Wie viele Runden haben sie dann jeweils zurückgelegt?

68. Luise ist neun Jahre alt, ihr großer Bruder zwölf Jahre und ihre kleine Schwester sieben Jahre.
In wie vielen Jahren sind sie zusammen 100 Jahre alt?

69. Die Abbildung zeigt zwei mit 40 bzw. 60 Zähnen ineinander greifende Zahnräder.
a) Wie oft dreht sich das kleine Rad, damit die markierten Zähne wieder ineinandergreifen?
b) Wie oft dreht sich das große Rad, damit die markierten Zähne wieder ineinandergreifen?

70. Eine Sportgruppe will in fünf Tagen von Brandenburg nach Havelberg paddeln.

Brandenburg – Plaue 7 km
Plaue – Pritzerbe 11 km
Pritzerbe – Milow 13 km
Milow – Rathenow 12 km
Rathenow – Hohennauen 10 km
Hohennauen – Schollene 9 km
Schollene – Strodehne 11 km
Strodehne – Havelberg 15 km

a) Wie lang sind die Tagesstrecken, wenn in Milow, Rathenow, Hohennauen und Strodehne übernachtet wird?
b) Wie lang ist die gesamte Tour?
c) Welche Strecke wird im Durchschnitt pro Tag zurückgelegt?

71. Zwei Esel tragen Säcke zur Mühle. Sagt der eine zum anderen:
„Warum stöhnst du so? Hätte ich noch einen Sack von dir, würde ich doppelt so viel tragen wie du. Nimmst du mir einen ab, tragen wir beide gleich viel."
Wie viele Säcke trägt jeder der beiden Esel?

72. Eine Lieferung Orangen soll zu gleichen Anzahlen in Netze verpackt werden. Es sind insgesamt 180 Früchte.
Wie viele verschiedene Möglichkeiten des Verpackens gibt es, wenn in einem Netz mindestens vier und höchstens zwölf Orangen enthalten sein sollen?

73. a) Löse die Aufgabe, die CARL FRIEDRICH GAUSS als Schüler gestellt worden war (siehe Seite 8).
b) Addiere alle geraden Zahlen bis 100. Rechne geschickt.

74. Michael baut mit Holzwürfeln Treppen und zählt die Würfel, die er dafür braucht.

Höhe (Reihe)	1	2	3	…
Würfel in der unteren Reihe	1	3	5	…
Gesamtzahl der Würfel	1	4	9	…

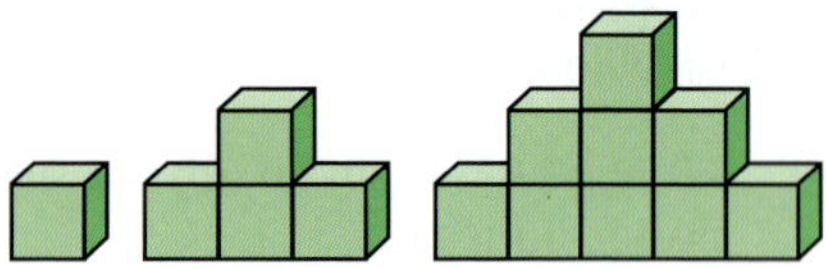

a) Zeichne im Heft Treppen der Höhe 4 und der Höhe 7.
b) Übernimm die Tabelle in dein Heft und ergänze sie bis zur Höhe 8.
Was fällt dir auf?
c) Michael möchte eine Treppe der Höhe 14 bauen.
Wie viele Würfel muss er in die untere Reihe legen?
Wie viele Würfel benötigt er insgesamt?

Teste dich selbst!

1. a) Ordne die folgenden Zahlen der Größe nach (beginne mit der kleinsten):
740 037; 105 006; 2 000 700 561; 207 000 561; 740 307; 2 007 500 061
b) Runde die Zahlen auf Zehner (Tausender, Hunderttausender).

2. Schreibe die Zahlen mit Ziffern und mit Worten.
a) $5 \cdot 10^7 + 8 \cdot 10^6 + 4 \cdot 10^3 + 3 \cdot 10 + 4$
b) $8 \cdot 10^6 + 7 \cdot 10^4 + 5 \cdot 10^2 + 3$
c) $5 \cdot 10^{12} + 6 \cdot 10^8 + 1 \cdot 10^5 + 7 \cdot 10^3$
d) $2 \cdot 10^8 + 9 \cdot 10^6 + 8 \cdot 10^5 + 4 \cdot 10 + 1$

3. Berechne.
a) 23 081 + 450 231 + 4 687
b) 4 071 304 + 993 567 + 911 874
c) 635 539 + 900187 + 1 117 572
d) 2 901 167 – 3 456
e) 3 760 981 – 822 504 – 89 365
f) 31 790 534 – 1 898 – 756 423

4. Berechne. Führe zuvor einen Überschlag durch.
a) 4 561 · 378
b) 351 110 · 212
c) 40 576 · 102
d) 8 942 : 34
e) 20 605 : 65
f) 461 922 : 461
g) 32 · 19 · 81
h) 705 : 47 · 11
i) $10^6 : 5^5$

5. Berechne.
a) 7 · 14 + 67 · 5 – 41
b) 832 – 32 · 11 – 11
c) 445 – (915 – 83 · 3) : 2
d) $8^3 + (49 - 36)^2 - 7^3$

6. Berechne jeweils den Durchschnitt der Zahlen.
a) 88; 65; 12; 78; 47
b) 6; 7; 19; 25; 10; 21; 18; 14

7. Untersuche die Zahlen 67 320 und 182 448 auf Teilbarkeit
a) durch 2 (4; 8);
b) durch 5 (10; 25);
c) durch 3 (6; 9).

8. Zerlege die Zahlen jeweils in Primfaktoren.
a) 162
b) 350
c) 714
d) 960
e) 2400

9. Ermittle jeweils das kleinste gemeinsame Vielfache der Zahlen.
a) 14 und 20
b) 39 und 9
c) 12 und 16
d) 24 und 42

10. Ermittle jeweils den größten gemeinsamen Teiler.
a) 42 und 28
b) 132 und 72
c) 70 und 205
d) 53 und 318

11. Gib die Lösungen der Gleichungen bzw. Ungleichungen an.
a) $44 - 2 \cdot x = 12$
b) $a - 4 \cdot 15 = 13$
c) $508 - 6 \cdot y = 292$
d) $2 \cdot x + 85 > 177$
e) $42 - 3 \cdot a > 31$
f) $7 \cdot (x + 3) < 49$

12. Schreibe zunächst einen Term und berechne dann.
a) Subtrahiere vom Produkt aus 17 und 12 die Zahl 94.
b) Multipliziere die Differenz von 96 und 23 mit der Summe aus 96 und 23.
c) Bilde den Quotienten aus 216 und der Kubikzahl von 3.

Primzahlen

1	2	3	4	5	6	7	8	9	10
11	12	13	14	15	16	17	18	19	20
21	22	23	24	25	26	27	28	29	30
31	32	33	34	35	36	37	38	39	40
41	42	43	44	45	46	47	48	49	50
51	52	53	54	55	56	57	58	59	60
61	62	63	64	65	66	67	68	69	70
71	72	73	74	75	76	77	78	79	80
81	82	83	84	85	86	87	88	89	90
91	92	93	94	95	96	97	98	99	100

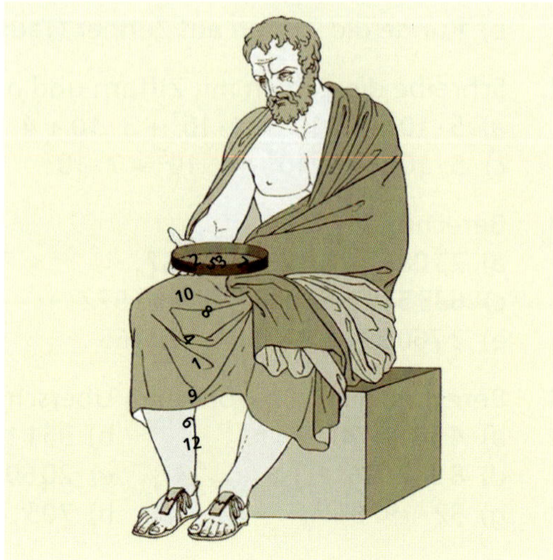

Schon die Mathematiker der Antike versuchten, Primzahlen nach einem Verfahren zu finden. Eine bekannte Methode ist das **Sieb des ERATOSTHENES** (um 230 v. Chr.).
Dazu notiert man die Zahlen so wie im linken Bild dargestellt. Die 1 wird gestrichen, weil sie keine Primzahl ist. Die 2 als Primzahl wird hervorgehoben (im Bild rot), dann streicht man jede zweite Zahl, denn als Vielfache von 2 sind dies keine Primzahlen. Dann wird die nächste nicht gestrichene Zahl, also die 3, markiert und dann jede dritte Zahl gestrichen.
Wenn man dieses Verfahren fortführt, bleiben genau die Primzahlen im Sieb, alle anderen Zahlen sind „durchgefallen".

1. Erweitert das Sieb auf ein Feld von 25 mal 25 Zahlen. Wendet das Verfahren von ERATOSTHENES an und findet alle Primzahlen bis 625 heraus.

2. Prüft, ob die Zahlen 739 bzw. 4 609 Primzahlen sind. Bis zu welcher Zahl a müsst ihr höchstens kontrollieren, ob a ein Teiler von 739 bzw. 4 609 ist?

3. Informiert euch im Internet zur Geschichte der Primzahlen. Was könnt ihr über das Leben und Wirken von ERATOSTHENES erfahren?
Nutzt z.B. www.schuelerlexikon.de.

4. Mithilfe moderner Rechentechnik werden immer größere Primzahlen entdeckt. Erkundet, welches die größte bisher gefundene Primzahl ist.

5. Primzahlzwillinge sind Paare von zwei Primzahlen, deren Differenz 2 beträgt, z. B. (3; 5) und (41; 43).
Findet alle Primzahlzwillinge bis 100. Wie viele Paare sind es?

6. Die Zahlen 3, 5 und 7 sind die einzigen Primzahldrillinge.
Begründet, warum es keine weiteren Primzahldrillinge geben kann.

Zahlenfolgen

Eine Reihe von Zahlen, bei denen sich die nächste Zahl nach einer bestimmten Regel aus der vorhergehenden ergibt, heißt **Zahlenfolge.**

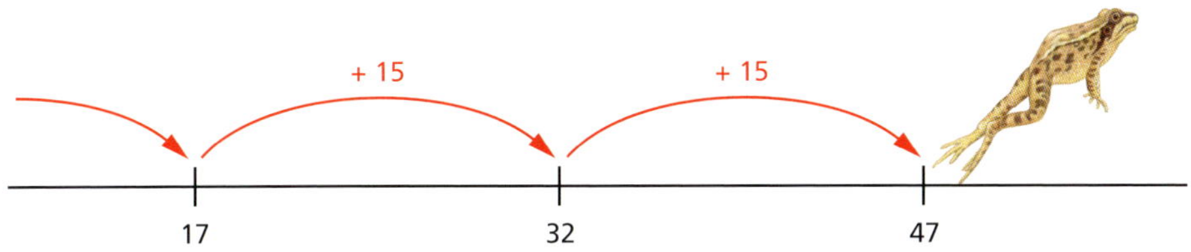

1. Setzt die Zahlenfolgen fort, indem ihr jeweils die nächsten fünf Zahlen notiert.
a) 23; 33; 43; 53; … b) 7; 19; 31; 43; … c) 87; 81; 75; 69; …
d) 2; 4; 8; 16; … e) 1; 5; 25; 125; … f) 2; 5; 10; 17; 26; …

In der Antike ordnete man den Zahlen geheimnisvolle Kräfte zu, die die Welt regieren sollten.
Es wurden **figurierte Zahlen** geschrieben, indem eine entsprechende Anzahl von Punkten in verschiedenen Formen angeordnet wurde. Besonders verehrt wurde die Tetraktys, eine Darstellung der heiligen Zahl 10 in Dreiecksform als Summe 1 + 2 + 3 + 4.

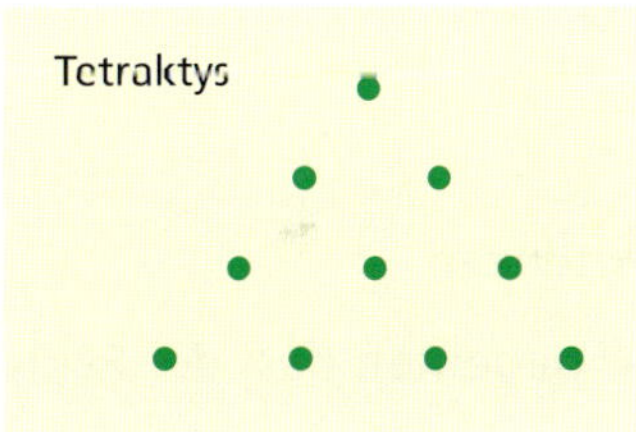

2. Versucht, mehr über figurierte Zahlen zu erfahren. Nutzt dazu das Internet.

3. Die Darstellung zeigt zwei Folgen von figurierten Zahlen.

(1) 

(2) 

a) Zeichnet jeweils die nächsten zwei Figuren. Nennt die zugehörige Zahlenfolge und setzt sie fort.
b) Beschreibt, wie man jeweils von einer Zahl zur nächsten kommt.
c) Denkt euch weitere Folgen von Figuren aus und lasst eure Mitschüler die zugehörigen Zahlenfolgen finden.

4. In den nebenstehenden vier Figuren ist jeder Punkt mit jedem anderen verbunden.
a) Zeichnet die nächsten Figuren. Zählt jeweils die Verbindungslinien.
Welche Zahlenfolge ergibt sich?
b) Überlegt, wie viele Verbindungslinien es zwischen 20 Punkten geben kann.

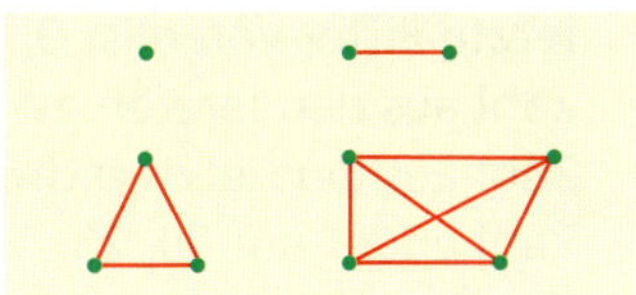

5. In der Aufgabe 74 auf Seite 66 baut Michael Treppen aus Würfeln.
a) Ermittelt eine Zahlenfolge, die angibt, wie viele Würfelseiten bei den Treppenkörpern verschiedener Höhen außen liegen.
b) Beschreibt, wie die Zahlen dieser Folge berechnet werden können.
c) Wie viele Würfelseiten sind bei einem Treppenkörper der Höhe 10 sichtbar? Wie viele Würfelseiten sind verdeckt?

Zusammenfassung

Rechengesetze und Rechenregeln

Für beliebige natürliche Zahlen a, b, c gilt:

$\mathbf{a + b = b + a}$	Kommutativgesetz der Addition
$\mathbf{(a + b) + c = a + (b + c)}$	Assoziativgesetz der Addition
$\mathbf{a \cdot b = b \cdot a}$	Kommutativgesetz der Multiplikation
$\mathbf{(a \cdot b) \cdot c = a \cdot (b \cdot c)}$	Assoziativgesetz der Multiplikation
$\mathbf{a \cdot (b + c) = a \cdot b + a \cdot c}$	Distributivgesetz

Was in Klammern steht, wird zuerst berechnet. Es gilt: „Potenzrechnung vor Punktrechnung vor Strichrechnung“. Sonst wird von links nach rechts gerechnet.

B
$$\begin{aligned} 415 - 12^2 + 5 \cdot (5^3 - 18) &= 415 - 144 + 5 \cdot (125 - 18) \\ &= 415 - 144 + 5 \cdot 107 \\ &= 415 - 144 + 535 = 806 \end{aligned}$$

Potenzen

a^n bedeutet, dass der Faktor a insgesamt n-mal mit sich selbst multipliziert wird.

B $4^2 = 4 \cdot 4 = 16$ $\qquad 2^5 = 2 \cdot 2 \cdot 2 \cdot 2 \cdot 2 = 32$ $\qquad 10^5 = 100\,000$

Natürliche Zahlen, die in der Form a^2 bzw. a^3 darstellbar sind, heißen **Quadratzahlen** bzw. **Kubikzahlen**.

Teilbarkeit und Teilbarkeitsregeln

Ist $c = a \cdot b$ das Produkt der natürlichen Zahlen a und b, dann sind a und b Teiler von c. Man schreibt $a \mid c$ und $b \mid c$.

Es gelten die folgenden **Teilbarkeitsregeln** für eine natürliche Zahl n:
- letzte Ziffer von n ist 0 $\Rightarrow 10 \mid n$
- letzte Ziffer von n ist 0 oder 5 $\Rightarrow 5 \mid n$
- letzte Ziffer von n ist 0, 2, 4, 6 oder 8 $\Rightarrow 2 \mid n$
- Zahl aus den letzten zwei Ziffern von n ist 00 oder durch 4 teilbar $\Rightarrow 4 \mid n$
- Zahl aus den letzten drei Ziffern von n ist 000 oder durch 8 teilbar $\Rightarrow 8 \mid n$
- Zahl endet auf 00, 25, 50, 75 $\Rightarrow 25 \mid n$
- Quersumme von n ist teilbar durch 3 $\Rightarrow 3 \mid n$
- Quersumme von n ist teilbar durch 9 $\Rightarrow 9 \mid n$

Primzahlen und Primfaktorzerlegung

Primzahlen sind nur durch 1 und sich selbst teilbar.
Jede Zahl ist eindeutig als Produkt von Primzahlen darstellbar.

B $60 = 2^2 \cdot 3 \cdot 5$ $\qquad 440 = 2^3 \cdot 5 \cdot 11$ $\qquad 1\,456 = 2^4 \cdot 7 \cdot 13$

2

Größen und Messen

Mächtig gewaltig!

Der Berliner Fernsehturm misst bis zu seiner Spitze 368,03 m, die mittlere Höhe der Kugel beträgt 212 m. Die Aussichtsplattform kann mit zwei Aufzügen erreicht werden, die dafür 38 s benötigen. Schätze deren Geschwindigkeit. Wie lange würde es wohl dauern, wenn die Stahltreppe mit 986 Stufen benutzt werden müsste?

Hans im Glück

Die Deutsche Bundesbank verfügt über eine Währungsreserve von rund 80 Mrd. €.
Allein die eingelagerten 3 446 t Gold sind rund 36 Mrd. € wert.
Wie teuer ist etwa ein Gramm Gold?
Im Märchen hat Hans ein Stück Gold erhalten „so groß als Hansens Kopf“, das er gegen ein Pferd eintauschte.
Ein guter Tausch?

Dem Glücklichen schlägt (k)eine Stunde

In unserem Leben spielen Uhren der unterschiedlichsten Art eine Rolle. Wie würdest du die abgebildete Uhr charakterisieren? Welche Uhrzeit wird angezeigt?
Wievielmal schlägt die Uhr an einem Tag, wenn sie die vollen Stunden mit der entsprechenden Anzahl von Schlägen anzeigt?

Größen

In unserem Alltag spielen Größen und das Rechnen mit ihnen eine wichtige Rolle.

M **Größen** sind Angaben, die sich als Produkt eines Zahlenwertes (der **Maßzahl**) und einer Einheit (der **Maßeinheit**) darstellen lassen.

B 34 mm = 34 · 1 mm   3,5 kg = 3,5 · 1 kg   10,2 s = 10,2 · 1 s

Physikalische Größen wie die **Länge**, die **Masse** und die **Zeit,** aber auch der **Rauminhalt** können gemessen werden.
Größen ein und desselben Größenbereiches lassen sich vergleichen und man kann sie addieren (bzw. subtrahieren) sowie Vielfache bilden.

B 1 944 m < 2 004 m $1\frac{1}{4}$ kg > 1,2 kg   108,34 € > 28,56 €
15 s + 45 s = 60 s   8,1 kg – 2,7 kg = 5,4 kg   3 · 0,99 € = 2,97 €

Einheiten von Größen

Größen eines Größenbereichs können in verschiedenen Einheiten angegeben werden. Vorsätze vor Einheiten haben in allen Größenbereichen die gleiche Bedeutung. Solche Vorsätze sind z. B.: *kilo* (k) – Tausendfaches, *dezi* (d) – Zehntel, *zenti* (c) – Hundertstel, *milli* (m) – Tausendstel.
Das **Umwandeln von Größenangaben** von einer Einheit in eine andere ist mithilfe der in der folgenden Tabelle angegebenen Umrechnungen möglich.

Größe	Umrechnungen		
Länge	1 km = 1000 m	1 m = 10 dm = 100 cm = 1000 mm	
Masse	1 t = 1000 kg	1 kg = 1000 g	1 g = 1000 mg
Zeit	1 h = 60 min	1 min = 60 s	
Volumen	1 *l* = 1000 ml		

B 3 km = 3 · 1 km
= 3 · 1000 m = 3000 m

2 min = 2 · 1 min
= 2 · 60 s = 120 s

6 400 cm = 64 · 100 cm
= 64 · 1 m = 64 m

22 000 kg = 22 · 1 000 kg
= 22 · 1 t = 22 t

Beim Umwandeln von einer größeren Einheit in eine kleinere Einheit wird mit der entsprechenden Umrechnungszahl multipliziert, die Maßzahl wird größer.
Beim Umwandeln von einer kleineren Einheit in eine größere Einheit wird die Maßzahl kleiner.

Kannst du das noch?

Aufgaben

1. Auf dem Bauernhof

Eine Kuh ist etwa 500 Kilogramm schwer. Sie wird gegen 4.00 Uhr und 18.00 Uhr gemolken und gibt täglich 20 bis 25 Liter Milch.

Ein Wassereimer fasst ungefähr 10 Liter. Ein Trinkbecher beinhaltet etwa $\frac{1}{4}$ Liter.

Ein Traktor hat eine Masse von 3 Tonnen. Der Traktor und sein Anhänger haben fast eine Länge von 10 Meter.

Ein Huhn wiegt 1,5 Kilogramm. Ein Ei wiegt 40 bis 60 Gramm.

Ein Schlachtschwein wiegt 120 bis 150 Kilogramm. Es wird fast ein halbes Jahr gemästet und wird jeden Tag 600 bis 900 Gramm schwerer. Für ein Kilogramm Schweinefleisch bezahlt man im Geschäft etwa fünf Euro.

a) Suche aus dem obigen Text alle Längen-, Zeit- und Masseangaben heraus.
b) Wie schwer ist eine Packung mit zehn Eiern?
c) 20 Kinder sollen je einen Becher Fruchtmilch erhalten. Wie viel Liter Milch werden benötigt?
d) Erfinde weitere Sachaufgaben, die zum obigen Bild passen.

2. Ordne jeweils der Größe nach. Beginne mit dem kleinsten Wert.
a) 450 mm; 0,8 m; 10,6 cm; 21 dm; 342 cm
b) $1\frac{1}{2}$ *l*; 0,5 *l*; 1200 ml; 500 cl; 1,45 *l*
c) 0,4 kg; 0,004 kg; 4000 g; 40 g; 40 kg
d) 1200 ct; 3,49 €; 0,99 €; 25 ct; 0,02 €

3. Multipliziere die Größen jeweils mit 10 (100; 1000).
a) 3,2 mm b) 54,3 g c) 0,04 m d) 1,2 *l* e) 0,002 t

4. Dividiere die Größen jeweils durch 10 (100; 1000).
a) 324 kg b) 54 m c) 20 t d) 59 010 km e) 24 *l*

5. Berechne
a) 3 kg + 45 g
b) 99 ct + 1,09 €
c) 3,4 m + 2 dm + 2 cm
d) 20 € – 11,28 €
e) 15 min 20 s + 60 s
f) 2 t – 0,4 t

2.1 Masse

Die Masse ist (ebenso wie die Länge oder die Zeit) eine physikalische Größe, die gemessen werden kann.

M

> Die **Masse** gibt an, wie schwer oder wie leicht und wie träge ein Körper ist.
> Die Einheit der Masse ist **ein Kilogramm** (1 kg).

In der Umgangssprache wird die Masse eines Körpers oft auch als Gewicht bezeichnet. Das ist nicht ganz korrekt, denn während die Masse an jedem beliebigen Ort gleich groß ist, hängt das Gewicht von der jeweils wirkenden Schwerkraft ab.

Das Kilogramm ist eine der sieben Basiseinheiten im Internationalen Einheitensystem (SI).
Ursprünglich war es festgelegt als die Masse eines Liters Wasser unter bestimmten Bedingungen. Um exaktere Vergleiche zu ermöglichen, hat man das so genannte „Urkilogramm" geschaffen. Dieses besteht aus einer Platin-Iridium-Legierung und wird in Sèvres bei Paris aufbewahrt. Eine Kopie (siehe Bild) befindet sich in der Physikalisch-Technischen Bundesanstalt Braunschweig.

Weitere Masseeinheiten sind **eine Tonne** (1 t), **eine Dezitonne** (1 dt), **ein Gramm** (1 g) und **ein Milligramm** (1 mg). Es gilt:

1 t = 1 000 kg　　1 kg = 1 000 g　　1 g = 1 000 mg

Das folgende Schema gibt die Umrechnungszahlen zwischen den Einheiten an.

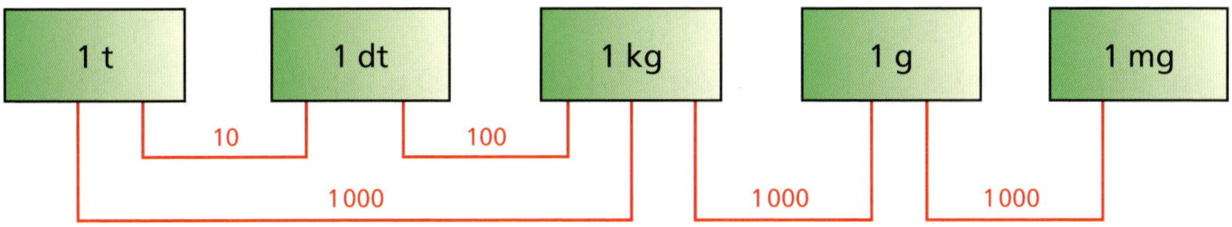

Beim Umrechnen von Größenangaben kann auch eine **Einheitentafel** helfen.

B

t			kg			g			mg			Wert
H	Z	E	H	Z	E	H	Z	E	H	Z	E	
					6	0	1	5				6 015 g = 6 kg 15 g
		8	2	0	4							8 204 kg = 8 t 204 kg
								9	0	0	3	9 003 mg = 9 g 3 mg

Wie schwer ist (etwa) …?

ein PKW (Mittelklasse)	ein Motorrad	eine 1-*l*-Milchpackung; eine Tüte Zucker	ein Geldschein; eine Tintenpatrone	ein Zuckerkorn; ein Papierschnipsel

1 t	1 dt	1 kg	1 g	1 mg

Früher waren als Einheiten der Masse das **Pfund** (500 g) und der **Zentner** (50 kg) gebräuchlich.
Einheiten zur Bestimmung der Masse von Edelsteinen bzw. Gold sind das **Karat** (etwa 200 mg) bzw. die **Unze** (rund 29 g).

Aufgaben

1. Welche der in Klammern angegebenen Massen könnte etwa stimmen?
a) Tafel Schokolade (100 g; 10 g; 1 kg) b) Reisebus (2 t; 12 t; 22 t)
c) Tüte Bonbons (250 g; 3 kg; $\frac{3}{4}$ kg) d) Sack Zement (0,2 t, $\frac{1}{2}$ kg; 50 kg)
e) Straußenei (250 kg; $\frac{1}{4}$ kg; 1 500 g) f) Blauwal (130 t; 5 t; 2 000 kg)

2. Welche Maßeinheiten der Masse werden häufig verwendet?
a) auf Lebensmittelverpackungen b) auf Verpackungen im Baumarkt
c) bei Schmuck d) bei Transportmitteln

3. Rechne in die jeweils nächstkleinere Einheit um.
a) 2 kg b) 5 kg c) 39 kg d) 25 kg e) 125 kg f) $\frac{1}{2}$ kg
g) 12 g h) 8 g i) 2 g j) 1 000 g k) 10 g l) 55 g
m) 12 t n) 120 t o) $\frac{1}{4}$ t p) 6 t q) 80 t r) 300 t

4. Rechne in die jeweils nächstgrößere Einheit um.
a) 6 000 mg 50 000 mg 105 000 mg 6 000 mg 800 mg
b) 25 000 kg 56 000 kg 3 000 kg 4 500 kg 10 000 kg

5. Trage in eine Einheitentabelle (siehe Beispiel auf S. 75) ein und schreibe mit zwei Einheiten.
a) 5 763 kg b) 2 486 g c) 4 153 mg d) 8 050 kg e) 6 400 g

6. Trage in eine Einheitentabelle ein und schreibe in der kleineren Einheit.
a) 4 t 385 kg b) 14 kg 250 g c) 4 g 720 mg d) 8 t 12 kg e) 18 t 4 kg

7. Rechne in die jeweils kleinere der beiden Einheiten um.
a) 6 g 200 mg 10 g 520 mg 18 g 80 mg 54 g 645 mg
b) 12 t 560 kg 3 t 55 kg 9 t 8 kg 15 t 990 kg

8. a) *What is the weight of your bag today? Guess and check by measure.*
b) *Compare. Your bag should weigh at the most one tenth of your body weight.*
c) *What is the weight of your heaviest book? Which book is it?*

(*weight* – Gewicht; *to weigh* – wiegen; *at the most* – höchstens; *to guess* – raten, schätzen; *heaviest* – am schwersten)

9. Schreibe in einer Darstellung mit Komma.

a) 3 g 250 mg b) 700 g c) 9 g 6 mg d) $\frac{1}{2}$ t
e) 100 g 200 mg f) $1\frac{1}{2}$ kg g) 60 kg 125 g h) $9\frac{3}{4}$ kg

10. Runde jeweils auf volle Kilogramm.

a) 12,34 kg b) 50,603 kg c) 98,9 kg d) 8 477 g
e) 444 g f) $24\ \frac{3}{8}$ kg g) 0,084 dt h) $1\frac{1}{2}$ kg

11. Ist die Genauigkeit bei folgenden Masseangaben sinnvoll? Wenn nicht, unterbreite einen besseren Vorschlag.

a) Das Abtropfgewicht der Würstchen beträgt 685 g.
b) Das Brot wiegt 997 g.
c) Der LKW hat 5 326 kg Ziegel geladen.
d) Kristin ist 29,382 kg schwer.
e) Die Masse einer Kugel im Kugelstoßen der Männer beträgt 7,257 kg.

12. Eine Tageszeitung wiegt im Durchschnitt 125 g.
Wie viel wiegt etwa ein Jahrgang der Zeitung, wenn diese täglich außer an Sonn- und Feiertagen erscheint?

13. Glenn steht in London auf einer Waage. Die Skala zeigt 5 stones an.
Was würde eine Waage in Deutschland anzeigen? (1 *stone* ≈ 6,35 kg)

14. Straußeneier sind die größten Vogeleier in der Tierwelt. Ein Ei ist 15 bis 20 cm lang, 12 bis 15 cm breit und wiegt bis zu 1,5 kg.
Ausgeblasene Straußeneier, die immerhin noch ein Gewicht von knapp 250 g haben, sind beliebte Sammlerstücke.

a) Schätze, wievielmal schwerer ein Straußenei als ein Hühnerei ist.
b) Eine Kiste mit ausgeblasenen Straußeneiern wiegt 3,980 kg.
Wie viele Eier sind etwa in der Kiste, wenn die zur Verpackung verwendete Holzwolle 730 g wiegt?

2.2 Länge

Aus der Geometrie ist uns der Begriff **Länge** als Entfernung zwischen den Endpunkten einer Strecke bekannt. Wir können die Länge von Strecken mithilfe eines Lineals bzw. des Geodreiecks messen.

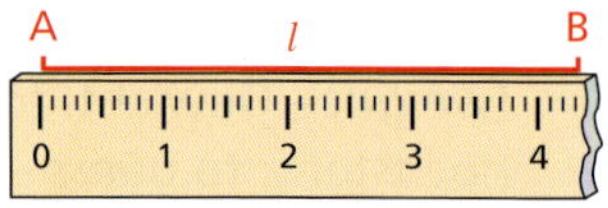

Längen sind (physikalische) Größen, denn sie lassen sich als Vielfache von Längeneinheiten angeben, z. B.:
4,3 cm = 4,3 · 1 cm

Hinweis: Die von einem Körper längs einer bestimmten Bahn zurückgelegten **Wege** sind ebenfalls Längen.

M Die **Länge** gibt an, wie groß die Entfernung zwischen zwei Punkten längs einer geraden oder gekrümmten Linie ist.
Die Einheit der Längenmessung ist **ein Meter** (1 m).

Auch das (bzw. der) Meter ist eine Basiseinheit des Internationalen Einheitensystems.
Ursprünglich sollte es der vierzigmillionste Teil des durch Paris verlaufenden Längengrades der Erde sein. Danach wurde das so genannte „Urmeter" geschaffen. Das ist ein Platin-Iridium-Stab, der in Sèvres bei Paris aufbewahrt wird (siehe Bild). Heute wird das Meter mithilfe der Lichtgeschwindigkeit definiert.

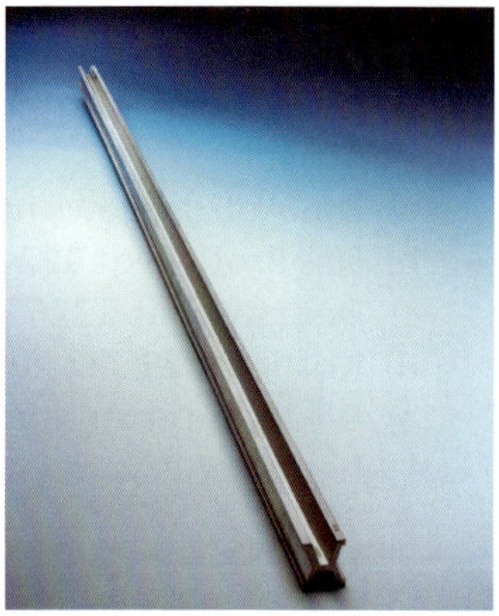

Weitere Längeneinheiten sind **ein Kilometer** (1 km), **ein Dezimeter** (1 dm), **ein Zentimeter** (1 cm) und **ein Millimeter** (1 mm). Es gilt:
1 km = 1 000 m 1 m = 10 dm = 100 cm = 1 000 mm

Das folgende Schema gibt die Umrechnungszahlen zwischen den Einheiten an.

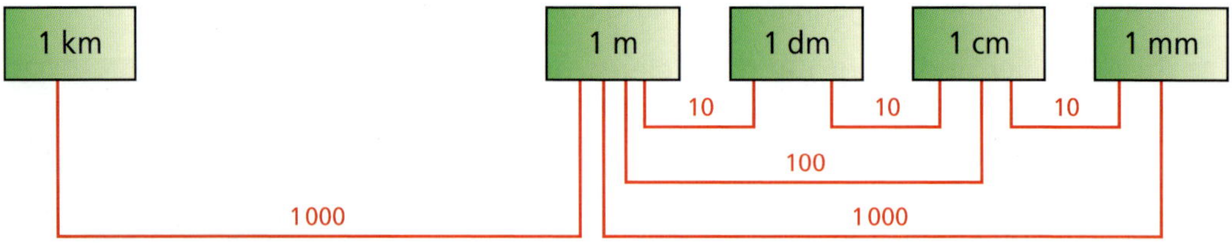

B 1,044 km = 1 044 m 350 mm = 35 cm = 3,5 dm = 0,35 m

Ältere Einheiten, die du mitunter noch in Märchen findest, sind zum Beispiel eine **Elle** (etwa 67 cm), ein **Fuß** (etwa 31 cm) und eine **Postmeile** (etwa 7,5 km).
Auch heute noch sind in einigen Ländern nichtdezimale Längenmaße wie **inch** oder **yard** gebräuchlich.

Welche Länge entspricht (etwa) ...?

zweieinhalb Runden im Stadion	der Höhe einer Türklinke über dem Boden	der Breite einer Musikkassette	der Dicke eines Kugelschreibers	der Stärke (Höhe) eines 2-ct-Stücks
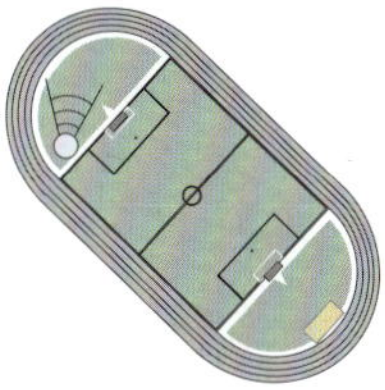	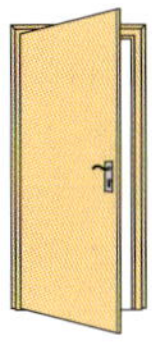		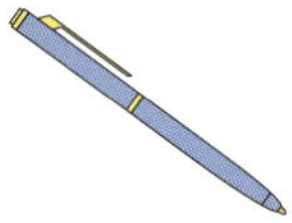	
1 km	1 m	1 dm	1 cm	1 mm

Aufgaben

1. a) Ordne (ohne zu messen) folgende Strecken der Länge nach: $\overline{EA}$; $\overline{ED}$, $\overline{EF}$; $\overline{EC}$; $\overline{EB}$ Beginne mit der kürzesten Strecke.

b) Schätze zunächst die Länge der Strecken $\overline{AE}$; $\overline{EB}$; $\overline{BC}$; $\overline{DF}$; $\overline{FC}$ und miss sie dann. Vergleiche Schätz- und Messwerte.

c) Wie viele verschiedene Strecken entstehen, wenn jeder der sechs Punkte mit jedem verbunden wird?

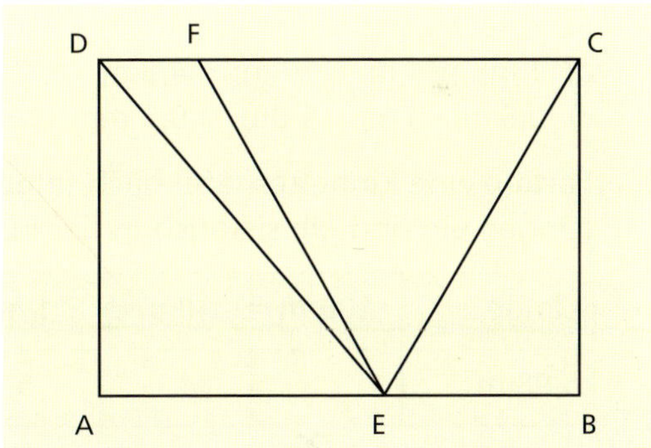

2. a) Ermittle größere Städte, die im Umkreis von 100 km deines Heimatorts liegen.

b) Gib drei europäische Städte an, die etwa 1 000 km von deinem Heimatort entfernt sind.

3. Gib für folgende Beispiele jeweils einen Schätzwert an.

a) Länge eines Hauses
b) Höhe eines Schornsteines
c) Länge einer Stadionrunde
d) Entfernung zwischen Potsdam und Cottbus

4. Sind die folgenden Längenangaben sinnvoll? Falls nicht, unterbreite Vorschläge für geeignetere Werte.

a) Erdumfang: 40 000 km
b) eine Stadionrunde: 40 000 cm
c) Streckenlänge beim Marathonlauf: 42,195 km
d) Entfernung Berlin – Rathenow: 79,473 km
e) Länge eines Güterzuges: 243,75 m
f) Höhe eines Baumes: 823 cm
g) mittlere Entfernung Erde – Mond: 384 400 000 m

5. Welche der jeweils in Klammern angegebenen Größen kann stimmen?
a) Länge eines Güterwagens (40 m; 8 m; 3 m)
b Dicke von 40 Blatt Papier (0,5 cm; 1 mm; 1 dm)
c) mittlere Flughöhe einer *Boeing 777-200* (11 km; 600 m; 5000 m)
d) Länge einer Eidechse (15 cm; 8 dm; 0,5 m)
e) Höhe einer ausgewachsenen Fichte (60 m; 40 m; 100 m)
f) Länge eines Fußballfeldes (100 m; 50 m; $\frac{1}{4}$ km)
g) Höhe des Brandenburger Tores (105 m; 26 m; 50 m)

6. Rechne jeweils in die nächstkleinere Einheit um.
a) 5 km; 12 km; 3 km; $\frac{1}{2}$ km; 2,5 km; 90 km; 7,5 km
b) 7 m; 10 m; 12 m; 1,5 m; 7,5 m; $\frac{1}{2}$ m; 100 m
c) 3 dm; 4 dm; 2,5 dm; $\frac{1}{2}$ dm; 13 dm; 10 dm; 100 dm

7. Rechne in Zentimeter um.
a) 1 m; 4 m; 10 m; 4,5 m
b) 1 mm; 8 dm; 17 m; 7,5 m
c) 0,8 m; 5 m; 5 dm; 0,5 mm
d) 10 mm; 8 m; 3,5 mm; 12 km

8. Fertige eine Einheitentafel nach folgendem Muster an. Trage die gegebenen Längen ein und gib sie auch in der in Klammern genannten Maßeinheit an.

Länge	100 m	10 m	1 m	1 dm	1 cm	1 mm	
5,98 m			5	9	8	0	5 980 mm

a) 12 mm (in m) b) 32 455 cm (in m) c) 75 dm (in m) d) 1230 mm (in dm)

9. a) Rechne in Meter um:
$\frac{1}{2}$ km; $\frac{1}{4}$ km; 60 cm; 2 dm; 400 mm; 150 dm; 1,5 km; 5 380 cm
b) Berechne den Durchschnitt der Längen aus Teilaufgabe a).

10. Rechne jeweils in die kleinere Einheit um.
Beispiel: 5 m 4 cm = 5 m + 4 cm = 500 cm + 4 cm = 504 cm
a) 6 km 200 m; 33 km 50 m; 9 km 185 m; 10 km 5 m; 4 km 50 m; 2 km 234 m
b) 9 m 54 cm; 3 m 5 cm; 12 m 20 cm; 1 m 85 cm; 3 m 33 cm; 7 m 2 cm
c) 9 cm 5 mm; 15 cm 3 mm; 10 cm 5 mm; 8 cm 6 mm; 19 cm 2 mm; 220 cm 1 mm

11. Frau Schmidt hat die besten Ergebnisse ihrer Klasse im Weitsprung festgehalten:
- Jans erzielte Sprungweite ist 319 cm.
- Florian ist 15 cm weiter als Claudia gesprungen.
- Katrins Sprung lag zwischen 3 m und 3,05 m.
- Claudia sprang genau 31 dm weit.
- Paul fehlte 1 dm an 3,50 m.
- Matthias sprang 4 dm weiter als Jan.

In welcher Reihenfolge platzierten sich die Kinder?

2.3 Zeit

Im Gegensatz zur Länge und zur Masse ist die **Zeit** eine Größe, deren Einheiten nicht nach dem dekadischen System aufgebaut sind. Es lassen sich **Zeitpunkte** (Uhrzeiten) angeben und **Zeitspannen** messen bzw. aus zwei Zeitpunkten berechnen.

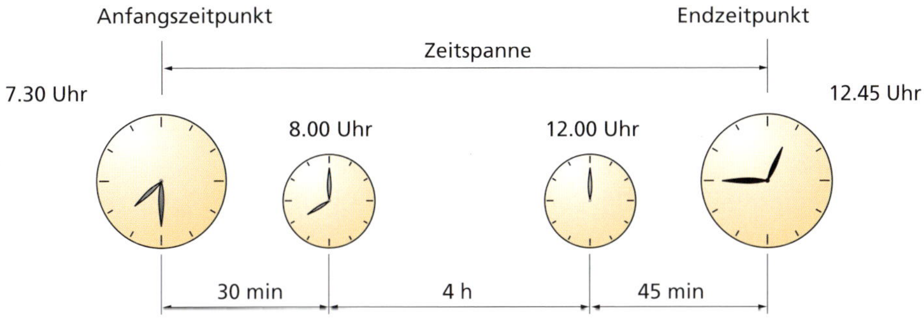

Hinweis: Die physikalische Größe Zeit gibt Zeitspannen an.

M Die Einheit der Zeit ist **eine Sekunde** (1 s).

Die Sekunde zählt ebenfalls zu den Basiseinheiten des Internationalen Einheitensystems. Sie wurde ursprünglich als der 86 400ste Teil eines mittleren Sonnentages festgelegt.
Im Jahre 1967 erfolgte eine exaktere Definition auf der Grundlage atomarer Schwingungen. Nebenstehendes Bild zeigt eine entsprechende „Atomuhr" im Physikalisch-Technischen Institut Braunschweig.

Weitere Zeiteinheiten sind **eine Minute** (1 min), **eine Stunde** (1 h) und **ein Tag** (1 d).
Es gilt:
1 d = 24 h 1 h = 60 min 1 min = 60 s
Die Umrechnungszahlen zwischen diesen Zeiteinheiten sind keine Zehnerpotenzen.

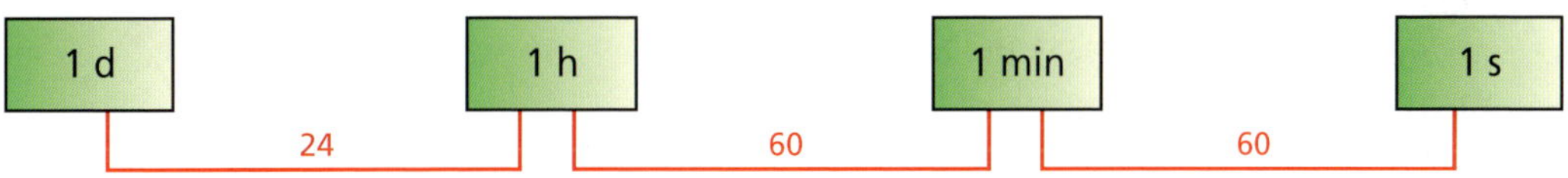

B 3 min = 180 s 1,5 h = 90 min 3 d = 72 h

Anstelle der dezimalen Schreibweise sind auch andere Darstellungen gebräuchlich, etwa bei Uhrzeiten (8.15 Uhr) oder im Sport (2 : 43 : 09 h; das sind 2 h, 43 min und 9 s).

Wie lang ist (etwa) eine Zeitspanne von ...?

1 h	1 min	1 s
Unterrichtsstunde und anschließende Pause	60mal lautes Aufsagen von „Schimpanse"	Aussprechen der Zahl 21 in Worten („einundzwanzig")

In der Kalenderrechnung sind als Zeiteinheiten ferner gebräuchlich die **Woche** (7 Tage), der **Monat** (28 bis 31 Tage) sowie das **Jahr** (365 oder 366 Tage). Wegen der unterschiedlichen Länge eines Monats bzw. eines Jahres sind Umrechnungen zwischen diesen Einheiten nur bedingt möglich. Im Bankwesen wird deshalb jeder Monat mit 30 Tagen und damit ein Jahr mit 360 Tagen gerechnet.

Aufgaben

1. Schätze. Wie lange dauert etwa
a) ein Augenzwinkern;
b) ein Kinobesuch;
c) das Überqueren einer acht Meter breiten Straße;
d) das Treppensteigen (511 Stufen) von der ersten bis zur 24. Etage eines Hochhauses?

2. Welche der jeweils in Klammern angegebenen Zeiten kann stimmen?
a) Dauer eines Atemzuges (4 s; $\frac{1}{2}$ min; 1 min)
b) Dauer eines Herzschlages (1 s; 3 s; 10 s)
c) Dauer eines 4-km-langen Spaziergangs (110 min; 1 h; $\frac{1}{2}$ h)
d) Dauer einer 10-km-langen Autofahrt (1 min; 10 min; $\frac{1}{2}$ h)

3. Eine Uhr zeigt beim Kauf die genaue Uhrzeit an, geht aber dann täglich eine Sekunde vor. Wann würde die Uhr wieder die genaue Zeit anzeigen, wenn sie nicht gestellt werden könnte?

4. Rechne in Stunden um.
a) 3 d; 8 d; 1 d 5 h; 3 d 12 h
b) 1 Woche; 4 d 18 h; $\frac{1}{2}$ d; 5 d 10 h

5. Rechne in Minuten um.
a) 7 h; 5 h 15 min; 12 h 45 min; 1 d
b) 300 s; 180 s; 600 s; 30 s; 120 s; 3600 s

6. Rechne jeweils in die nächstgrößere Einheit um.
a) 180 min; 45 min; 90 min; 240 min
b) 72 h; 12 h; 144 h; 48 h; 1200 h
c) 240 s; 480 s; 720 s; 300 s; 120 s
d) 35 d; 72 d; 14 d; 21 d; 7 d

7. Der deutsche Astronaut ULF MERBOLD landete am 4.11.1994 nach einem Weltraumflug von 31 Tagen wieder auf der Erde. Nenne das Datum seines Starts.

8. Runde auf volle Minuten.
5 min 12 s; 9 min 53 s; 125 s; 11 min 31 s; 50 s; 8 min 38 s

9. Wenn Sophia mit dem Fahrrad zur Oma fährt, benötigt sie eine Stunde und 15 Minuten. Für den Rückweg braucht sie bloß 75 Minuten.

10. Am „längsten“ Tag des Jahres geht die Sonne um 3.43 Uhr auf und um 20.34 Uhr unter; am „kürzesten“ Tag geht sie um 8.24 Uhr auf und um 15.55 Uhr unter (Angaben in MEZ für Berlin).
   a) Wie viel Zeit vergeht jeweils von Sonnenaufgang bis Sonnenuntergang?
   b) Um wie viele Stunden ist der „längste“ Tag länger als der „kürzeste“?

11. Rechne jeweils in die nächstkleinere Einheit um. (Bei Angaben mit zwei Einheiten ist in die kleinere der beiden Einheiten umzurechnen.)
   a) 5 h 12 min; 6 h 5 min; 12 min; 15 min; 2 h 48 min; 1 h 15 min
   b) 5 min 30 s; 12 min 10 s; 100 min 10 s; 1 h 5 s; 60 min 5 s

12. Das menschliche Herz schlägt in einer Minute etwa 60- bis 80-mal. Wie oft schlägt es in folgenden Zeitabschnitten?
   a) in einer Stunde
   b) an einem Tag
   c) in einer Woche
   d) in einem Monat
   e) in einem Jahr
   f) in 50 Jahren

13. Herr Peters hat einen weiten Weg zur Arbeit. Er geht 10 Minuten zu Fuß und fährt dann 42 Minuten mit dem Zug. Das Umsteigen in die Straßenbahn schafft er in fünf Minuten. Nun dauert es noch eine Viertelstunde, bevor er das Büro erreicht.
   a) Wie lange ist Herr Peters unterwegs?
   b) Wann muss Herr Peters spätestens zu Hause losgehen, wenn seine Arbeitszeit um 7.00 Uhr beginnt?
   c) Formuliere selbst weitere Fragen.

14. Stelle fest, wie viel Zeit vergangen ist.
   a) von 5.45 Uhr bis 7.05 Uhr
   b) von 6.35 Uhr bis 12 Uhr
   c) von 7.30 Uhr bis 14.05 Uhr
   d) von 0.15 Uhr bis 13.45 Uhr

15. Berechne.
   a) 8 h 22 min + 2 h 12 min
   b) 14 h 25 min + 3 h 59 min
   c) 14 h 28 min – 7 h 19 min
   d) 34 h – 20 h 55 min

16. Ein Fußballspiel beginnt um 14.30 Uhr. Die reine Spielzeit von zweimal 45 Minuten wird durch eine Nachspielzeit von sechs Minuten verlängert.
Die Halbzeitpause beträgt 15 Minuten. Wann endet das Spiel?

2.4 Währungen

Auch das Rechnen mit **Geld** entspricht dem Rechnen mit Größen, denn Geldangaben (z.B. Preise) erfolgen als Produkt eines Zahlenwertes und einer Einheit.

B 149 € 99 Cent 3,78 $ 12 £

Früher hatte jedes Land sein eigenes Geld, seine eigene **Währung**. Bis zur Einführung der europäischen Gemeinschaftswährung war die Deutsche Mark (DM) die gesetzliche Währungseinheit der Bundesrepublik Deutschland. Es galt: 1 DM = 100 Pfennige.

Zum 1. Januar 2002 wurde der Euro in zwölf europäischen Staaten (in Belgien, Deutschland, Finnland, Frankreich, Griechenland, Irland, Italien, Luxemburg, den Niederlanden, Österreich, Portugal und Spanien) als Zahlungsmittel eingeführt.

M Die Einheit der europäischen Währung ist **ein Euro** (1 € bzw. im Bankwesen 1 EUR).

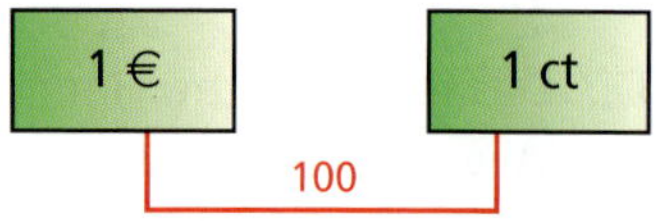

Ein Euro entspricht 100 Cent (Eurocent):
1 € = 100 Cent
Hinweis: Für Cent wird oft auch die (nicht verbindliche) Abkürzung ct verwendet
Insgesamt gibt es sieben Banknoten (5 €, 10 €, 20 €, 50 €, 100 €, 200 € und 500 €) sowie acht Münzen (1 ct, 2 ct, 5 ct, 10 ct, 20 ct, 50 ct, 1 € und 2 €).
Die Euro-Scheine sind in allen Ländern gleich. Fenster und Türen auf der Vorderseite sowie Brücken auf der Rückseite symbolisieren Offenheit und Zusammenarbeit zwischen den Staaten. Jedes Land prägt jedoch seine eigenen Münzen, die bei gleicher Vorderseite eine nationale Rückseite haben.

Dänemark, Schweden und Großbritannien nehmen zurzeit nicht an der gemeinsamen Währung teil. Umrechnungen in die Währungen dieser Länder sowie in Währungen außereuropäischer Staaten erfolgen auf der Grundlage von **Wechselkursen**. Diese unterliegen Schwankungen, z.B. galt im Februar 2004:

1 EUR = 1,2816 USD (US-Dollar)
1 EUR = 0,67780 GBP (britische Pfund)
1 EUR = 7,4510 DKK (dänische Kronen)
1 EUR = 135,04 JPY (japanische Yen)

Aufgaben

1. Beim Kauf oder Verkauf von Waren nutzen die Menschen schon lange das Geld als Maß für den Wert der Ware. Früher waren dies zumeist Münzen, die oft aus Gold oder Silber waren.
Nenne mindestens fünf Länder und ihre Währungen.

2. Luise geht einkaufen. Sie bezahlt mit einem 20-€-Schein. Wie viel Geld bekommt sie zurück, wenn sie den folgenden Betrag zu zahlen hat?
a) 12,47 € b) 17,84 € c) 6,65 €
d) 11,99 € e) 19,03 € f) 8,34 €

3. Rechne 50 ct, 600 ct, 1 000 ct, 1 600 ct und 800 ct in Euro um.
Nenne Waren, die etwa diesen Preis haben.

4. Rechne in Euro um.
500 ct; 1 500 ct; 280 ct; 150 ct; 110 ct; 350 ct; 75 ct; 105 ct

5. Gib in Cent an.
5,55 €; 3,75 €; 12,35 €; 1,05 €; 0,80 €; 31,33 €; 5,05 €; 19,50 €

6. Ordne die folgenden Geldbeträge der Größe nach:
56 ct (E); 12,45 € (E); 4,08 € (S); 480 ct (R); 9 999 ct (B); 90 € (O)
Hinweis: Wenn du mit dem größten Betrag beginnst, ergeben die in Klammern angegebenen Buchstaben in dieser Reihenfolge ein Lösungswort.

7. Frau Dalchau soll an der Kasse des Supermarktes 94,85 € bezahlen. Sie gibt der Kassiererin einen 100-€-Schein und erhält genau fünf Münzen zurück.
Um welche Münzen handelt es sich dabei?

8. Wie lassen sich die folgenden Beträge mit genau sechs Geldstücken bezahlen?
a) 6,12 € b) 3,74 € c) 7,30 € d) 0,98 €

9. Herr und Frau Wicht gehen mit ihren beiden Kindern ins Konzert.
a) Wo sitzt die Familie, wenn Herr Wicht 31,50 € bezahlt hat?
b) Welches wäre der höchste, welches der niedrigste Eintrittspreis für die Familie gewesen?

10. Lars besucht mit seinen Freunden das Schwimmbad. Die Busfahrt zum Bad kostet 0,90 €, der Eintritt für vier Stunden beträgt 1,20 €. Die Jungen wollen den ganzen freien Tag im Schwimmbad verbringen.
Stelle selbst eine Aufgabe und rechne.

11. Als Anne mit ihren Eltern im Urlaub war, erhielt der Vater für zehn Euro beim Umtausch genau zwölf US-Dollar.
a) Wie viel Dollar hätte er unter gleichen Bedingungen für 200 € (250 €, 1 000 €, 500 €) bekommen?
b) Wie viel Dollar würdest du gegenwärtig für die genannten Beträge erhalten?
Hinweis: Informiere dich im Internet (z. B. unter www.bundesbank.de) über den aktuellen Wechselkurs.

12. Ein Dreierpack Videokassetten kostet 14,25 €. Für eine einzelne Kassette der gleichen Art sind 5,17 € zu bezahlen.
Wie viel spart man beim Kauf eines Dreierpacks im Vergleich zum Einzelkauf?

2.5 Gemischte Aufgaben

1. a) Gib die folgenden Längen in Meter an:
0,125 km; 4 800 cm; 44 000 mm; 230 dm; 0,1 km; $\frac{3}{8}$ km; 5 250 dm;
35 900 000 cm
b) Berechne den Durchschnitt der in Teilaufgabe a) gegebenen Längen.

2. Nina hat zum Geburtstag ein Backbuch geschenkt bekommen und möchte nun mit ihrer Freundin Maria einen Kuchen backen. Dazu benötigen sie folgende Zutaten:
$\frac{1}{2}$ Stück Butter, $\frac{3}{8}$ *l* Milch, $\frac{1}{2}$ kg Mehl und $\frac{1}{8}$ kg Zucker
Wie viel Gramm je Zutat sind das?

3. Robert erhält monatlich 21 € Taschengeld. Zwei Drittel davon gibt er für ein Geburtstagsgeschenk aus.

4. Ermittle in einem Nachschlagewerk bzw. im Internet (z. B. unter www.blindekuh.de) die genauen Lebensdaten der folgenden Persönlichkeiten.
Wie alt sind diese jeweils geworden. Wofür wurden sie vor allem berühmt?
a) Martin Luther
b) Albert Einstein
c) Johann Wolfgang von Goethe
d) Carl Friedrich Gauss
e) Carl Zeiss (s. Bild)

5. In Aufzügen (Fahrstühlen) sind jeweils die zulässige Masse und die zulässige Personenzahl angegeben, z. B. 630 kg bzw. 8 Personen.
a) Wie viel Kilogramm könnte danach eine Person im Durchschnitt wiegen?
b) Schätze, wie viele Kinder deiner Klasse mit einem Aufzug dieser Größe fahren könnten, wenn die zulässige Personenzahl nicht beachtet würde.

6. Berechne.

a) $\frac{1}{2}$ von 108 kg	b) $\frac{2}{3}$ von 99 t	c) $\frac{5}{4}$ von 2 m
d) $\frac{3}{5}$ von 95 km	e) $\frac{2}{8}$ von 8 cm	f) $\frac{5}{6}$ eines Jahres

7. Die Geschwister Hanna und Paul haben alle Münzen der zwölf Länder gesammelt, in denen im Jahre 2002 der Euro eingeführt wurde.
a) Welchem Geldwert entsprechen die gesammelten Münzen?
b) Maximilian hat von jedem der acht Werte genau eine Euromünze im Portmonee.
Welche Beträge könnte er damit bezahlen, ohne dass er Wechselgeld bekommen müsste?

8. England gilt als Mutterland des Fußballspiels. Den heute üblichen Abmessungen liegen alte englische Maße wie *inch* (in), *yard* (yd) und *foot* (ft; Mehrzahl: *feet*) zugrunde:

- Ein Fußballtor ist innen 8 yd breit und 8 ft hoch.
- Der Strafstoßpunkt ist 12 yd vor dem Tor.
- Der Strafraum ist 132 ft lang und 54 ft breit.
- Der Mittelkreis hat einen Radius von 10 yd.
- Der Eckkreis hat einen Radius von 36 in.
- Der Ball sollte einen Umfang von 27 bis 28 in haben.

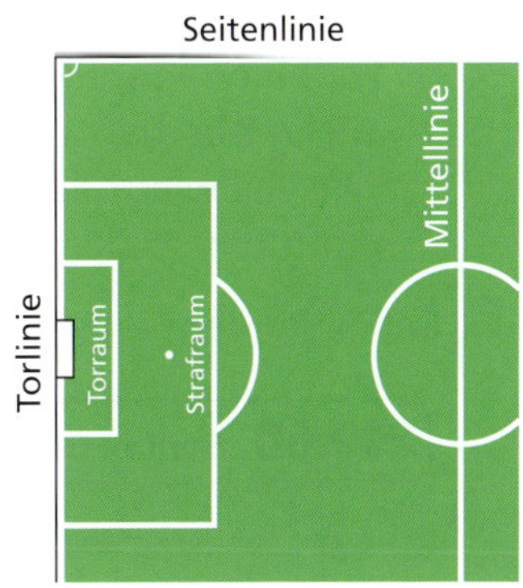

a) Ermittle in einem Nachschlagewerk oder im Internet die Umrechnungszahlen von *inch*, *yard* und *foot* in dezimale Einheiten.
b) Gib die genannten Abmessungen jeweils in Meter an.

9. Auf einem Ballen befinden sich 40 m karierter Hosenstoff. Davon werden benötigt:
a) der vierte Teil b) der achte Teil c) der fünfte Teil
Erkundige dich, wie viel Meter Stoff für deine Hose benötigt würde.

10. a) Peter wurde am 15. März 1989 geboren. Wie alt ist er heute?
b) Peters Cousine Susi ist acht Jahre jünger als sein zwei Jahre älterer Bruder Klaus. Wie alt sind Susi und Klaus heute?

11. Ein LKW hat ein Eigengewicht von 68 dt, seine Fracht ist in den Begleitpapieren mit 4,850 t ausgewiesen. Darf er über eine Brücke mit einer maximalen Tragfähigkeit von 10 t fahren?

12. Jean-Paul fährt um 8.32 Uhr in Berlin ab und trifft um 10.03 Uhr in Leipzig ein. Er kann aber erst um 11.44 Uhr weiterfahren.
a) Wie lange fährt Jean-Paul von Berlin nach Leipzig?
b) Wie lange muss er in Leipzig warten?
c) Sein Bruder Matthias studiert in Hamburg und kommt nur einmal im Monat nach Hause. Für die günstigste Fahrstrecke und preiswertesten Reisekosten (er besitzt eine BahnCard 50) sieht er im Internet unter www.bahn.de nach. Suche für Matthias den günstigsten Zug heraus, wenn er erst ab 17 Uhr reisen kann. (Gib auch deinen Heimatort als Zielort an.)

13. Es blitzt und donnert. Arnulf sieht einen Blitz und hört den zugehörigen Donner vier Sekunden später. Wie weit ist das Gewitter entfernt, wenn der Schall in einer Sekunde etwa 340 m zurücklegt?
(Die Schallgeschwindigkeit ist abhängig von der Temperatur.)

14. Für einen Teig verwendet Oma 500 g Mehl, 100 g Zucker, 80 g Margarine, eine Prise Salz, ein Päckchen Vanillinzucker, $\frac{1}{2}$ *l* Milch und 30 g Hefe.

a) Wie viel Gramm wiegt der Teig ungefähr?

b) Für einen Kirschkuchen benötigt man zusätzlich 1,5 kg Kirschen und 50 g Zimtzucker. Wie viel wiegt der Kuchen (vor dem Backen)? Warum wird der Kuchen beim Backen leichter?

15. Im Folgenden siehst du einen Ausschnitt aus dem Kursbuch der Deutschen Bahn.

209.60 Berlin - Eberswalde Hbf - Frankfurt (Oder) → 209.60

Gesamtverkehr Berlin – Eberswalde *VBB-Tarif*

Zug	IC 2104	RB 39610	RE 38378	RB 39640	RB 39658	RE 38382	IC 2102	RB 39612	RE 38384	RB 39660	RB 39642	RE 38386	IC 2100	RB 39614	RE 38388	RB 39662
	Mo-Fr,So 9			Sa,So 3	Mo-Fr 2					Mo-Fr 2	Sa,So 3					Mo-Fr 2
von	Frankfurt (Main)		Belzig			Dessau	Frankfurt (Main)		Belzig			Dessau	Frankfurt (Main)		Dessau / Belzig	
Berlin Zoologischer Garten Ⓢ 80	12 04		12 50			13 50	13 56		14 50			15 50	15 56		16 50	
Berlin Friedrichstr Ⓢ			12 57			13 57			14 57			15 57			16 57	
Berlin Alexanderplatz Ⓢ			13 01			14 01			15 01			16 01			17 01	
Berlin Ostbahnhof Ⓢ 80 ○	12 14		13 03			14 03	14 07		15 03			16 03	16 07		17 03	
Berlin Ostbahnhof Ⓢ	12 21		13 07			14 07	10 14 21		15 07			16 07	11 16 21		17 07	
Berlin-Lichtenberg Ⓢ209.12,24,25,26,		12 46		13 46	13 46			14 46		15 46	15 46			16 46		17 46
Berlin-Hohenschönhausen Ⓢ203,209.12		12 53	13 20	13 53	13 53	14 20		14 53	15 20	15 53	15 53	16 20		16 53	17 20	17 53
Bernau (b Berlin) Ⓢ 203 ○	12 44	13 06	13 31	14 06	14 06	14 31	14 44	15 06	15 31	16 06	16 06	16 31	16 44	17 06	17 31	18 06
Bernau (b Berlin) Ⓢ	12 47	13 06	13 32	14 06	14 06	14 32	14 47	15 06	15 32	16 06	16 06	16 32	16 47	17 06	17 32	18 06
Rüdnitz		13 11		14 11	14 11			15 11		16 11	16 11	16 36		17 11		18 11
Biesenthal		13 16		14 16	14 16			15 16		16 16	16 16	16 41		17 16		18 16
Melchow		13 20		14 20	14 20			15 20		16 20	16 20			17 20		18 19
Eberswalde Hbf 203,209.63 4 ○	13 00	13 29	13 45	14 29	14 29	14 45	10 15 00	15 29	15 45	16 29	16 29	16 48	11 17 00	17 29	17 45	18 27
Eberswalde Hbf 4		13 34			14 34			15 34		16 34				17 34		18 34
Niederfinow		13 45			14 45			15 45		16 45				17 45		18 45
Falkenberg (Mark)		13 50			14 50			15 50		16 50				17 50		18 50
Bad Freienwalde ○		13 57			14 57			15 57		16 57				17 57		18 57
Bad Freienwalde		14 03			15 03			16 03		17 03				18 03		19 03
Altranft		14 09			15 08			16 09		17 08				18 09		19 08
Wriezen ○		14 16			15 16			16 16		17 16				18 16		19 16
Wriezen		14 17						16 17						18 17		
Neutrebbin		14 27						16 27						18 27		
Letschin		14 46						16 46						18 46		
Werbig 209.26		14 57						16 57						18 57		
Seelow (Mark)		15 01						17 01						19 01		
Frankfurt (Oder) 201,208,209.36 ○		15 24						17 24						19 24		
nach	Binz		Stralsund			Schwedt (Oder)	Stralsund		Stralsund			Schwedt (Oder)	Stralsund		Stralsund	

a) Ermittle die Fahrzeiten zwischen Bernau und Eberswalde bei einer Fahrt mit der RegionalBahn (RB), dem RegionalExpress (RE) bzw. dem InterCity (IC).

b) Vergleiche die Fahrzeiten des RE 38382 und des IC 2102 zwischen Berlin Zoologischer Garten und Eberswalde. Was fällt dir auf, und warum ist dies so?

c) Formuliere weitere Aufgaben zu obigem Fahrplan.

d) Suche im Internet andere Fahrpläne. Was kannst du ihnen entnehmen?

16. Dies trug sich im Jahre 1923 in Deutschland zu: In Gaststätten konnte sich die Zeche während einer Mahlzeit verdoppeln. Eine große Geldentwertung (Inflation) ließ Löhne und vor allem Preise in kürzester Zeit in unermessliche Höhen steigen.

Produkt	Anfang Juni	Anfang November
1 *l* Milch	900 Mark	3 Milliarden Mark
1 kg Rindfleisch	62 400 Mark	260 Milliarden Mark
1 kg Brot	1 100 Mark	6 Milliarden Mark

a) Wie viel Mark musste Frau Stamm bezahlen, wenn sie Anfang Juni 2 *l* Milch, $\frac{1}{2}$ kg Rindfleisch und 1,5 kg Brot kaufen wollte?

b) Das Wievielfache davon hätte sie Anfang November bezahlen müssen?

17. Sprungkünstler

Unter den Tieren gibt es eine Reihe von Sprungkünstlern. Interessant ist dabei das Verhältnis von Sprungweite zur Körperlänge des Tieres.

Rothirsch

Sprungweite: 11,5 m

Heuschrecke

Sprungweite: 2 m 10 cm

Tiger

Sprungweite: 5 m

Floh

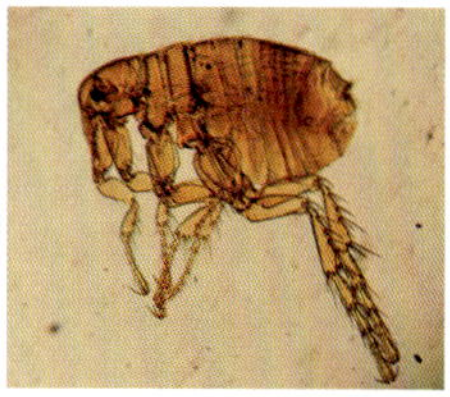

Sprungweite: 0,60 m

a) Ordne die folgenden Körperlängen den abgebildeten Tieren zu:
1,70 m; 3 mm; 2,30 m; 7 cm
b) Gib die Körperlängen und die Sprungweiten jeweils in Zentimeter an.
c) Ermittle, das Wievielfache ihrer Körperlänge die Tiere bei einem Sprung jeweils erreichen.
d) Welches Tier springt im Verhältnis zu seiner Körperlänge am weitesten?
Wie weit müsstest du im Vergleich zu deiner Körperlänge (Größe) springen, um die gleiche Sprungleistung zu erreichen?

18. Gurkenradwanderweg im Spreewald

Eine Wandergruppe möchte das Weißstorchzentrum im Spreewald besuchen, um dort die Aufzucht der Störche zu beobachten. Dazu fahren die Wanderfreunde mit dem Zug von Berlin nach Cottbus und von dort mit ihren Fahrrädern die etwa 15 km bis Vetschau. Die zeitlichen Randbedingungen sind durch folgenden Fahrplan der Deutschen Bahn gegeben:

Hinfahrt		**Rückfahrt**	
Berlin Ostbahnhof	ab 6.25 Uhr	Cottbus	ab 17.53 Uhr
Frankfurt (Oder)	an 7.35 Uhr	Frankfurt (Oder)	an 19.12 Uhr
Frankfurt (Oder)	ab 7.47 Uhr	Frankfurt (Oder)	ab 19.21 Uhr
Cottbus	an 9.05 Uhr	Berlin Ostbahnhof	an 20.29 Uhr

a) Wie lange dauert die Bahnfahrt insgesamt?
Um wie viel Minuten ist die Rückfahrt kürzer als die Hinfahrt?
b) Wie viel Minuten hat die Gruppe jeweils Zeit zum Umsteigen in Frankfurt (Oder)?
c) Schätze, wie viel Zeit der Gruppe etwa für ihren Aufenthalt in Vetschau bleibt.
Hinweis: Unter www.storchennest.de findest du weitere Informationen zum Weißstorchzentrum.

Teste dich selbst!

1. a) Ordne, ohne zu messen, die folgenden Strecken der Länge nach (beginne mit der kleinsten):
$\overline{AB}$; $\overline{AC}$; $\overline{AE}$; $\overline{BC}$; $\overline{CE}$; $\overline{DF}$

b) Schätze zunächst die Länge der Strecken und miss sie dann. Vergleiche deine Schätzwerte mit den Messergebnissen.

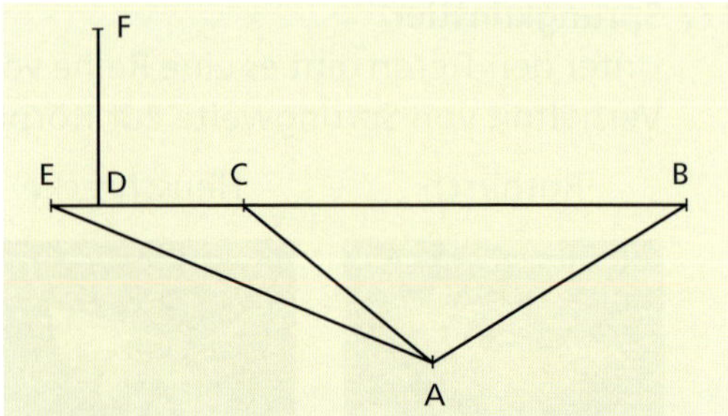

2. Ordne der Größe nach. Beginne mit dem kleinsten Wert.

a)	3 m;	3 km;	350 cm;	1 cm;	34 dm;	30 mm;	3 500 m
b)	4 g;	4 kg;	4 500 kg;	44 g;	4 500 g;	4 t;	450 mg
c)	6 h;	5 min;	105 s;	105 min;	120 s;	$3\frac{1}{2}$ h;	360s

3. Ergänze die fehlende Maßzahl bzw. Maßeinheit.

a)	b)	c)
6 500 cm = ☐ m	18 000 g = ☐ kg	360 min = ☐ h
340 mm = 34 ☐	82 t = ☐ kg	7 min = 420 ☐
75 km = ☐ m	25 g = 25 000 ☐	1 h = ☐ s

4. Nebenstehend siehst du einen Auszug aus dem Fahrplan der Buslinie 981 in Frankfurt (Oder).

a) Wie lange dauert jede der drei Rundfahrten?

b) Henry wohnt in der Kopernikusstraße. Jeden Dienstag fährt er zum Boxtraining in die Hamburger Straße. Es beginnt um 14 Uhr und dauert 90 Minuten.
Wann muss er spätestens losfahren? Wann ist er wieder zu Hause?

	Fahrt A	**Fahrt B**	**Fahrt C**
Kopernikusstr.	6.58	13.18	15.38
Bahnhof	7.12	13.32	15.52
Brunnenplatz	7.16	13.36	16.00
Hamburger Str.	7.24	13.44	16.08
Spitzkrug Nord	7.29	13.49	16.13
Prager Str.	7.41	14.01	16.25
Müllroser Str.	7.48	14.08	16.32
Sonnenallee	7.56	14.18	16.40
Kopernikusstr.	8.07	14.29	16.51

5. Maria erhält monatlich 10 € Taschengeld. Sie kauft sich ein Eis für 95 ct, zwei Hefte zu je 55 ct, einen Fahrschein für eine Busfahrt zu 1,45 € und Farbstifte zu 2,95 €. Nun möchte sie mit ihrer Freundin ins Kino gehen. Eine Karte kostet 3,50 €. Kann Maria ihre Karte noch vom Taschengeld bezahlen?

6. Wie kannst du die folgenden Beträge mit genau sechs Münzen bezahlen?
a) 3,19 € b) 0,29 € c) 4,31 €

7. Rechne jeweils um.

a) 40 000 g (in kg)	b) 30 000 kg (in t)	c) 13 t (in kg)	d) 23 g (in mg)
e) 75 kg (in g)	f) 67 g (in mg)	g) 124 kg (in g)	h) 2 146 kg (in t)

8. Rechne um.

a) 12 m (in cm)	b) 4 km (in m)	c) 90 dm (in m)
d) 600 m (in dm)	e) 29 cm (in mm)	f) 420 mm (in cm)
g) 430 dm (in cm)	h) 350 cm (in m)	i) 350 cm (in mm)

Nichtdezimale Maße (alte Längenmaße)

Früher benutzte man **Längenmaße** (Einheiten für die Längenmessung), die vom menschlichen Körper abgeleitet waren.

Unter einem *Klafter* verstand man die Entfernung von Fingerspitze zu Fingerspitze der seitlich ausgestreckten Arme eines Mannes. Anschaulich waren auch solche Maße wie *Schritt, Elle, Fuß, Spanne* (größtmögliche Entfernung zwischen Daumen und kleinem Finger einer Hand), *Hand-* und *Fingerbreite*.

Annähernd galt:

1 Klafter = 4 Ellen = 6 Fuß = 8 Spannen
= 24 Handbreiten = 96 Fingerbreiten

1 Fuß = 12 Zoll

Löst nun folgende Aufgaben zu alten Längenmaßen:

1. In Preußen war ein Fuß festgelegt mit 31,385 cm. Gebt alle anderen der oben genannten alten Längenmaße näherungsweise in Zentimeter an.
2. Rechnet eure Körpergrößen in *Klafter, Ellen* und *Fuß* um.
3. Mitunter ist es vorteilhaft, die eigenen Körpermaße zu kennen, um ohne Hilfsmittel Längen abschätzen zu können.
   Ermittelt die Maße *Klafter, Elle, Fuß, Spanne, Handbreite, Fingerbreite* für alle Mädchen und Jungen eurer Gruppe und bildet den Durchschnitt (das arithmetische Mittel).
   Wie „passen" diese Werte zusammen, welche Umrechnungen würden gelten?
4. Über Goliath, der von David besiegt wurde, heißt es in der Bibel: „Er war sechs Ellen und eine Handspanne groß."

5. Kennt ihr noch weitere alte Längenmaße?
   Hinweis: Eine Fundgrube für alte Maße sind auch Märchen.
6. **Ein Zoll** (1 ") ist heute festgelegt auf 25,4 mm.
   a) Wie lang ist ein 3-zölliger Nagel?
   b) Welche Weite hat ein $\frac{1}{2}$-Zoll-Wasserrohr?

Weiterführung und Auswertung des Projekts

Stellt auch alte **Zählmaße**, alte **Flächenmaße**, alte **Maße für den Rauminhalt** und **das Gewicht** (die Masse) zusammen. Versucht zu ergründen, in welchen Ländern sie galten und wie groß sie (umgerechnet auf heutige Maße) waren.

Gestaltet ein Poster zu alten Maßen und Gewichten.

Zusammenfassung

Einheiten des Internationalen Einheitensystems (SI-Einheiten)

Jede Größe wird in einer bestimmten **Einheit** gemessen. Messen einer Größe bedeutet **Vergleichen** mit der betreffenden Einheit.
Zwischen den Ländern der Welt wurden für die Angaben von Größen einheitliche Einheiten vereinbart. Für dieses einheitliche Einheitensystem wird in allen Sprachen das Kurzzeichen **SI** (von **S**ysteme **I**nternational d'Unites) verwendet.
Für so genannte **Basiseinheiten** wurde verbindlich festgelegt, wie groß sie sind. Dezimale Teile und Vielfache von Einheiten können durch **Vorsätze** gebildet werden.

Größe	Basiseinheit
Länge	Meter (m)
Masse	Kilogramm (kg)
Zeit	Sekunde (s)

Vorsatz	Bedeutung	Zeichen	Faktor
Kilo	Tausendfaches	k	1 000
Dezi	Zehntel	d	0,1
Zenti	Hundertstel	c	0,01
Milli	Tausendstel	m	0,001

Umrechnen von Größenangaben

Überlege so:	Rechne um: 4,5 dm in mm	Rechne um: 520 g in kg
(1) Ist in eine größere oder in eine kleinere Einheit umzurechnen? (Größenvorstellung; Vergleich)	in eine kleinere Einheit 1 dm = 100 mm 4,5 dm > 100 mm	in eine größere Einheit 1000 g = 1 kg 520 g < 1 kg
(2) Auswählen der Rechenoperation: • kleinere Einheit, größerer Zahlenwert; • größere Einheit, kleinerer Zahlenwert	dm → mm Umrechnungszahl: 100 Zahlenwert mit der Umrechnungszahl multiplizieren	g → kg Umrechnungszahl: 1 000 Zahlenwert durch die Umrechnungszahl dividieren
(3) Ausführen der Rechenoperation	4,5 dm = (4,5 · 100) mm = 450 mm	520 g = (520 : 1 000) kg = 0,52 kg
(4) Vergleichen des Ergebnisses mit dem Ausgangswert	4,5 dm = 450 mm (viereinhalb mal 100 Millimeter)	520 g = 0,52 kg (etwa ein halbes Kilogramm)

3 Brüche

Gurkenschwemme

Familie Gärtner hat 15 kg Gurken geerntet und möchte diese einlegen. Jana schlägt vor, nach Omas alt bewährtem Rezept zu verfahren. Ist guter Rat teuer?

Für 10 Pfund Gurken wird eine Lösung aus $2\frac{1}{2}$ Liter Wasser, $1\frac{1}{4}$ Liter Essig, $\frac{3}{4}$ Pfund Zucker und 3 Esslöffel Salz benötigt.
Die Gurken werden 24 Stunden in Salzwasser gelegt.
In jedes Gurkenglas kommen 6 Pfefferkörner, 3 Pimentkörner, 6 kleine Zwiebeln, 3 Nelken, 1 Lorbeerblatt, 1 Teelöffel Senfkörner und Dill.

Gerechte Teilung

Stefan isst für sein Leben gern Pizza. Kurz nachdem seine Mutter das gute Stück aus dem Ofen genommen und in sechs gleich große Teile geschnitten hat, schnappt er sich ein Teil. Er verzehrt also $\frac{1}{6}$ der Pizza. Wie viel verbleibt für den Rest der insgesamt fünfköpfigen Familie?

Lottogewinn

Die Tippgemeinschaft „Lustige Kreuzer" gewann am vergangenen Wochenende 640 000 €.
Herr Berger erhält den Löwenanteil, nämlich ein Viertel des gesamten Gewinns. Frau Liebig und Frau Kurz bekommen jeder ein Achtel der Summe. Den Rest teilen sich Herr Seidel, Frau Martin, Frau Fiedler und Herr Lemmig.
Was für eine Freude!

Natürliche Zahlen

Die Menge der natürlichen Zahlen wird mit ℕ bezeichnet. Sie enthält als kleinste Zahl die Null. Die Menge der natürlichen Zahlen ist unendlich, denn zu jeder natürlichen Zahl gibt es größere natürliche Zahlen.

$\mathbb{N} = \{0; 1; 2; 3; \ldots\}$

Vielfache und Teiler natürlicher Zahlen; Teilbarkeitsregeln

Beim Multiplizieren einer Zahl mit 1; 2; 3; 4 usw. erhält man **Vielfache** (das Einfache, das Doppelte, das Dreifache, das Vierfache usw.) dieser Zahl.

Ist $c = a \cdot b$ das Produkt der natürlichen Zahlen a und b, dann sind a und b **Teiler** von c. Man schreibt $a \mid c$ und $b \mid c$.

Eine natürliche Zahl ist genau dann teilbar

- durch 2, wenn ihre letzte Ziffer gerade ist;
- durch 3, wenn ihre Quersumme durch 3 teilbar ist;
- durch 4, wenn ihre letzten beiden Ziffern eine durch 4 teilbare Zahl bilden oder zwei Nullen sind;
- durch 5, wenn ihre letzte Ziffer eine 5 oder eine 0 ist;
- durch 6, wenn sie durch 2 **und** durch 3 teilbar ist;
- durch 8, wenn ihre letzten drei Ziffern eine durch 8 teilbare Zahl bilden oder drei Nullen sind;
- durch 9, wenn ihre Quersumme durch 9 teilbar ist;
- durch 10, wenn ihre letzte Ziffer eine 0 ist.

Größen

Größe	**Einheiten**	**Umrechnungen**
Länge	Meter (m)	1 m = 100 cm 1 cm = 10 mm 1 km = 1 000 m
Masse	Kilogramm (kg) Tonne (t)	1 kg = 1 000 g 1 t = 1 000 kg
Zeit	Sekunde (s) Minute (min) Stunde (h)	1 min = 60 s 1 h = 60 min
Volumen	Liter (*l*)	1 *l* = 1 000 ml
Währung	Euro (€) Cent (ct)	1 € = 100 ct

Kannst du das noch?

Strecken

Eine Strecke erhält man, indem man zwei Punkte (z.B. A und B) durch eine gerade Linie verbindet.
Es entsteht die Strecke $\overline{AB}$ (oder auch $\overline{BA}$) mit der Länge c.

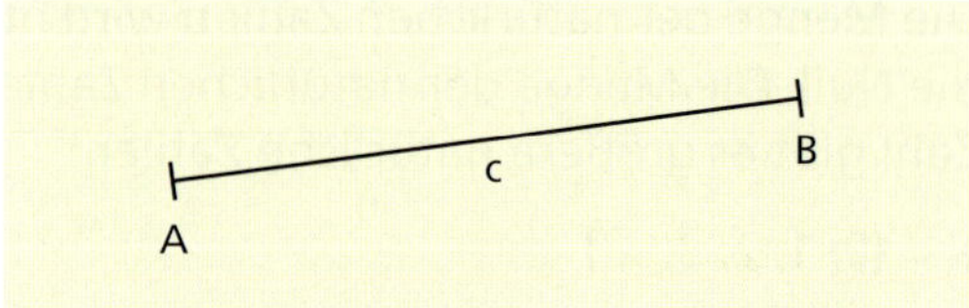

Umfang von Figuren

Der Umfang u einer ebenen Figur ist gleich der Summe aller Seitenlängen.

B a = 1 cm; b = 5 cm

u = 1 cm + 1 cm + 5 cm + 5 cm
u = 12 cm

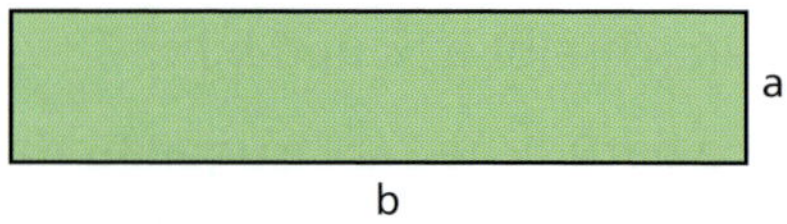

B a = 2 cm

u = 2 cm + 2 cm + 2 cm + 2 cm
u = 8 cm

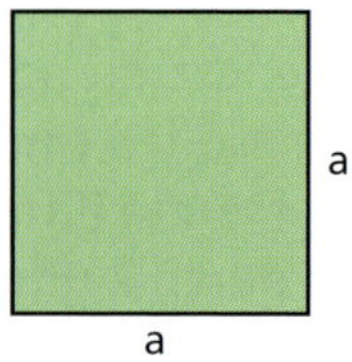

Aufgaben

1. Überprüfe, ob die folgenden Zahlen durch 2, 3 bzw. 5 teilbar sind.
   a) 60 b) 98 c) 432
   d) 1 111 e) 1 200 f) 12 345
2. Durch welche natürlichen Zahlen ist 360 teilbar?
   Nennt alle Teiler.
3. Gib alle natürlichen Zahlen zwischen 40 und 60 an, die nur durch 1 und sich selbst teilbar sind.

4. Welche der Zahlen sind durch die in Klammern angegebene Zahl teilbar?
   a) 1 800 2 655 606 9 126 1 919 5 409 (durch 9)
   b) 100 8 004 788 1 200 1 400 33 560 (durch 8)
5. Bestimme für die gegebenen Zahlen jeweils den größten gemeinsamen Teiler.
   a) 15; 30; 84 b) 8; 16; 64 c) 4; 10; 17
6. Bestimme jeweils das kleinste gemeinsame Vielfache.
   a) 2; 3; 5 b) 4; 10; 16 c) 8; 24; 120

7. Gib die kleinste natürliche Zahl an, die durch 2, 3, 4, 5, 6, 8, 9 und 10 teilbar ist.

8. Schreibe ab und setze für □ das richtige Zeichen (<; =; >) ein.

a) 120 mm □ 12 m b) 1 h □ 3600 s
c) 6100 kg □ 32 t d) 20 m^3 □ 2000 hl

9. Berechne.

a) 4 m + 40 cm b) 10 m – 3 cm c) 3 kg + 28 g d) 20 hl +150 *l*
e) 30 s + 2 min f) 230 m + 200 cm g) 2000 ml – 1 *l* h) 2 t + 30 kg

10. Zeichne Strecken mit der angegebenen Länge.

a) $\overline{AB}$ = 3 cm b) $\overline{DE}$ = 4,2 cm c) $\overline{PQ}$ = 0,5 dm d) $\overline{RS}$ = 37 mm

11. Gegeben sind die folgenden Strecken:

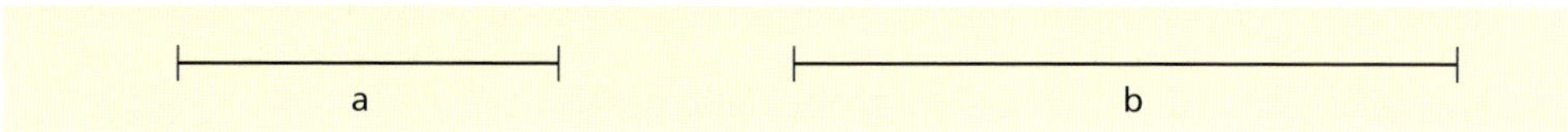

a) Miss ihre Länge jeweils auf Millimeter genau.
b) Wie lang sind beide Strecken zusammen?
c) Um wie viel Millimeter unterscheiden sich beide Streckenlängen?

12. Übertrage die Tabelle in dein Heft und ergänze.
(a und b sind die Seitenlängen;
u ist der Umfang eines Rechtecks.)

a	b	u
3 cm	1 cm	
	2 cm	18 cm
6 cm		24 cm

13. Berechne jeweils den Umfang der abgebildeten Figuren.

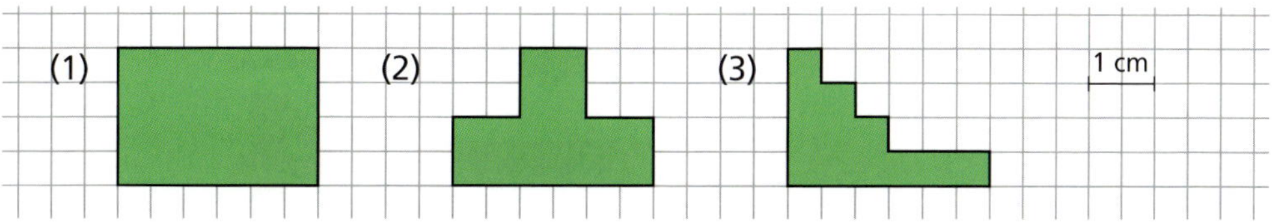

14. a) Familie Hiller hat ein Grundstück mit einer Länge von 528 m und einer Breite von 212 m gekauft. Es soll eingezäunt werden.
b) Frau Montag hat eine Decke gehäkelt, die 1,26 m lang und 85 cm breit ist. Diese soll nun mit Borte umrandet werden.

15. Berechne

a) das Fünffache von 60 cm in Meter; b) das Doppelte von 3 t in Kilogramm;
c) das Hundertfache von 78 ct in Euro; d) die Hälfte von 4 h in Sekunden.

16. Ergänze. Gleiche Symbole bedeuten gleiche Zahlen.

a) □ + 15 = 45 b) ◆ – 15 = 45
c) ▼ + ▼ + ▼ = 60 d) 60 – ▲ – ▲ = 10

3.1 Der Bruchbegriff

Brüche als Teile von Ganzen

Jan hat von der netten Nachbarin eine Tafel Schokolade geschenkt bekommen. Diese soll er sich mit seiner Schwester Lisa teilen.

Jeder bekommt **eine Hälfte:**
$\frac{1}{2}$ Tafel für Jan und $\frac{1}{2}$ Tafel für Lisa.

> Die zwei Hälften (eines Ganzen) sind immer gleich groß.

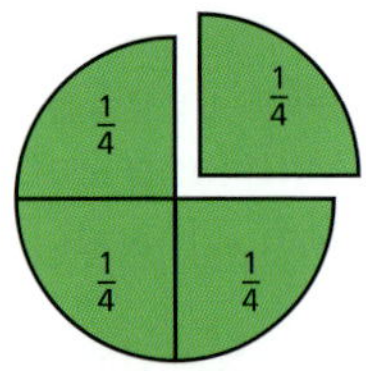

Eine runde Pizza wird in vier gleich große Teile geschnitten. Marlene bekommt davon **ein Viertel.**

Marlene verzehrt $\frac{1}{4}$ der Pizza, $\frac{3}{4}$ der Pizza bleiben übrig.

> Ein Bruch ist ein Teil von einem Ganzen.

Im Alltag begegnen uns Brüche in vielen Situationen, etwa $\frac{1}{4}$ Stunde, $\frac{1}{2}$ kg Mehl, aber auch $\frac{3}{8}$ *l* Milch usw.

> Ein **Bruch** besteht aus einem Zähler und einem Nenner.
> Der **Nenner** gibt an, in wie viele gleich große Teile ein Ganzes aufgeteilt wird (er „nennt" die Anzahl der gesamten Teile).
> Der **Zähler** gibt an, wie viele Teile davon verwendet werden (er „zählt" diese Teile).

Brüche der Form $\frac{a}{b}$ (mit natürlichen Zahlen a und b, wobei $b \neq 0$ ist) werden auch als **gemeine** (bzw. gewöhnliche) **Brüche** bezeichnet.
In älteren Büchern wirst du mitunter auch eine Darstellung von Brüchen mit Schrägstrich finden: 1/4 für $\frac{1}{4}$, 3/8 für $\frac{3}{8}$ usw. In der Mathematik wird diese Schreibweise nicht verwendet.

Stammbrüche

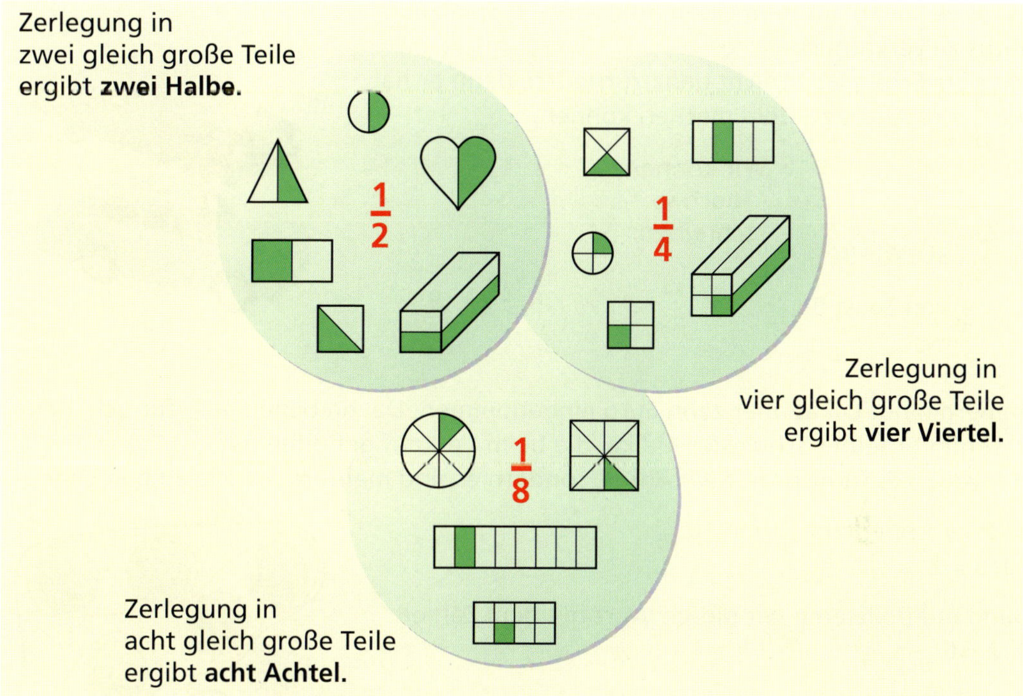

M Brüche mit dem Zähler 1 heißen **Stammbrüche.**

$\frac{1}{2}$, $\frac{1}{4}$, $\frac{1}{8}$, $\frac{1}{16}$, $\frac{1}{25}$, … sind Stammbrüche. $\frac{1}{2}$ bedeutet 1 : 2; $\frac{1}{4}$ bedeutet 1 : 4 usw.

Von besonderer Bedeutung sind Stammbrüche wie $\frac{1}{10}$, $\frac{1}{100}$, $\frac{1}{1000}$ usw. Sie werden speziell zur Umrechnung von Größenangaben verwendet.

Allgemein werden Brüche, in deren Nenner Potenzen von 10 stehen, als **Zehnerbrüche** bezeichnet.

Brüche und Größen

Die Angabe einer Größe kann auf unterschiedliche Weise erfolgen.

B 1,5 km bedeutet dasselbe wie 1 km 500 m und wie $1\frac{1}{2}$ km.

30 min ist dasselbe wie $\frac{1}{2}$ h.

265 mm ist dasselbe wie $26\frac{1}{2}$ cm bzw. 26,5 cm.

Werden die Maßeinheiten größer, so werden die Zahlenwerte (Maßzahlen) kleiner und können manchmal nur noch als Bruch geschrieben werden.

Berechnen von Bruchteilen

Lukas versucht, auf dem Flohmarkt seine 36 Spielzeugautos zu verkaufen.
Mit dem Erfolg ist er nicht ganz zufrieden, denn er hat nur $\frac{1}{4}$ der Autos zu Geld machen können.

$36 : 4 = 9$

$\frac{1}{4}$ von 36 ist 9.

Wir können auch so schreiben:

$36 \xrightarrow{\cdot \frac{1}{4}} 9$

Immerhin hat Lukas aber zehn Euro eingenommen. Davon behält er $\frac{3}{5}$ für sich, den Rest gibt er seiner Schwester Maike, die beim Verkauf geholfen hat.
Hinweis: Es ist nicht nur *ein* Anteil, sondern es sind *mehrere* Anteile zu berechnen!

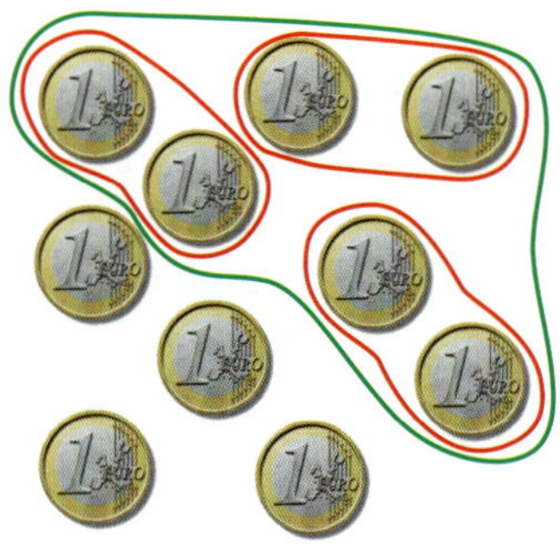

Wir berechnen erst $\frac{1}{5}$ von 10:
$10 : 5 = 2$

Dann multiplizieren wir diesen Wert mit dem Zähler:
$3 \cdot 2 = 6$

Wir können auch so schreiben:

$10 \xrightarrow{:5} 2 \xrightarrow{\cdot 3} 6$

$\frac{3}{5}$ von zehn Euro sind sechs Euro. Maike bekommt also vier Euro.

Ganze und Bruchteile

Jan hat heute besonders großen Hunger. Er stellt fest, dass er nach der eben verspeisten Pizza „Gigante" noch immer nicht satt ist.
Er bestellt sich deshalb eine weitere Pizza – aber das war dann doch etwas zu viel …
Eine halbe Pizza bleibt übrig. Diese nimmt er seinem kleinen Bruder mit.

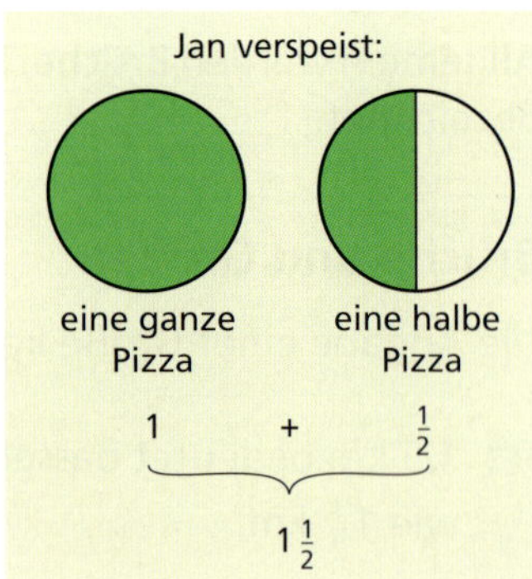

Zahlen wie $1\frac{1}{2}$, $2\frac{1}{4}$, $3\frac{2}{5}$ usw. nennt man **gemischte Zahlen.**

Hinweis: Die gewählte Schreibweise steht abkürzend für $1 + \frac{1}{2}$; $2 + \frac{1}{4}$; $3 + \frac{2}{5}$ usw.

M Eine gemischte Zahl besteht aus einer natürlichen Zahl und einem Bruch.

Aufgaben

Brüche als Teile von Ganzen

1. Zeichne vier Kreise mit einem Durchmesser von d = 8 cm auf farbiges Papier. Schneide die Kreise aus und teile sie in Halbe, Viertel, Achtel bzw. Sechzehntel. *Hinweis:* Falte erst entsprechend und schneide dann entlang der Faltlinien.

2. Zeichne vier Rechtecke mit den Seitenlängen a = 6 cm und b = 3 cm auf farbiges Papier. Schneide die Rechtecke aus und teile sie in gleich große Teile. Benenne jeden Anteil.

3. Beschreibe die grün gefärbten Teile jeweils durch einen entsprechenden Bruch. Welcher Anteil bleibt übrig?

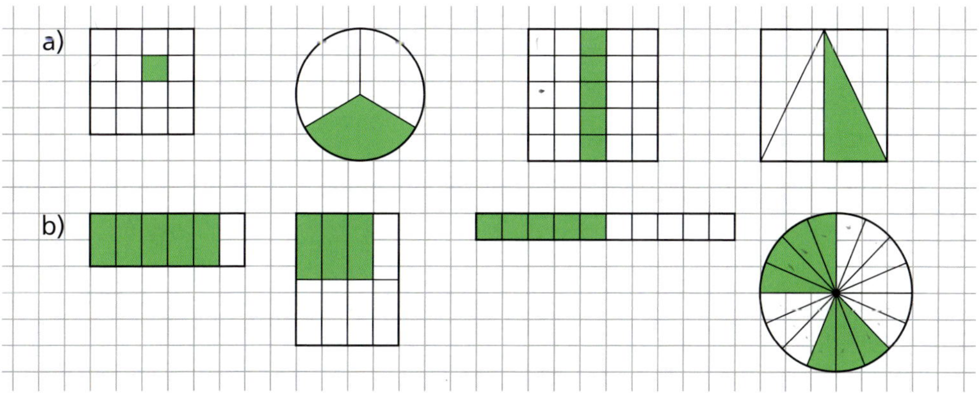

4. Übertrage die Figuren in dein Heft und male den jeweils angegebenen Anteil farbig aus. Welcher Anteil bleibt ungefärbt?

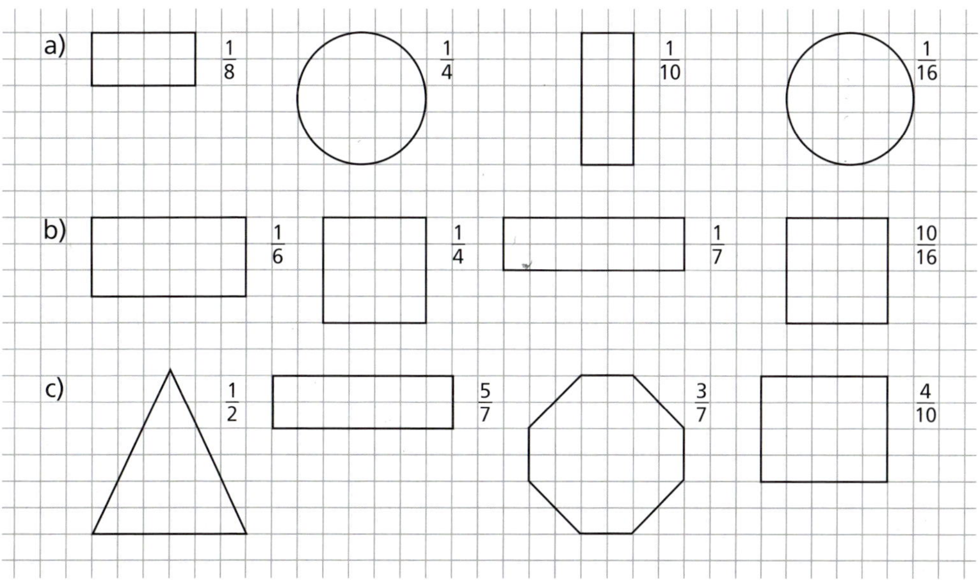

5. In welchen der folgenden Figuren sind $\frac{3}{8}$ des Ganzen gefärbt, wo nicht? Begründe.

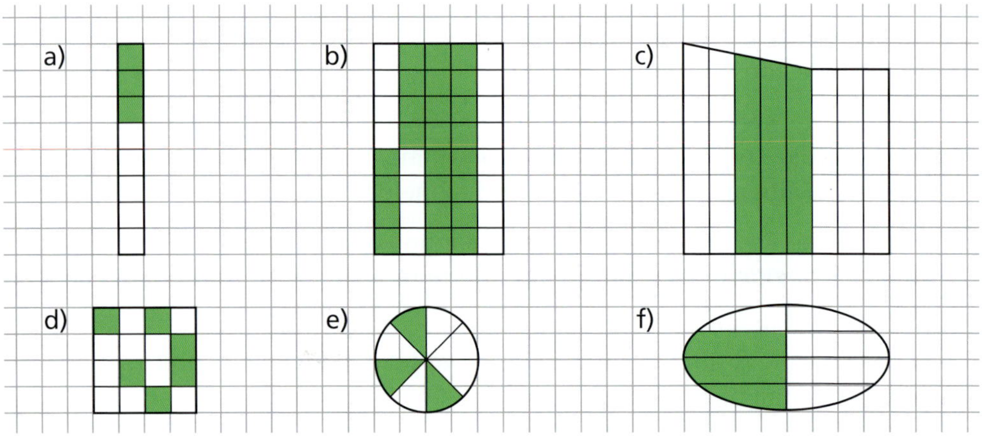

6. Zeichne vier Rechtecke mit den Seitenlängen a = 6 cm und b = 4 cm. Färbe

a) $\frac{1}{4}$ der Fläche; b) $\frac{5}{6}$ der Fläche; c) $\frac{1}{2}$ der Fläche; d) $\frac{2}{3}$ der Fläche.

Welcher Anteil bleibt jeweils ungefärbt?

7. Zeichne Quadrate mit einer Seitenlänge von a = 4 cm. Färbe folgende Anteile.

a) $\frac{3}{4}$ b) $\frac{1}{2}$ c) $\frac{1}{8}$ d) $\frac{2}{4}$ e) $\frac{3}{8}$ f) $\frac{4}{8}$ g) $\frac{4}{4}$ h) $\frac{2}{2}$

Welcher Anteil bleibt jeweils übrig? Was fällt dir auf?

8. Zeichne in deinem Heft vier Streifen, die jeweils zwölf Karos (Kästchen) lang sind. Färbe

a) $\frac{6}{12}$ des Streifens; b) $\frac{4}{12}$ des Streifens; c) $\frac{1}{4}$ des Streifens; d) $\frac{3}{4}$ des Streifens.

Findest du noch andere Bezeichnungen für die gefärbten Anteile?

9. a) Zeichne folgende Strecken in dein Heft und markiere die in Klammern angegebenen Anteile.

$\overline{AB} = 4$ cm $(\frac{1}{2})$ $\overline{BC} = 6$ cm $(\frac{1}{3})$ $\overline{DE} = 9$ cm $(\frac{7}{9})$ $\overline{FG} = 10$ cm $(\frac{4}{5})$

b) Welcher Anteil bleibt jeweils übrig? Notiere ihn als Bruch und gib seine Länge in Zentimeter (cm) an.

Stammbrüche und Bruchteile

10. Bei welchen der folgenden Brüche handelt es sich um Stammbrüche?

$\frac{3}{1}$ $\frac{7}{7}$ $\frac{1}{5}$ $\frac{2}{10}$ $\frac{5}{8}$ $\frac{8}{5}$ $\frac{1}{32}$

11. Gib in Minuten an.

a) $\frac{1}{2}$ h $\frac{1}{4}$ h $\frac{1}{3}$ h $\frac{1}{10}$ h $\frac{1}{5}$ h $\frac{1}{6}$ h

b) $\frac{2}{3}$ h $\frac{3}{4}$ h $\frac{3}{5}$ h $\frac{1}{12}$ h $\frac{3}{12}$ h $\frac{11}{12}$ h

c) $\frac{1}{8}$ h $\frac{3}{8}$ h $\frac{5}{12}$ h $\frac{3}{10}$ h $1\frac{3}{4}$ h $2\frac{1}{2}$ h

Brüche und Größen

12. Wandle in die in Klammern angegebene Einheit um.

a) $\frac{1}{2}$ m (cm) $\frac{1}{4}$ m (cm) $\frac{1}{2}$ kg (g) $\frac{1}{2}$ *l* (ml) $\frac{1}{8}$ *l* (ml) $\frac{1}{4}$ h (min)

b) $\frac{3}{4}$ m (cm) $\frac{1}{2}$ cm (mm) $\frac{1}{4}$ kg (g) $\frac{1}{5}$ h (min) $\frac{1}{4}$ *l* (ml) $\frac{1}{8}$ kg (g)

c) $\frac{3}{4}$ h (min) $\frac{3}{8}$ *l* (ml) $\frac{3}{4}$ *l* (ml $\frac{3}{4}$ min (s) $\frac{1}{10}$ cm (mm) $\frac{1}{10}$ m (cm)

13. Gib in der nächstkleineren Maßeinheit (mit natürlichen Zahlen als Maßzahl) an.

a) $\frac{1}{2}$ min $\frac{1}{4}$ t $\frac{3}{4}$ *l* $\frac{1}{5}$ m $\frac{2}{10}$ cm $\frac{3}{10}$ dm

b) $\frac{1}{10}$ hl $\frac{4}{10}$ hl $\frac{1}{5}$ km $\frac{1}{20}$ km $\frac{1}{10}$ m $\frac{7}{10}$ g

c) $\frac{1}{50}$ kg $\frac{1}{25}$ km $\frac{7}{12}$ min $\frac{9}{10}$ kg $1\frac{3}{4}$ km $2\frac{1}{5}$ t

Berechnen von Bruchteilen

14. Gib in der nächstgrößeren Maßeinheit an.

a) 30 min   500 g   750 ml   25 mm   10 cm   50 cm

b) 50 *l*   20 *l*   45 s   500 m   700 m   1 250 m

c) 1 500 g   2 750 g   90 min   120 min   66 h   2 500 g

15. Berechne.

a) $\frac{1}{2}$ von 12 $\frac{1}{3}$ von 12 $\frac{1}{6}$ von 42 $\frac{1}{8}$ von 48 $\frac{1}{3}$ von 21

b) $\frac{1}{7}$ von 21 $\frac{1}{9}$ von 18 $\frac{1}{5}$ von 20 $\frac{1}{12}$ von 60 $\frac{1}{2}$ von 1

c) $\frac{3}{4}$ von 12 $\frac{2}{3}$ von 12 $\frac{7}{10}$ von 70 $\frac{7}{8}$ von 40 $\frac{3}{8}$ von 32

d) $\frac{2}{9}$ von 27 $\frac{3}{20}$ von 40 $\frac{5}{16}$ von 48 $\frac{9}{10}$ von 100 $\frac{8}{8}$ von 24

16. Berechne.

a) $\frac{1}{4}$ von 8 ct $\frac{1}{8}$ von 16 m $\frac{2}{5}$ von 20 € $\frac{4}{10}$ von 100 cm $\frac{2}{100}$ von 400 kg

b) $\frac{4}{9}$ von 81 g $\frac{3}{7}$ von 21 m^2 $\frac{3}{8}$ von 24 *l* $\frac{5}{6}$ von 30 ct $\frac{3}{100}$ von 1 €

c) $\frac{1}{4}$ von 12 € $\frac{2}{7}$ von 14 € $\frac{3}{9}$ von 27 € $\frac{2}{8}$ von 40 € $\frac{4}{100}$ von 500 €

d) $\frac{3}{4}$ von 1 kg $\frac{7}{7}$ von 77 km $\frac{6}{8}$ von 48 ml $\frac{3}{4}$ von 40 ct $\frac{1}{10}$ von 100 m

17. Versuche auch die folgenden Anteile zu bestimmen.

a) $\frac{1}{2}$ von $\frac{1}{2}$ b) $\frac{1}{2}$ von $\frac{1}{3}$

c) $\frac{1}{3}$ von $\frac{1}{2}$ d) $\frac{1}{10}$ von $\frac{1}{10}$

e) $\frac{1}{2}$ von $\frac{2}{11}$ f) $\frac{1}{3}$ von $\frac{9}{8}$

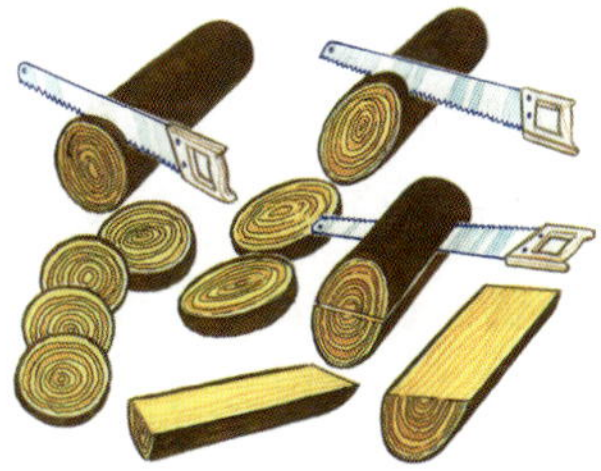

18. Gib jeweils in Stunden an.

a) $\frac{1}{2}$ Tag   b) $\frac{1}{4}$ Tag   c) $\frac{1}{6}$ Tag   e) $\frac{1}{12}$ Tag

f) $\frac{1}{24}$ Tag   g) $\frac{1}{3}$ Tag   h) $\frac{2}{3}$ Tag   i) $\frac{3}{4}$ Tag

19. Gib die fehlenden Werte x, y bzw. z an.

a) $25 \xrightarrow{\cdot \frac{1}{5}} x$ b) $30 \xrightarrow{\cdot \frac{5}{6}} y$ c) $70 \xrightarrow{\cdot \frac{4}{7}} z$

d) $42 \xrightarrow{\cdot x} 14$ e) $121 \xrightarrow{\cdot y} 33$ f) $100 \xrightarrow{\cdot z} 90$

g) $55\text{ m} \xrightarrow{\cdot x} 22\text{ m}$ h) $80\text{ km} \xrightarrow{\cdot y} 32\text{ km}$ i) $1\,000 \xrightarrow{\cdot z} 200$

20. Berechne.

a) $\frac{1}{5}$ von 365 b) $\frac{2}{8}$ von 384 c) $\frac{5}{9}$ von 1 782 d) $\frac{6}{7}$ von 1 512

Ganze und Bruchteile

21. Berechne jeweils das Ganze.

a) $\frac{1}{4}$ der Menge sind 40 Stück.
b) $\frac{1}{5}$ der Zeit sind 15 Tage.
c) $\frac{1}{6}$ des Preises sind 5 €.
d) $\frac{1}{9}$ des Buches sind 12 Seiten.
e) $\frac{1}{10}$ der Strecke sind 80 km.
f) $\frac{2}{3}$ der Menge sind 20 Stück.
g) $\frac{3}{4}$ der Kosten betragen 75 €.
h) $\frac{3}{8}$ des Preises sind 150 €.
i) $\frac{4}{10}$ der Klasse sind 12 Schüler.
j) $\frac{4}{7}$ der Ferien sind 16 Tage.

22. Benenne die farbigen Anteile mit einer gemischten Zahl.

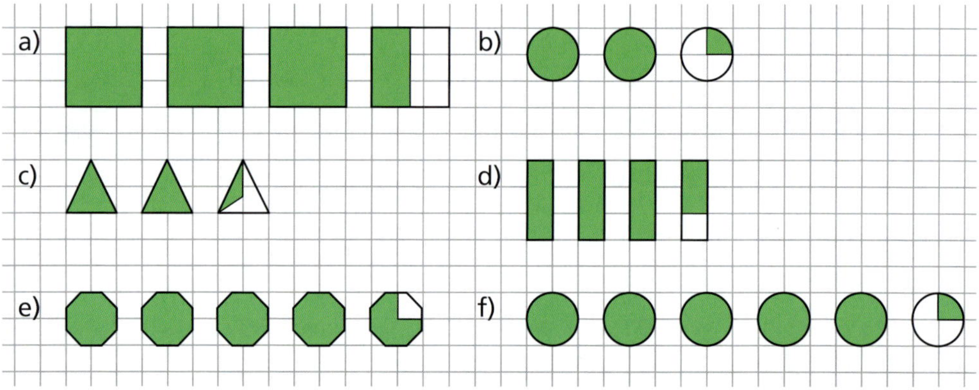

23. Zeichne Figuren deiner Wahl auf Kästchenpapier und stelle die folgenden gemischten Zahlen dar.

a) $2\frac{1}{2}$ $3\frac{2}{3}$ $1\frac{1}{8}$ $1\frac{3}{5}$ b) $4\frac{1}{6}$ $2\frac{3}{10}$ $7\frac{7}{8}$ $5\frac{5}{6}$

24. Schreibe als gemischte Zahl.

a) $1 + 1 + \frac{1}{3}$ b) $2 + 4 + \frac{1}{4}$ c) $\frac{1}{3} + \frac{1}{3} + \frac{1}{3} + \frac{1}{3}$

25. Wie viel fehlt jeweils noch bis zu der in Klammern angegebenen Zahl?

a) $1\frac{1}{2}$; $1\frac{1}{4}$; $1\frac{1}{8}$ (2) b) $1\frac{3}{5}$; $2\frac{4}{9}$; $4\frac{6}{7}$; (5)

26. Welche der Werte stimmen mit dem in Klammern angegebenen Wert überein?

a) $\frac{6}{2}$; $\frac{7}{2}$; $\frac{2}{7}$; $\frac{3}{2}$ $(3\frac{1}{2})$ b) $\frac{5}{8}$; $1\frac{5}{3}$; $1\frac{3}{5}$; $1\frac{8}{5}$ $(\frac{8}{5})$

c) $\frac{103}{10}$; $\frac{103}{100}$; $\frac{100}{3}$; $1\frac{30}{10}$ $(10\frac{3}{10})$ d) $5\frac{5}{75}$; $3\frac{3}{75}$; $22\frac{8}{75}$; $2\frac{28}{75}$ $(\frac{228}{75})$

3.2 Darstellung gemeiner Brüche

Echte und unechte Brüche

Echte Brüche: Unechte Brüche:

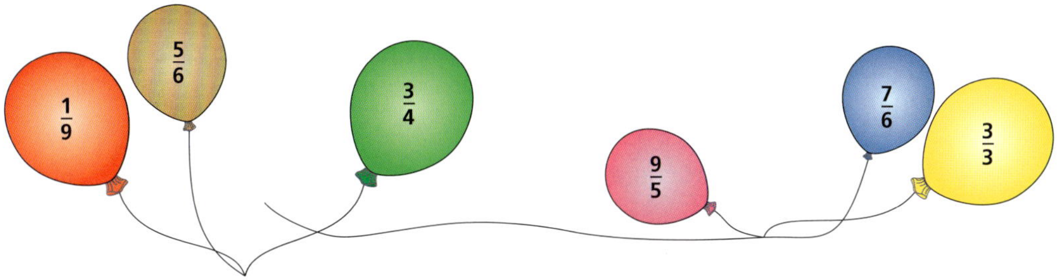

M Bei einem **echten Bruch** ist der Zähler kleiner als der Nenner. Der Bruch ist also kleiner als 1.
Bei einem **unechten Bruch** ist der Zähler größer als der Nenner oder genau so groß wie dieser. Der Bruch ist also größer oder gleich 1.

Unechte Brüche lassen sich in gemischte Zahlen bzw. in natürliche Zahlen umwandeln.
So ist $\frac{5}{2}$ dasselbe wie $2\frac{1}{2}$ (siehe Bild) und $\frac{6}{2}$ ist gleich 3.

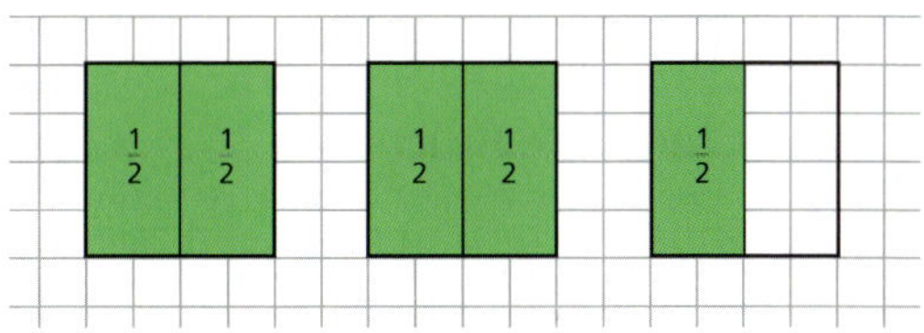

B Umwandlung eines unechten Bruches:
$\frac{22}{5} = \frac{20}{5} + \frac{2}{5} = 4 + \frac{2}{5} = 4\frac{2}{5}$ $\qquad$ $\frac{64}{8} = 8$

Umgekehrt kann jede gemischte Zahl und jede natürliche Zahl als unechter Bruch angegeben werden.

B Umwandeln einer gemischten bzw. natürlichen Zahl:
$5\frac{3}{4} = 5 + \frac{3}{4} = \frac{20}{4} + \frac{3}{4} = \frac{23}{4}$ $\qquad$ $7 = \frac{35}{5}$

Brüche am Zahlenstrahl

Auf dem Flug von Paris nach Berlin kann Laura auf dem Monitor genau verfolgen, wo sich das Flugzeug gerade befindet. Sie sieht, dass schon über die Hälfte der Strecke zurückgelegt wurde.

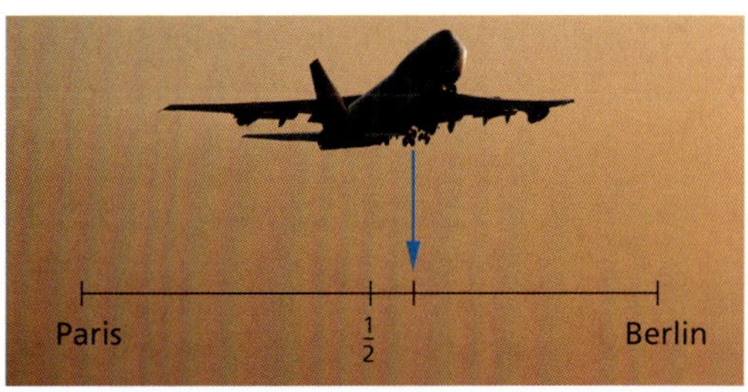

Jeder Bruch kann am Zahlenstrahl dargestellt werden. Notwendig ist allerdings, eine geeignete Einteilung dafür zu finden.
Alle echten Brüche liegen zwischen 0 und 1.

B Der Bruch $\frac{3}{4}$ soll auf dem Zahlenstrahl markiert werden.
Der Abschnitt zwischen 0 und 1 wird in vier gleich große Teile geteilt.
Wir können drei von diesen abzählen.

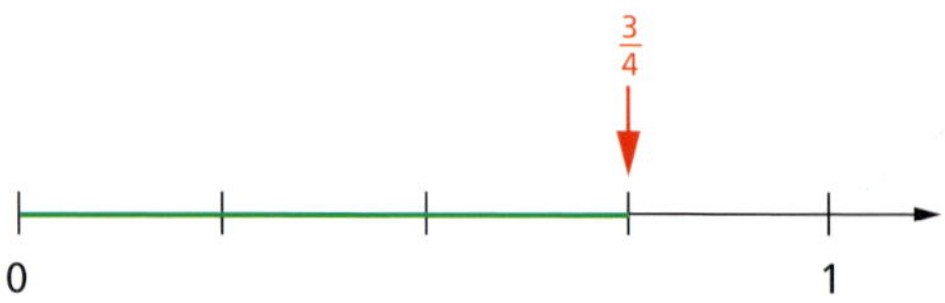

Ebenso lassen sich unechte Brüche am Zahlenstrahl darstellen.

B Der Bruch $\frac{9}{5}$ (die gemischte Zahl $1\frac{4}{5}$) soll auf dem Zahlenstrahl markiert werden.

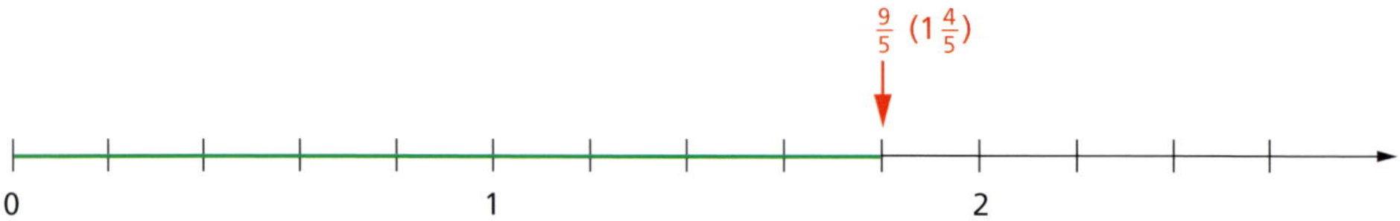

Aufgaben

Echte und unechte Brüche

1. Benenne die farbigen Anteile zuerst mit einer gemischten Zahl und dann mit einem Bruch.

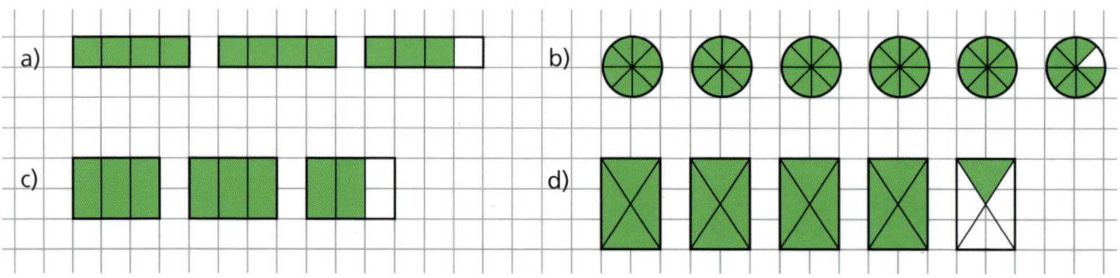

2. Zeichne Figuren deiner Wahl auf Kästchenpapier und färbe die vorgegebenen Anteile ein.
Notiere zu jeder Zeichnung den entsprechenden Anteil auch als Bruch.

a) $1\frac{1}{4}$ $4\frac{1}{5}$ $2\frac{1}{3}$ b) $1\frac{2}{5}$ $3\frac{1}{2}$ $5\frac{3}{8}$ c) $10\frac{1}{10}$ $8\frac{5}{8}$ $7\frac{6}{7}$

3. Wandle jeweils in die angegebenen Bruchteile um.

a) 7; 5; 8; 2; 12 (in Drittel) b) 2; 5; 10; 13; 100 (in Achtel)
c) 3; 6; 4; 1; 15 (in Viertel) d) 11; 5; 9; 12; 14 (in Sechstel)

4. Wandle in unechte Brüche um. Schreibe ausführlich wie im Beispiel auf Seite 105.

a) $4\frac{1}{2}$ $3\frac{3}{5}$ $7\frac{2}{7}$ $6\frac{3}{9}$ b) $1\frac{1}{10}$ $10\frac{4}{8}$ $7\frac{7}{11}$ $4\frac{6}{13}$
c) $3\frac{4}{9}$ $11\frac{1}{5}$ $8\frac{1}{3}$ $6\frac{7}{9}$ d) $15\frac{2}{7}$ $17\frac{3}{9}$ $19\frac{1}{4}$ $25\frac{1}{8}$

5. Wandle in gemeine Brüche um. Rechne im Kopf.

a) $1\frac{1}{7}$ $2\frac{1}{8}$ $4\frac{1}{2}$ $3\frac{1}{3}$ b) $2\frac{2}{5}$ $3\frac{3}{4}$ $4\frac{2}{7}$ $6\frac{1}{6}$

c) $8\frac{8}{9}$ $7\frac{3}{6}$ $12\frac{1}{10}$ $4\frac{4}{13}$ d) $17\frac{1}{3}$ $15\frac{1}{5}$ $16\frac{5}{8}$ $20\frac{3}{10}$

6. Wandle in eine natürliche Zahl um.

a) $\frac{16}{4}$ $\frac{25}{5}$ $\frac{48}{8}$ $\frac{54}{9}$ b) $\frac{100}{10}$ $\frac{50}{25}$ $\frac{60}{60}$ $\frac{121}{11}$

c) $\frac{80}{4}$ $\frac{90}{5}$ $\frac{125}{25}$ $\frac{91}{13}$ d) $\frac{654}{6}$ $\frac{368}{4}$ $\frac{765}{5}$ $\frac{558}{9}$

7. Wandle in gemischte Zahlen um.

a) $\frac{11}{6}$ b) $\frac{23}{4}$ c) $\frac{67}{11}$ d) $\frac{92}{12}$ e) $\frac{102}{10}$ f) $\frac{202}{100}$

8. Wandle in eine gemischte Zahl um. Schreibe ausführlich wie auf Seite 105.

a) $\frac{24}{5}$ $\frac{36}{17}$ $\frac{41}{8}$ $\frac{52}{6}$ b) $\frac{33}{12}$ $\frac{49}{14}$ $\frac{50}{13}$ $\frac{77}{10}$

c) $\frac{89}{15}$ $\frac{90}{16}$ $\frac{39}{15}$ $\frac{44}{18}$ d) $\frac{215}{10}$ $\frac{117}{20}$ $\frac{350}{40}$ $\frac{430}{70}$

9. Schreibe als gemischte Zahl. Rechne im Kopf.

a) $\frac{30}{8}$ $\frac{45}{6}$ $\frac{57}{5}$ $\frac{33}{2}$ b) $\frac{51}{9}$ $\frac{50}{7}$ $\frac{26}{12}$ $\frac{35}{15}$

c) $\frac{120}{50}$ $\frac{156}{30}$ $\frac{188}{90}$ $\frac{222}{11}$ d) $\frac{340}{6}$ $\frac{210}{4}$ $\frac{737}{5}$ $\frac{119}{15}$

Brüche am Zahlenstrahl

10. Gib die am Zahlenstrahl markierten Werte als Bruch an.

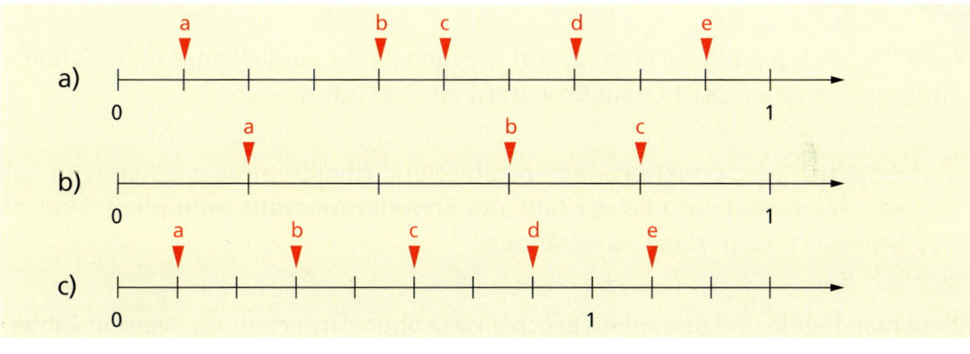

11. Zeichne jeweils einen Zahlenstrahl, bei dem die Zahlen 0 und 1 einen Abstand von 5 cm haben, und markiere die folgenden Brüche.

a) $\frac{3}{5}$; $\frac{4}{5}$; $\frac{5}{5}$ b) $\frac{1}{10}$; $\frac{2}{10}$; $\frac{5}{10}$; $\frac{7}{10}$; $\frac{9}{10}$ c) $\frac{9}{10}$; $\frac{6}{5}$; $\frac{9}{5}$; $\frac{11}{10}$; $\frac{8}{5}$

12. Zeichne einen Zahlenstrahl, bei dem die Zahlen 0 und 2 einen Abstand von 6 cm haben. Markiere die folgenden Brüche.

a) $\frac{1}{3}$; $\frac{2}{3}$; $\frac{4}{3}$; $\frac{5}{3}$ b) $\frac{1}{6}$; $\frac{5}{6}$; $\frac{6}{6}$; $\frac{7}{6}$; $\frac{9}{6}$ c) $\frac{1}{12}$; $\frac{1}{2}$; $\frac{3}{3}$; $\frac{12}{6}$

13. Zeichne jeweils einen geeigneten Zahlenstrahl und markiere die angegebenen Brüche.

a) $\frac{1}{4}$; $\frac{3}{4}$ b) $\frac{1}{5}$; $\frac{2}{5}$; $\frac{5}{5}$ c) $\frac{1}{2}$; $\frac{1}{4}$

d) $\frac{1}{1}$; $\frac{1}{2}$; $\frac{1}{4}$; $\frac{1}{8}$ e) $\frac{1}{12}$; $\frac{1}{6}$; $\frac{1}{3}$; $\frac{1}{4}$ f) $\frac{1}{10}$; $\frac{1}{2}$; $\frac{1}{5}$; $\frac{7}{5}$

3.3 Erweitern und Kürzen von Brüchen

Stimmt das?
„Ich habe gestern eine halbe Tafel Schokolade aufgegessen", verkündet Julian. „Und ich zwei Viertel", meint Kevin, „das ist wohl mehr!"
„Nun streitet doch nicht, Jungs", schlichtet Vivien, „am meisten verspeisten meine Geschwister, nämlich vier Achtel einer Tafel …"

Das stimmt natürlich nicht, denn ein und derselbe Bruch lässt sich bekanntlich unterschiedlich darstellen und benennen:

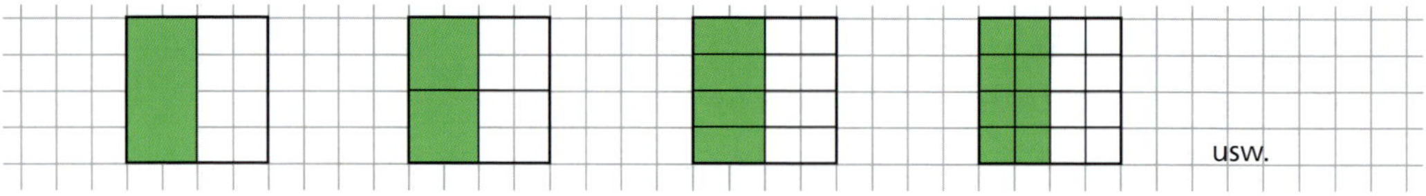

$$\frac{1}{2} \xrightarrow{\cdot 2} \frac{2}{4} \xrightarrow{\cdot 2} \frac{4}{8} \xrightarrow{\cdot 2} \frac{8}{16} \longrightarrow \dots$$

Wenn die Unterteilung verfeinert wird, werden Zähler und Nenner im gleichen Verhältnis größer. Man spricht vom **Erweitern** eines Bruches.

> **M** Ein Bruch wird **erweitert,** indem Zähler und Nenner mit derselben (von null verschiedenen) natürlichen Zahl, der **Erweiterungszahl,** multipliziert werden. Sein Wert bleibt dabei unverändert.

Wählt man für ein und denselben Bruch eine gröbere Unterteilung, werden Zähler und Nenner im gleichen Verhältnis kleiner. Man nennt das **Kürzen** eines Bruches.

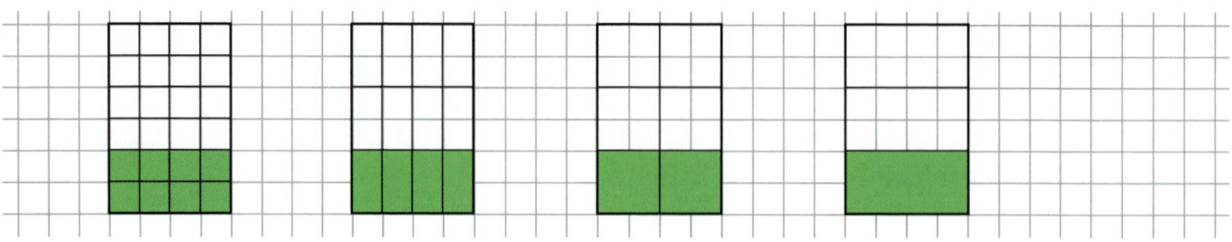

$$\frac{8}{24} \xrightarrow{:2} \frac{4}{12} \xrightarrow{:2} \frac{2}{6} \xrightarrow{:2} \frac{1}{3}$$

M Ein Bruch wird **gekürzt,** indem Zähler und Nenner durch dieselbe (von null verschiedene) natürliche Zahl, die **Kürzungszahl,** dividiert werden.
Der Wert des Bruches bleibt beim Kürzen unverändert.

Ein Bruch lässt sich nur durch Zahlen kürzen, die sowohl Teiler des Zählers als auch Teiler des Nenners sind.

B Der Bruch $\frac{24}{36}$ soll gekürzt werden.

Teiler von 24: 1; 2; 3; 4; 6; 8; 12; 24 Teiler von 36: 1; 2; 3; 4; 6; 9; 12; 18; 36

$\frac{24}{36} = \frac{24:2}{36:2} = \frac{12}{18}$ $\frac{24}{36} = \frac{24:3}{36:3} = \frac{8}{12}$ $\frac{24}{36} = \frac{24:4}{36:4} = \frac{6}{9}$

$\frac{24}{36} = \frac{24:6}{36:6} = \frac{4}{6}$ $\frac{24}{36} = \frac{24:12}{36:12} = \frac{2}{3}$

Haben die gekürzten Zähler und Nenner keinen gemeinsamen Teiler, so heißen sie teilerfremd. Der Bruch ist dann **vollständig gekürzt.**
Um einen Bruch vollständig zu kürzen, ermitteln wir den größten gemeinsamen Teiler von Zähler und Nenner.

B Der Bruch $\frac{36}{120}$ soll vollständig gekürzt werden.

$$\left.\begin{array}{l} 36 = 2 \cdot 2 \cdot 3 \cdot 3 = 2^2 \cdot 3^2 \\ 120 = 2 \cdot 2 \cdot 2 \cdot 3 \cdot 5 = 2^3 \cdot 3 \cdot 5 \end{array}\right\} \Rightarrow \text{ggT}(36;\ 120) = 2 \cdot 2 \cdot 3 = 2^2 \cdot 3 = 12$$

Mit der Kürzungszahl k = 12 ergibt sich als vollständig gekürzter Bruch $\frac{3}{10}$.

Aufgaben

1. Erweitere mit der angegebenen Zahl.

a) $\frac{1}{2}$ $\frac{2}{3}$ $\frac{4}{5}$ (mit 2) b) $\frac{1}{3}$ $\frac{2}{8}$ $\frac{5}{9}$ (mit 3)

c) $\frac{1}{9}$ $\frac{3}{5}$ $\frac{7}{10}$ (mit 5) d) $\frac{1}{5}$ $\frac{3}{4}$ $\frac{3}{40}$ (mit 25)

2. Erweitere schrittweise.

a) $\frac{1}{2} = \frac{\square}{4} = \frac{\square}{8} = \frac{\square}{16} = \frac{\square}{32}$ b) $\frac{2}{3} = \frac{\square}{6} = \frac{\square}{12} = \frac{\square}{24} = \frac{\square}{48}$

c) $\frac{3}{5} = \frac{\square}{15} = \frac{\square}{45} = \frac{\square}{90}$ d) $\frac{3}{4} = \frac{\square}{16} = \frac{\square}{64} = \frac{\square}{128}$

3. Mit welcher Zahl wurde jeweils erweitert? Finde die Erweiterungszahl e.

a) $\frac{1}{2} = \frac{5}{10}$ $\frac{7}{8} = \frac{49}{56}$ $\frac{2}{6} = \frac{8}{24}$ b) $\frac{3}{8} = \frac{15}{40}$ $\frac{4}{9} = \frac{40}{90}$ $\frac{7}{12} = \frac{42}{72}$

c) $\frac{1}{10} = \frac{10}{100}$ $\frac{2}{11} = \frac{18}{99}$ $\frac{4}{17} = \frac{20}{85}$ d) $\frac{4}{5} = \frac{64}{80}$ $\frac{3}{4} = \frac{75}{100}$ $\frac{11}{13} = \frac{121}{143}$

4. Gib die fehlenden Werte an.

a) $\frac{2}{8} = \frac{x}{16}$ $\frac{3}{11} = \frac{30}{y}$ $\frac{9}{12} = \frac{36}{z}$ b) $\frac{7}{10} = \frac{56}{a}$ $\frac{15}{50} = \frac{b}{150}$ $\frac{c}{12} = \frac{7}{84}$

5. Erweitere jeweils auf den Nenner 100.

a) $\frac{7}{20}$ $\frac{1}{50}$ $\frac{8}{10}$ b) $\frac{3}{25}$ $\frac{16}{50}$ $\frac{3}{2}$ c) $\frac{9}{4}$ $\frac{26}{10}$ $\frac{16}{20}$

6. Schreibe als Zehnerbruch.

a) $\frac{1}{5}$ $\frac{3}{2}$ $\frac{4}{5}$ b) $\frac{1}{20}$ $\frac{1}{4}$ 3 c) $\frac{1}{500}$ $\frac{4}{25}$ $\frac{251}{250}$

7. Erweitere auf den in Klammern angegebenen Nenner.

a) $\frac{1}{6}$ $\frac{3}{8}$ $\frac{7}{12}$ (24) b) $\frac{1}{9}$ $\frac{5}{12}$ $\frac{7}{18}$ (36)

c) $\frac{1}{30}$ $\frac{3}{25}$ $\frac{17}{50}$ (150) d) $\frac{1}{36}$ $\frac{5}{6}$ $\frac{41}{45}$ (180)

8. Erweitere die folgenden Brüche jeweils mit 2; 3; 4; 5 und 6.

a) $\frac{1}{3}$ $\frac{1}{4}$ $\frac{1}{5}$ b) $\frac{2}{3}$ $\frac{5}{6}$ $\frac{3}{7}$ c) $\frac{4}{9}$ $\frac{9}{10}$ $\frac{12}{15}$

9. Welcher Bruch stellt keine Erweiterung des angegebenen Bruches dar?

a)

$\mathbf{\frac{2}{5}}$	$\frac{6}{15}$	$\frac{20}{25}$	$\frac{8}{20}$	$\frac{22}{55}$
$\mathbf{\frac{4}{7}}$	$\frac{48}{91}$	$\frac{8}{14}$	$\frac{77}{44}$	$\frac{20}{35}$
$\mathbf{\frac{3}{8}}$	$\frac{6}{18}$	$\frac{12}{32}$	$\frac{45}{120}$	$\frac{300}{800}$

b)

$\mathbf{\frac{6}{9}}$	$\frac{18}{27}$	$\frac{42}{63}$	$\frac{30}{54}$	$\frac{74}{120}$
$\mathbf{\frac{1}{11}}$	$\frac{11}{110}$	$\frac{3}{33}$	$\frac{10}{121}$	$\frac{7}{77}$
$\mathbf{\frac{2}{16}}$	$\frac{6}{46}$	$\frac{10}{80}$	$\frac{14}{102}$	$\frac{18}{144}$

10. Kürze durch die angegebene Zahl.

a) $\frac{2}{8}$ $\frac{4}{10}$ $\frac{20}{50}$ $\frac{76}{36}$ (durch 2) b) $\frac{15}{25}$ $\frac{30}{40}$ $\frac{5}{50}$ $\frac{35}{55}$ (durch 5)

c) $\frac{7}{14}$ $\frac{21}{49}$ $\frac{70}{210}$ $\frac{91}{126}$ (durch 7) d) $\frac{63}{90}$ $\frac{18}{36}$ $\frac{27}{450}$ $\frac{153}{207}$ (durch 9)

11. Mit welcher Zahl wurde jeweils gekürzt? Finde die Kürzungszahl k.

a) $\frac{3}{18} = \frac{1}{6}$ $\frac{25}{75} = \frac{1}{3}$ $\frac{14}{18} = \frac{7}{9}$ b) $\frac{77}{88} = \frac{7}{8}$ $\frac{20}{40} = \frac{10}{20}$ $\frac{48}{80} = \frac{6}{10}$

c) $\frac{19}{95} = \frac{1}{5}$ $\frac{64}{100} = \frac{16}{25}$ $\frac{50}{75} = \frac{2}{3}$ d) $\frac{13}{169} = \frac{1}{13}$ $\frac{135}{360} = \frac{3}{8}$ $\frac{63}{49} = \frac{9}{7}$

12. Kürze schrittweise.

a) $\frac{240}{360} = \frac{\square}{180} = \frac{\square}{90} = \frac{\square}{18} = \frac{\square}{3}$ b) $\frac{450}{900} = \frac{\square}{450} = \frac{\square}{150} = \frac{\square}{50} = \frac{\square}{2}$

c) $\frac{300}{1800} = \frac{100}{\square} = \frac{25}{\square} = \frac{5}{\square}$ d) $\frac{96}{128} = \frac{\square}{64} = \frac{\square}{16} = \frac{\square}{4}$

13. Kürze vollständig. (*Hinweis:* Du kannst auch schrittweise vorgehen.)

a) $\frac{12}{36}$ $\frac{70}{80}$ $\frac{24}{28}$ b) $\frac{12}{108}$ $\frac{150}{450}$ $\frac{64}{256}$ c) $\frac{40}{80}$ $\frac{36}{48}$ $\frac{50}{250}$

14. Kürze durch den größten gemeinsamen Teiler von Zähler und Nenner.

a) $\frac{3}{50}$ $\frac{18}{30}$ $\frac{24}{72}$ b) $\frac{12}{90}$ $\frac{45}{30}$ $\frac{6}{24}$ c) $\frac{150}{360}$ $\frac{81}{171}$ $\frac{27}{117}$

15. Gib die fehlenden Werte an.

a) $\frac{72}{75} = \frac{24}{x}$ $\frac{153}{77} = \frac{19}{y}$ $\frac{248}{96} = \frac{31}{z}$ b) $\frac{a}{36} = \frac{18}{12}$ $\frac{b}{200} = \frac{15}{40}$ $\frac{c}{102} = \frac{13}{17}$

16. Welcher Bruch ist nicht durch Kürzen aus dem angegebenen Bruch hervorgegangen?

a)

$\mathbf{\frac{4}{20}}$	$\frac{2}{10}$	$\frac{1}{4}$	$\frac{1}{5}$
$\mathbf{\frac{72}{360}}$	$\frac{25}{100}$	$\frac{4}{20}$	$\frac{1}{5}$
$\mathbf{\frac{15}{75}}$	$\frac{1}{5}$	$\frac{3}{15}$	$\frac{3}{25}$

b)

$\mathbf{\frac{36}{300}}$	$\frac{6}{50}$	$\frac{12}{100}$	$\frac{1}{9}$
$\mathbf{\frac{72}{108}}$	$\frac{36}{54}$	$\frac{3}{4}$	$\frac{4}{9}$
$\mathbf{\frac{240}{1000}}$	$\frac{5}{20}$	$\frac{6}{25}$	$\frac{12}{50}$

3.4 Vergleichen und Ordnen von Brüchen

Gleichnamige Brüche und ungleichnamige Brüche

Gleichnamige Brüche:

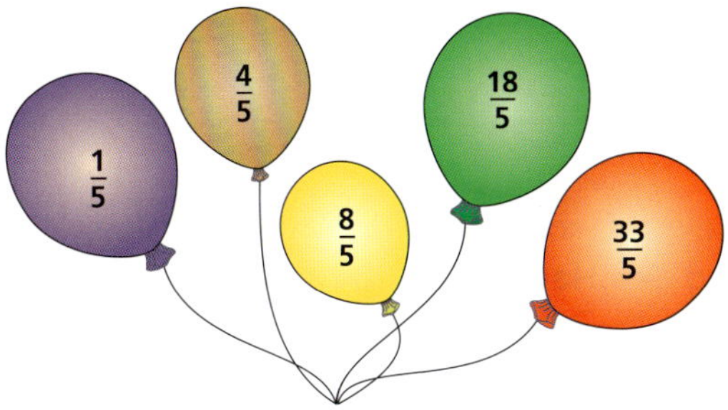

Ungleichnamige Brüche:

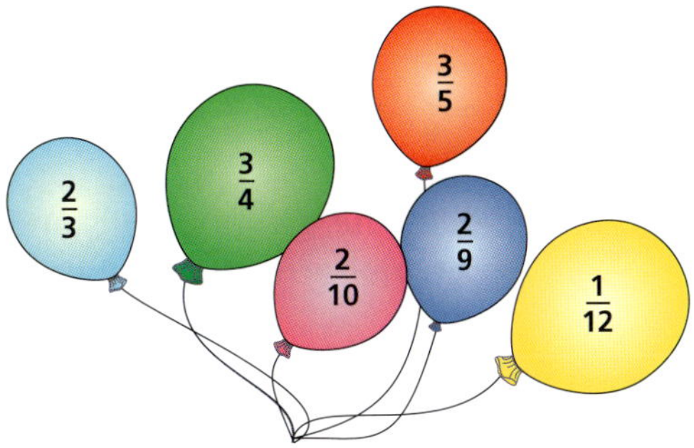

M Brüche mit dem gleichen Nenner heißen **gleichnamig.**
Brüche mit unterschiedlichen Nennern werden **ungleichnamig** genannt.

Vergleichen von Brüchen

Gleichnamige Brüche können gut verglichen werden: Es genügt, die Zähler zu vergleichen.

B $\frac{3}{7} < \frac{6}{7}$, denn $3 < 6$ $\qquad$ $\frac{9}{10} > \frac{5}{10}$, denn $9 > 5$

Hinweis: Gemischte Zahlen sollten vor dem Vergleichen in unechte Brüche umgewandelt werden.

Ungleichnamige Brüche dagegen müssen vor dem Vergleichen erst gleichnamig gemacht werden; d.h., es muss durch Erweitern oder Kürzen ein gemeinsamer Nenner gesucht werden. Wir probieren es zunächst durch **Erweitern der Ausgangsbrüche** mit 2, 3, 4 usw. und betrachten dazu als Beispiel die Brüche $\frac{2}{3}$ und $\frac{3}{4}$:

$$\frac{2}{3} = \frac{4}{6} = \frac{6}{9} = \frac{8}{12} = \frac{10}{15} = \frac{12}{18} = \frac{14}{21} = \frac{16}{24} = \frac{18}{27} = \frac{20}{30} = \ldots$$

$$\frac{3}{4} = \frac{6}{8} = \frac{9}{12} = \frac{12}{16} = \frac{15}{20} = \frac{18}{24} = \frac{21}{28} = \frac{24}{32} = \frac{27}{36} = \frac{30}{40} = \ldots$$

Wenn wir beide Reihen miteinander vergleichen, so stellen wir fest, dass es für $\frac{2}{3}$ und $\frac{3}{4}$ Brüche gibt, die denselben Nenner besitzen:

$\frac{2}{3} = \frac{8}{12}$ und $\frac{3}{4} = \frac{9}{12}$, aber auch $\frac{2}{3} = \frac{16}{24}$ und $\frac{3}{4} = \frac{18}{24}$

Somit sieht man, dass $\frac{2}{3} < \frac{3}{4}$ ist.

Dieses Verfahren ist recht mühsam. Wie rationeller vorgegangen werden kann, soll im Folgenden am Beispiel der Brüche $\frac{5}{8}$ und $\frac{3}{4}$ gezeigt werden.

Statt die Brüche der Reihe nach mit 2, 3, 4 usw. zu erweitern, suchen wir uns das **kleinste gemeinsame Vielfache** (kgV) der Nenner:

$$\left.\begin{array}{ll} 8 = 2\cdot 2\cdot 2 & = 2^3 \\ 4 = 2\cdot 2 & = 2^2 \end{array}\right\} \Rightarrow \text{kgV}(8;\,4) = 2\cdot 2\cdot 2 = 2^3 = 8$$

Nun können wir auch die entsprechend erweiterten Brüche bequem miteinander vergleichen:

$\frac{5}{8} = \frac{5}{8}$ und $\frac{3}{4} = \frac{6}{8}$; also $\frac{5}{8} < \frac{6}{8}$ und damit $\frac{5}{8} < \frac{3}{4}$

M Sind die Brüche $\frac{a}{b}$ und $\frac{c}{d}$ vollständig gekürzt, so nennt man das kleinste gemeinsame Vielfache der Nenner b und d den **Hauptnenner** der beiden Brüche.

B Es ist der Hauptnenner der Brüche $\frac{5}{40}$ und $\frac{15}{18}$ zu bestimmen.
Die Brüche werden zunächst vollständig gekürzt, danach wird das kleinste gemeinsame Vielfache der Nenner bestimmt:
$\frac{5}{40} = \frac{1}{8}$ und $\frac{15}{18} = \frac{5}{6}$ kgV(8; 6) = 24

Nicht immer muss man aber eine Primfaktorzerlegung vornehmen, denn oft ist der Hauptnenner leicht zu „sehen“. Beispielsweise kann er sein:

- das Produkt der Nenner (z. B. Hauptnenner von $\frac{2}{7}$ und $\frac{1}{8}$)
- der größere der Nenner (z. B. Hauptnenner von $\frac{1}{2}$ und $\frac{1}{6}$)

Aufgaben

Gleichnamige und ungleichnamige Brüche

1. Bestimme jeweils das kleinste gemeinsame Vielfache (kgV) der Zahlen. Ordne die Ergebnisse der Reihe nach den Buchstaben zu und du erhältst das Lösungswort.
a) 9; 5 45 b) 25; 100 100 c) 4; 7 28 d) 14; 21 42 e) 4; 36 36 f) 6; 5 30
g) 12; 20 60 h) 5; 30 30 i) 3; 6; 10 30 j) 5; 6; 12 60 k) 6; 8 24

A	E	H	N	P	R	T	U
100	60	45	30	42	24	36	28

2. Mache die folgenden Brüche gleichnamig.

a) $\frac{1}{3}$ und $\frac{1}{4}$	$\frac{1}{8}$ und $\frac{1}{9}$	$\frac{2}{5}$ und $\frac{1}{7}$	$\frac{4}{10}$ und $\frac{1}{7}$
b) $\frac{4}{11}$ und $\frac{3}{22}$	$\frac{3}{20}$ und $\frac{2}{5}$	$\frac{5}{8}$ und $\frac{7}{24}$	$\frac{3}{100}$ und $\frac{6}{200}$
c) $\frac{7}{12}$ und $\frac{2}{3}$	$\frac{5}{16}$ und $\frac{1}{4}$	$\frac{7}{15}$ und $\frac{7}{12}$	$\frac{9}{16}$ und $\frac{7}{20}$
d) $\frac{1}{2}$, $\frac{1}{3}$ und $\frac{1}{5}$	$\frac{3}{8}$, $\frac{5}{6}$ und $\frac{3}{4}$	$\frac{7}{10}$, $\frac{1}{2}$ und $\frac{3}{5}$	$\frac{6}{7}$, $\frac{1}{14}$ und $\frac{5}{49}$

3. Erweitere auf den Hauptnenner.
Hinweis: Kürze die Brüche zunächst vollständig.

a) $\frac{4}{3}; \frac{3}{8}$ $\quad$ $\frac{3}{5}; \frac{2}{7}$ $\quad$ $\frac{11}{22}; \frac{7}{9}$ $\quad$ $\frac{6}{10}; \frac{25}{100}$

b) $\frac{11}{30}; \frac{6}{40}$ $\quad$ $\frac{4}{16}; \frac{6}{12}$ $\quad$ $\frac{5}{14}; \frac{6}{10}$ $\quad$ $\frac{8}{24}; \frac{1}{3}$

c) $\frac{3}{17}; \frac{1}{51}$ $\quad$ $\frac{11}{12}; \frac{3}{36}$ $\quad$ $\frac{5}{25}; \frac{7}{50}$ $\quad$ $\frac{12}{60}; \frac{24}{360}$

d) $\frac{1}{2}; \frac{5}{10}; \frac{3}{5}$ $\quad$ $\frac{3}{15}; \frac{3}{4}; \frac{7}{8}$ $\quad$ $\frac{3}{21}; \frac{3}{4}; \frac{1}{2}$ $\quad$ $\frac{1}{10}; \frac{1}{100}; \frac{1}{1000}$

Vergleichen von Brüchen

4. Vergleiche und setze für $\square$ jeweils das richtige Zeichen (<, > bzw. =) ein.

a) $\frac{1}{6} \square \frac{3}{24}$ $\quad$ $\frac{7}{8} \square \frac{3}{24}$ $\quad$ $\frac{1}{4} \square \frac{3}{24}$ $\qquad$ b) $\frac{4}{5} \square \frac{16}{25}$ $\quad$ $\frac{3}{9} \square \frac{9}{27}$ $\quad$ $\frac{6}{10} \square \frac{1}{6}$

c) $\frac{1}{2} \square \frac{1}{3}$ $\quad$ $\frac{21}{35} \square \frac{2}{7}$ $\quad$ $\frac{14}{28} \square \frac{3}{4}$ $\qquad$ d) $\frac{4}{50} \square \frac{8}{25}$ $\quad$ $\frac{9}{81} \square \frac{1}{9}$ $\quad$ $\frac{12}{100} \square \frac{24}{200}$

5. Ordne die Brüche der Größe nach. Beginne jeweils mit dem größten (x > y > ...).

a) $\frac{3}{9}; \frac{1}{9}; \frac{7}{9}; \frac{11}{9}$ $\quad$ $\frac{11}{3}; \frac{12}{3}; \frac{9}{3}; \frac{3}{3}$ $\quad$ $\frac{6}{20}; \frac{3}{20}; \frac{9}{20}; \frac{20}{20}$

b) $\frac{1}{4}; \frac{1}{3}; \frac{2}{5}$ $\quad$ $\frac{2}{6}; \frac{1}{9}; \frac{4}{3}$ $\quad$ $\frac{2}{4}; \frac{3}{5}; \frac{9}{10}$

c) $\frac{3}{27}; \frac{2}{9}; \frac{1}{3}; \frac{5}{3}$ $\quad$ $\frac{19}{72}; \frac{9}{36}; \frac{4}{9}; \frac{3}{4}$ $\quad$ $\frac{17}{55}; \frac{9}{11}; \frac{7}{5}; \frac{1}{2}$

6. Tina, Micha und Jan haben im Garten von ihren Eltern ein großes Beet zur Verfügung gestellt bekommen.
Tina möchte Blumen aussäen und erhält dafür $\frac{2}{6}$ der Fläche.
Micha pflanzt auf $\frac{5}{12}$ der Beetfläche Erdbeeren.
Jan baut Löwenzahn für sein Kaninchen an; er bekommt $\frac{1}{4}$ der Gesamtfläche.
Vergleiche die Anteile miteinander. Wer erhält am meisten von der Beetfläche und wer am wenigsten?

7. **Bruchwürfeln**
Du benötigst einen Partner, zwei Würfel und sechs Spielmarken (jeder Spieler erhält drei). Es wird im Wechsel gewürfelt.
Jeder Spieler bildet aus seinen erzielten Augenzahlen einen Bruch, wobei die kleinere Zahl den Zähler und die größere Zahl den Nenner darstellt.
(Bei gleicher Augenzahl ist noch einmal zu würfeln.)

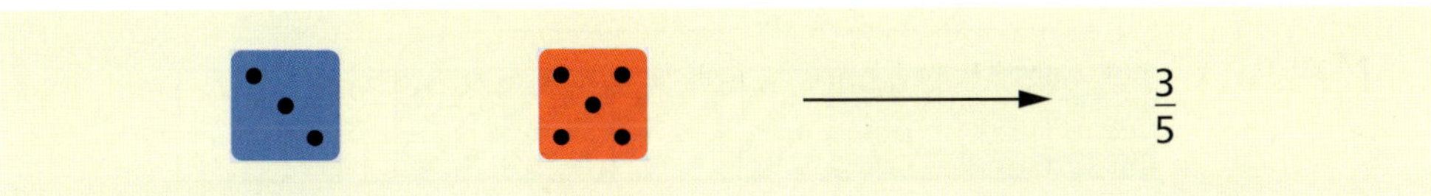

Wer den größeren Bruch „erwürfelt" hat, ist Sieger und bekommt vom anderen Spieler eine Spielmarke.
Wer alle Spielmarken besitzt, hat gewonnen.
Auch mit drei Spielern macht es Spaß!

3.5 Rechnen mit Brüchen

Addition und Subtraktion gleichnamiger Brüche

Die Erdbeertorte von Frau Lässig wurde in zwölf gleich große Stücke geschnitten. Die Enkelkinder schnappen sich sofort $\frac{7}{12}$ des Kuchens, Herr Lässig nimmt sich $\frac{3}{12}$ und Hund Cäsar schließlich stibitzt $\frac{1}{12}$ vom Kuchen.
Bleibt da noch etwas für Frau Lässig übrig?

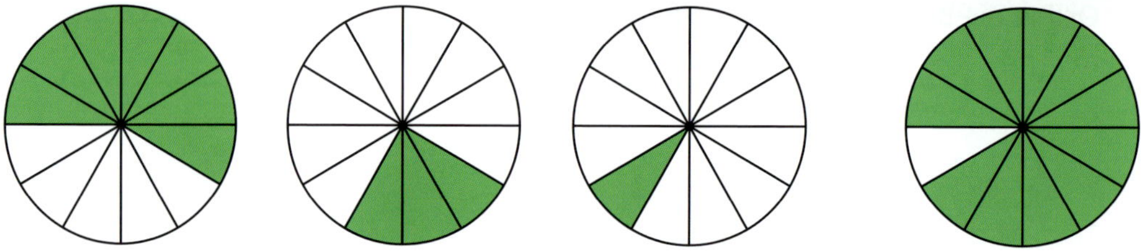

$$\frac{7}{12} + \frac{3}{12} + \frac{1}{12} = \frac{7+3+1}{12} = \frac{11}{12}$$

M Gleichnamige Brüche werden **addiert,** indem man die Zähler addiert und den Nenner beibehält.

B $\frac{1}{6} + \frac{2}{6} = \frac{3}{6} = \frac{1}{2}$ $\qquad$ $\frac{7}{8} + \frac{5}{8} + \frac{2}{8} = \frac{14}{8} = \frac{7}{4} = 1\frac{3}{4}$

Hinweis: Kürze die Ergebnisse, wenn möglich, immer vollständig! Unechte Brüche im Ergebnis können auch als gemischte Zahlen geschrieben werden.

Ebenso einfach wie die Addition ist die **Subtraktion gleichnamiger Brüche.** Ein Beispiel dafür ist im Folgenden dargestellt.

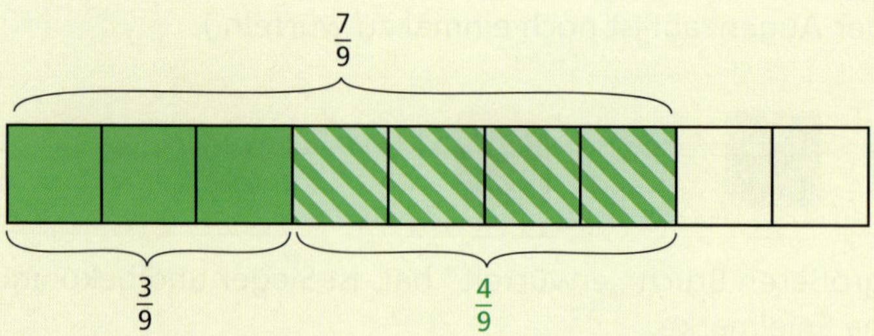

$$\frac{7}{9} - \frac{4}{9} = \frac{7-4}{9} = \frac{3}{9}$$

M Gleichnamige Brüche werden **subtrahiert,** indem man die Zähler subtrahiert und den Nenner beibehält.

B $\frac{9}{11} - \frac{7}{11} = \frac{2}{11}$ $\qquad$ $\frac{11}{6} - \frac{2}{6} = \frac{9}{6} = \frac{3}{2} = 1\frac{1}{2}$

Die **Umwandlung gemischter Zahlen in unechte Brüche** lässt sich auf die Addition gleichnamiger Brüche zurückführen

B $5\frac{1}{4} = 5 + \frac{1}{4} = \frac{20}{4} + \frac{1}{4} = \frac{20+1}{4} = \frac{21}{4}$

Addition und Subtraktion ungleichnamiger Brüche

Carolin hat Teig für Plätzchen zubereitet und benötigt dazu $\frac{1}{8}$ *l* Milch und $\frac{1}{2}$ *l* Wasser. Mutter möchte nun wissen, wie viel Flüssigkeit Carolin insgesamt verwendet hat.

Carolin überlegt: „$\frac{1}{8} + \frac{1}{2}$ = ? Da war doch etwas mit dem Hauptnenner …"

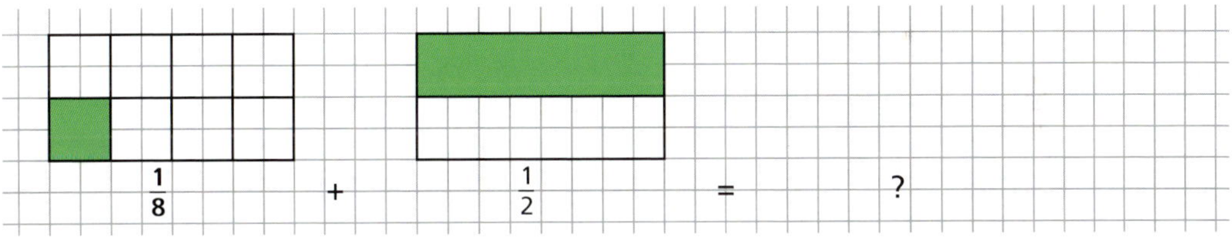

Gleichnamigmachen der Nenner:

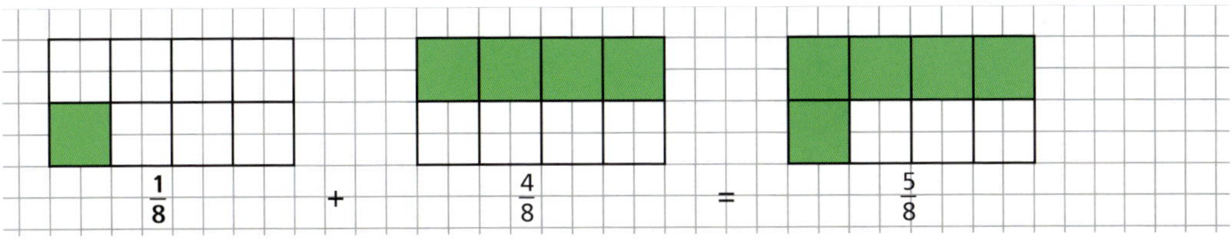

M Um ungleichnamige Brüche **addieren** bzw. **subtrahieren** zu können, sind diese zuvor gleichnamig zu machen.

B $\frac{3}{8} + \frac{1}{12} = \frac{9}{24} + \frac{2}{24} = \frac{9+2}{24} = \frac{11}{24}$ $\qquad$ $2 + \frac{3}{4} = \frac{8}{4} + \frac{3}{4} = \frac{8+3}{4} = \frac{11}{4}$

$\frac{7}{6} - \frac{2}{7} = \frac{49}{42} - \frac{12}{42} = \frac{49-12}{42} = \frac{37}{42}$ $\qquad$ $6 - \frac{5}{8} = \frac{48}{8} - \frac{5}{8} = \frac{43}{8}$

Addition und Subtraktion von gemischten Zahlen

Nach ausgiebigem Spiel sind Kater Romeo und Katze Julia sehr hungrig. Frauchen Martina lässt sich von Romeo zu $2\frac{1}{2}$ Schälchen „Feine Häppchen" überreden; Julia gibt sich mit $1\frac{1}{3}$ Schälchen zufrieden. Wie viele Schälchen muss Frauchen aus dem Kühlschrank nehmen?

Zur Lösung dieser Aufgabe gibt es zwei Möglichkeiten:

(1) Die gemischten Zahlen werden jeweils in Summen aus einer natürlichen Zahl und einem echten Bruch zerlegt.

$$2\frac{1}{2} + 1\frac{1}{3} = (2 + \frac{1}{2}) + (1 + \frac{1}{3}) = (2 + 1) + (\frac{1}{2} + \frac{1}{3}) = 3 + \frac{3}{6} + \frac{2}{6} = 3 + \frac{5}{6} = 3\frac{5}{6}$$

(2) Die gemischten Zahlen werden vor der Addition in unechte Brüche umgewandelt.

$$2\frac{1}{2} + 1\frac{1}{3} = \frac{5}{2} + \frac{4}{3} = \frac{15}{6} + \frac{8}{6} = \frac{23}{6} = 3 + \frac{5}{6} = 3\frac{5}{6}$$

Sind die gemischten Zahlen sehr groß, so ist die erste Möglichkeit vorzuziehen. Ansonsten empfiehlt es sich, sofort in unechte Brüche umzuwandeln.

B

$$20\frac{1}{4} + 3\frac{1}{2} = 20 + \frac{1}{4} + 3 + \frac{1}{2} = 23 + \frac{1}{4} + \frac{1}{2} = 23 + \frac{3}{4} = 23\frac{3}{4}$$

$$5\frac{2}{3} + 4\frac{1}{6} = \frac{17}{3} + \frac{25}{6} = \frac{34 + 25}{6} = \frac{59}{6} = 9\frac{5}{6}$$

Ebenso verfährt man bei der Subtraktion. Allerdings funktioniert dort die erste der beiden Möglichkeiten nicht immer reibungslos, wie das folgende Beispiel zeigt:

$$4\frac{1}{8} - 2\frac{3}{4} = 4 - 2 + \frac{1}{8} - \frac{6}{8} = 2 + \underbrace{\frac{1}{8} - \frac{6}{8}}_{?}$$

Tom hat dazu eine Idee: „Ich borge mir vom Minuenden ein Ganzes und wandle dies in Achtel um."

$$4\frac{1}{8} = 3 + 1 + \frac{1}{8} = 3\frac{9}{8}, \text{ also } 3\frac{9}{8} - 2\frac{3}{4} = 1 + \frac{9}{8} - \frac{6}{8} = 1 + \frac{3}{8} = 1\frac{3}{8}$$

Werden die gemischten Zahlen sofort in unechte Brüche umgewandelt, so ist die Aufgabe ohne Probleme lösbar:

$$4\frac{1}{8} - 2\frac{3}{4} = \frac{33}{8} - \frac{11}{4} = \frac{33}{8} - \frac{22}{8} = \frac{11}{8} = 1\frac{3}{8}$$

M Gemischte Zahlen werden **addiert (subtrahiert)**, indem man sie in unechte Brüche umwandelt und diese addiert (subtrahiert).
Sind die gemischten Zahlen sehr groß, so können sie auch in eine Summe aus natürlicher Zahl und echtem Bruch zerlegt werden.

Aufgaben

Addition und Subtraktion gleichnamiger Brüche

1. Stelle zeichnerisch dar und gib das Ergebnis an.

a) $\frac{1}{2} + \frac{1}{2}$ $\frac{2}{8} + \frac{5}{8}$ $\frac{1}{9} + \frac{3}{9} + \frac{5}{9}$

b) $\frac{2}{5} + \frac{2}{5} + \frac{2}{5}$ $\frac{5}{6} + \frac{1}{6} + \frac{3}{6}$ $\frac{3}{4} + \frac{1}{4} + \frac{1}{4}$

c) $\frac{9}{8} + \frac{2}{8} + \frac{9}{8}$ $\frac{51}{50} + \frac{49}{50} + 1$ $\frac{1}{10} + \frac{2}{10} + \frac{3}{10} + \frac{4}{10}$

2. Ergänze den fehlenden Wert.

a) $\frac{7}{9} + \square = \frac{8}{9}$ $\frac{11}{25} + \square = \frac{24}{25}$ $\frac{2}{9} + \square = 1$

b) $\square + \frac{3}{6} = 1\frac{1}{6}$ $\square + \frac{5}{7} = 2$ $\square + \frac{3}{5} = 1\frac{2}{5}$

c) $\frac{1}{2} + \square + \frac{1}{2} = 1\frac{1}{2}$ $\frac{8}{30} + \frac{5}{30} + \square = \frac{29}{30}$ $\frac{3}{100} + \square + \frac{87}{100} = \frac{93}{100}$

3. Berechne.
Kürze, wenn möglich, das Ergebnis.

a) $\frac{3}{8} + \frac{1}{8}$ $\frac{2}{5} + \frac{3}{5}$ $\frac{1}{6} + \frac{2}{6}$

b) $\frac{7}{10} + \frac{2}{10}$ $\frac{8}{15} + \frac{8}{15}$ $\frac{8}{12} + \frac{1}{12}$

c) $\frac{1}{6} + \frac{3}{6} + \frac{8}{6}$ $\frac{5}{11} + \frac{5}{11} + \frac{5}{11}$ $\frac{2}{17} + \frac{20}{17} + \frac{12}{17}$

4. Welche Subtraktionsaufgabe ist jeweils dargestellt? Löse die Aufgabe.

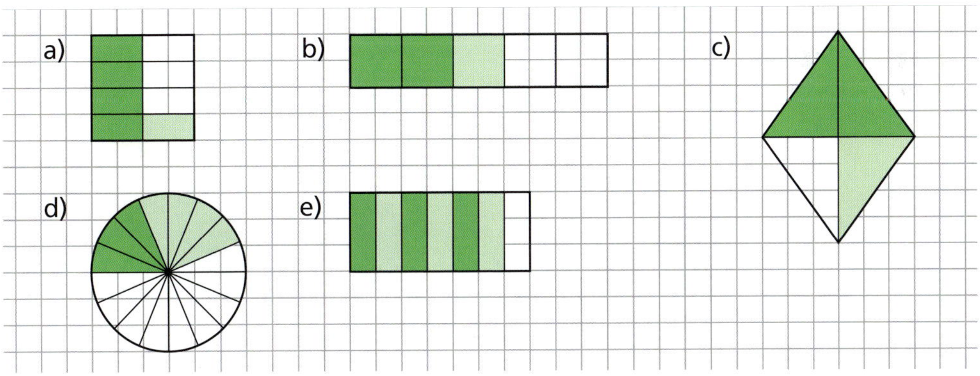

5. Berechne.
Kürze, wenn möglich, das Ergebnis.

a) $\frac{8}{20} - \frac{4}{20}$ $\frac{7}{9} - \frac{6}{9}$ $\frac{10}{11} - \frac{8}{11}$

b) $\frac{26}{35} - \frac{1}{35}$ $\frac{50}{70} - \frac{15}{70}$ $\frac{66}{45} - \frac{36}{45}$

c) $\frac{11}{12} - \frac{1}{12} - \frac{10}{12}$ $\frac{9}{4} - \frac{2}{4} - \frac{6}{4}$ $\frac{25}{10} - \frac{17}{10} - \frac{3}{10}$

d) $\frac{4}{9} - \frac{11}{9} + \frac{7}{9}$ $\frac{13}{15} - \left(\frac{2}{15} + \frac{3}{15}\right)$ $\frac{100}{3} + \frac{10}{3} - \frac{11}{3}$

6. Ergänze den fehlenden Wert.

a) $\frac{16}{11} - \frac{\square}{11} = \frac{10}{11}$ $\qquad \frac{31}{18} - \frac{\square}{18} = \frac{17}{18}$ $\qquad \frac{13}{12} - \frac{\square}{12} = 1$

b) $\frac{\square}{14} - \frac{8}{14} = \frac{5}{14}$ $\qquad \frac{\square}{10} - \frac{4}{10} = \frac{5}{10}$ $\qquad \frac{\square}{8} - \frac{5}{8} = 2$

7. Berechne.

a) $\frac{30}{7} + \frac{2}{7} - \frac{4}{7}$ $\qquad$ b) $\frac{11}{8} - \frac{9}{8} + \frac{7}{8}$ $\qquad$ c) $\frac{6}{13} - \frac{10}{13} + \frac{4}{13}$

Addition und Subtraktion ungleichnamiger Brüche

8. Welche Aufgaben sind jeweils dargestellt? Löse sie, indem du die Brüche gleichnamig machst.

Beispiel: 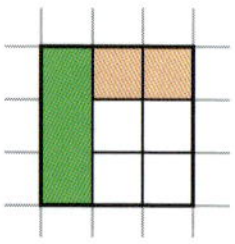 $\frac{1}{3} + \frac{2}{9} = \frac{3}{9} + \frac{2}{9} = \frac{5}{9}$

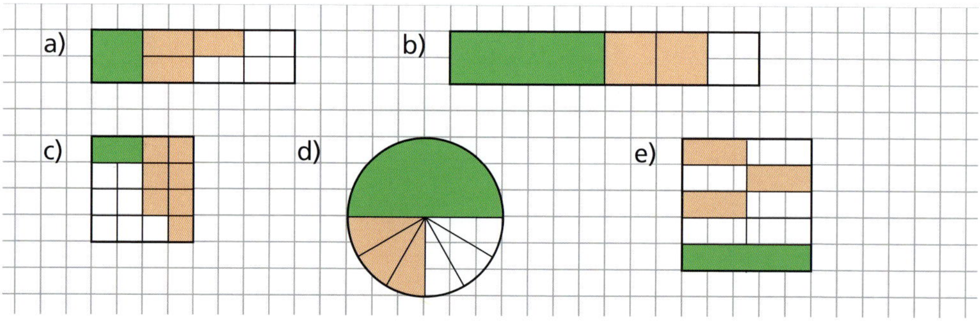

9. Addiere jeweils die Brüche. Ist das entsprechende Ergebnis größer, kleiner oder gleich 1?

a) 

b) 

c) 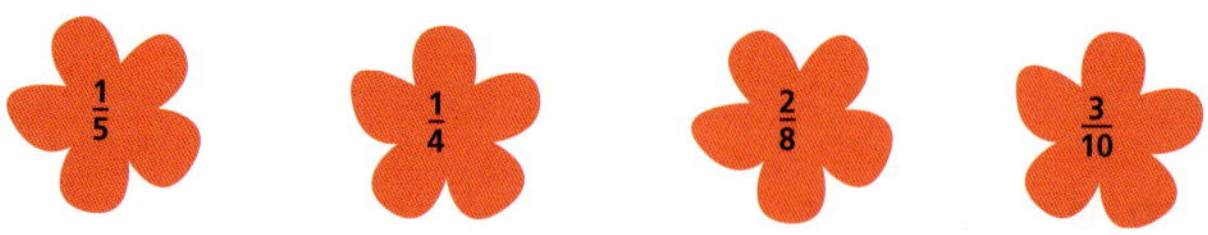

10. Berechne.
Kürze, wenn möglich, das Ergebnis.

a) $\frac{1}{3} + \frac{1}{5}$ $\qquad \frac{2}{6} + \frac{5}{9}$ $\qquad \frac{1}{10} + \frac{3}{4}$ $\qquad \frac{2}{7} + \frac{1}{3}$

b) $\frac{2}{3} + \frac{3}{5}$ $\qquad \frac{7}{12} + \frac{4}{15}$ $\qquad \frac{6}{8} + \frac{5}{6}$ $\qquad \frac{7}{10} + \frac{6}{15}$

c) $\frac{1}{2} + \frac{1}{4} + \frac{2}{5}$ $\qquad \frac{7}{9} + \frac{2}{3} + \frac{5}{6}$ $\qquad \frac{7}{15} + \frac{1}{3} + \frac{2}{9} + \frac{3}{5}$ $\qquad \frac{1}{2} + \frac{3}{4} + \frac{3}{10} + \frac{5}{8}$

11. Familie Hiller hat ein 480 m^2 großes Grundstück gekauft und möchte es bebauen.
Für das Wohnhaus sind $\frac{3}{8}$ der Gesamtfläche vorgesehen. Die Garage wird $\frac{1}{16}$, ein Gartenhäuschen $\frac{1}{6}$ und der Kinderspielplatz für Tom und Marie $\frac{1}{12}$ der Fläche einnehmen.
Gib sowohl die bebaute als auch die freie Fläche als Bruchteil an. Wie viele Quadratmeter sind das jeweils?

12. Ergänze den fehlenden Wert.

a) $\frac{1}{8}+\frac{\square}{6}=\frac{23}{24}$ $\frac{3}{15}+\frac{\square}{3}=\frac{8}{15}$ $\frac{1}{7}+\frac{\square}{5}=\frac{33}{35}$

b) $\frac{\square}{4}+\frac{6}{8}=1$ $\frac{\square}{5}+\frac{2}{6}=1\frac{2}{15}$ $\frac{\square}{2}+\frac{5}{10}=2$

c) $\frac{1}{6}+\square=\frac{9}{12}$ $\square+\frac{4}{5}=\frac{11}{12}$ $\square+\frac{3}{15}=\frac{7}{9}$

d) $\frac{1}{2}+\frac{2}{3}=\square$ $\frac{5}{50}+\frac{8}{50}=\frac{\square}{100}$ $\frac{1}{6}+\frac{1}{3}=\frac{12}{\square}$

13. Bestimme den Hauptnenner und rechne.

a) $\frac{3}{4}-\frac{1}{2}$ $\frac{3}{5}-\frac{3}{10}$ $\frac{5}{7}-\frac{9}{14}$ $\frac{7}{10}-\frac{2}{5}$ $\frac{3}{8}-\frac{1}{5}$

b) $\frac{11}{12}-\frac{3}{4}$ $\frac{2}{5}-\frac{3}{20}$ $\frac{5}{9}-\frac{1}{4}$ $\frac{9}{10}-\frac{4}{15}$ $\frac{17}{24}-\frac{1}{5}$

c) $\frac{2}{3}-\frac{1}{6}-\frac{1}{9}$ $\frac{23}{24}-\frac{2}{8}-\frac{1}{6}$ $\frac{1}{2}-\frac{1}{4}-\frac{1}{8}$ $\frac{29}{30}-\frac{1}{5}-\frac{3}{10}$ $\frac{3}{10}-\frac{3}{100}-\frac{3}{1000}$

14. Welche Subtraktionsaufgaben sind dargestellt? Löse sie, indem du die Brüche gleichnamig machst.

Beispiel:

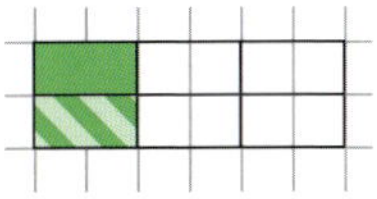

$\frac{1}{3}-\frac{1}{6}=\frac{2-1}{6}=\frac{1}{6}$

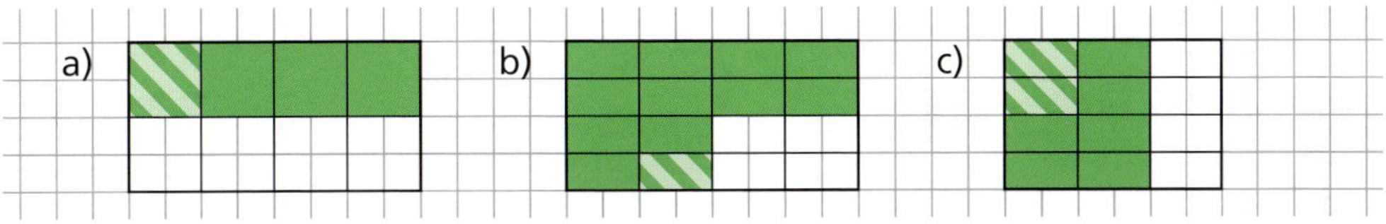

15. Subtrahiere jeweils den kleineren Bruch vom größeren.

a)

b)

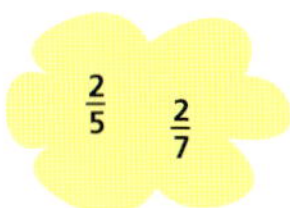

c)

d)

16. Berechne. Kürze, wenn möglich, das Ergebnis.

a) $\frac{3}{4}-\frac{1}{2}$ $\frac{3}{4}-\frac{1}{3}$ $\frac{3}{4}-\frac{3}{6}$ $\frac{3}{4}-\frac{3}{5}$

b) $\frac{3}{8}-\frac{1}{6}$ $\frac{3}{8}-\frac{1}{10}$ $\frac{3}{8}-\frac{1}{4}$ $\frac{3}{8}-\frac{2}{5}$

c) $\frac{5}{6}-\frac{4}{9}$ $\frac{4}{15}-\frac{3}{25}$ $\frac{5}{12}-\frac{3}{20}$ $\frac{7}{8}-\frac{4}{7}$

d) $\frac{7}{8}-\frac{1}{4}-\frac{1}{2}$ $\frac{14}{15}-\frac{2}{5}-\frac{1}{3}$ $\frac{20}{25}-\frac{1}{5}-\frac{3}{10}$ $\frac{2}{8}-\frac{1}{12}-\frac{2}{15}$

17. Ergänze jeweils den fehlenden Wert.

a) $\frac{6}{8} - \square = 0$ b) $\square - \frac{2}{3} = 1\frac{1}{12}$ c) $\frac{2}{9} - \square = \frac{1}{18}$

$\frac{3}{4} - \square = \frac{3}{8}$ $\square - \frac{2}{3} = \frac{1}{9}$ $\frac{7}{10} - \square = \frac{8}{15}$

$\frac{3}{4} - \square = \frac{1}{4}$ $\square - \frac{1}{7} = \frac{3}{28}$ $\frac{7}{9} - \square = \frac{11}{18}$

$\frac{8}{9} - \square = \frac{5}{9}$ $\square - \frac{1}{3} = \frac{23}{39}$ $\frac{2}{3} - \square = \frac{7}{15}$

18. Berechne.

a) $\frac{5}{8} - \frac{1}{4} + \frac{3}{16}$ b) $\frac{45}{100} + \frac{7}{10} - \frac{1}{5}$ c) $\frac{1}{12} - \frac{2}{5} + 3$

19. Berechne.

a) $1 + (\frac{3}{5} + \frac{2}{5})$ b) $1 - (\frac{3}{5} + \frac{2}{5})$ c) $1 - (\frac{3}{5} - \frac{2}{5})$

Addition und Subtraktion gemischter Zahlen

20. Berechne. Kürze, wenn möglich, das Ergebnis und gib es wieder als gemischte Zahl an.

a) $5\frac{4}{5} + 2\frac{2}{5}$ b) $7\frac{17}{18} - 6\frac{19}{18}$ c) $1\frac{4}{5} + 2\frac{1}{6}$ d) $2\frac{1}{2} - 1\frac{4}{6}$

$6\frac{3}{4} + 2\frac{1}{4}$ $45\frac{73}{89} - 8\frac{85}{89}$ $2\frac{1}{2} + 4\frac{3}{4}$ $3\frac{4}{5} - 2\frac{1}{10}$

$13\frac{5}{11} - 7\frac{8}{11}$ $127\frac{16}{19} + 203\frac{15}{19}$ $3\frac{7}{8} + 7\frac{1}{4}$ $5\frac{5}{8} - 3\frac{1}{4}$

$36\frac{19}{24} - 18\frac{10}{24}$ $168\frac{91}{118} - 78\frac{111}{118}$ $4\frac{1}{8} + 7\frac{1}{2}$ $4\frac{1}{12} - \frac{3}{4}$

21. Ergänze jeweils den fehlenden Wert.

a) $3\frac{1}{3} + \square = 6$ $2\frac{3}{7} + \square = 4\frac{1}{7}$ $7\frac{8}{13} - \square = 4\frac{12}{13}$ $2\frac{7}{11} - \square = \frac{8}{11}$

b) $6\frac{2}{3} + \square = 7\frac{13}{15}$ $\square + 3\frac{1}{4} = 9\frac{2}{3}$ $4\frac{3}{4} - \square = 3\frac{11}{12}$ $\square - 3\frac{1}{6} = 1\frac{1}{3}$

22. Berechne.
Hinweis: Beachte die Klammern.

a) $\frac{1}{4} + (\frac{5}{6} - \frac{2}{9})$ $2\frac{1}{2} + (1\frac{1}{4} - \frac{3}{8})$

b) $\frac{4}{9} + (\frac{2}{3} - \frac{1}{6})$ $3\frac{1}{2} + (\frac{3}{4} - \frac{1}{5})$

c) $(2\frac{1}{5} + 3\frac{5}{6}) - (2\frac{5}{6} + 3\frac{1}{5})$ $(4\frac{1}{3} + 2\frac{1}{7}) - (5\frac{1}{7} - 2\frac{1}{3})$

d) $10\frac{1}{8} - (2\frac{1}{2} + 3\frac{1}{5})$ $6\frac{1}{2} - (2\frac{1}{3} - \frac{7}{9})$

23. Schreibe die folgenden Aufgaben als Terme und rechne.

a) Bilde die Summe aus $4\frac{2}{5}$, $3\frac{1}{2}$ und $8\frac{2}{3}$.

b) Vermindere die Summe aus $4\frac{1}{8}$ und $2\frac{1}{4}$ um $5\frac{1}{6}$.

c) Subtrahiere $6\frac{2}{9}$ von 10.

d) Bilde die Summe aus $12\frac{3}{7}$, $16\frac{1}{14}$ und $21\frac{1}{2}$. Ergänze zu 80.

24. Ein Rechteck hat die Seitenlängen $6\frac{1}{3}$ cm und $2\frac{2}{3}$ cm.
Wie groß ist sein Umfang?
Welche Seitenlängen hat ein Quadrat mit gleichem Umfang?

3.6 Gemischte Aufgaben

Anteile über Anteile

1. Familie Sonnenschein hat 1 800 € in der Lotterie gewonnen. $\frac{1}{3}$ davon wird für neue Möbel verwendet; $\frac{1}{6}$ möchte Herr Sonnenschein für den Kauf eines Kultautos ausgeben. Lisa und Manuel Sonnenschein erhalten zusammen $\frac{1}{9}$ des Gewinns. Bleibt noch etwas vom Gewinn für den Urlaub übrig?

2. Katzenausstellung in Großmäusestadt:
Von 150 ausgestellten Katzen sind $\frac{2}{5}$ Siamkatzen und $\frac{1}{3}$ Perserkatzen; die restlichen Katzen sind Hauskatzen.

3. Klassenarbeit in der 5a:
Von 30 Schülerinnen und Schülern haben $\frac{1}{5}$ eine Eins, $\frac{3}{10}$ eine Zwei, $\frac{1}{3}$ eine Drei und $\frac{1}{6}$ eine Vier geschrieben.
Gibt es Kinder, die schlechter abschnitten?

Aus aller Welt

4. Im Juni 2000 besuchten etwa 480 000 Gäste die Hauptstadt Berlin.
$\frac{1}{4}$ der Besucher kamen aus dem Inland, $\frac{3}{4}$ aus dem Ausland.
Etwa $\frac{1}{20}$ der Gäste kamen aus den USA, $\frac{1}{40}$ aus Großbritanien, $\frac{1}{60}$ aus Japan und $\frac{1}{80}$ aus Italien.

5. Im Februar 1962 erlebte die Stadt Hamburg eine Sturmflut mit verheerenden Auswirkungen:
Von 100 000 Menschen wurden ca. $\frac{1}{3}$ obdachlos, $\frac{1}{50}$ mussten von Helfern aus den Fluten geborgen werden.
Dennoch kamen $\frac{1}{300}$ der Menschen ums Leben.

6. Island hat eine Gesamtfläche von 103 106 km^2.
$\frac{1}{6}$ davon ist bewirtschaftetes Land; $\frac{1}{10}$ Islands ist mit Gletschern bedeckt, $\frac{1}{5}$ mit Lavafeldern.

7. Dieser See in Schweden hat eine Gesamtfläche von 24 km^2 und liegt in einem Naturschutzgebiet.
Rund $\frac{3}{8}$ der Fläche des Sees entfallen auf viele kleine Inseln; der Rest ist Wasser. $\frac{5}{12}$ der Fläche sind Vogelschutzgebiet.

Was es sonst noch Interessantes gibt

8. Die Erde hat eine Gesamtoberfläche von ca. 510 Mio. km^2. Etwa $\frac{2}{3}$ davon bestehen aus Wasser, nur ungefähr $\frac{1}{3}$ ist Land.
Gib die Anteile von Wasser und Land in Quadratkilometer an.

9. Der Gepard gehört zu den schnellsten Tiere der Erde. Kurzzeitig kann er eine Geschwindigkeit von 120 $\frac{km}{h}$ erreichen.
Wie lange benötigt er für einen Kilometer? Gib die Zeit als Anteil einer Stunde sowie in Sekunden an.

10. Lebensmittel bestehen zu einem erheblichen Teil aus Wasser.
So enthalten 1 200 g Weißbrot etwa 400 g Wasser, in der gleichen Menge Rindfleisch sind es sogar 800 g.
Wenn du eine Banane (etwa 100 g) isst, so sind etwa $\frac{3}{4}$ davon Wasser; bei der gleichen Menge Pilze wären es $\frac{9}{10}$.

11. Der Winterschlaf, den einige Tiere in der kalten Jahreszeit halten, ist unterschiedlich lang. So verschläft ein Hamster etwa drei Monate, ein Igel etwa ein Vierteljahr und beim Siebenschläfer sind es sogar $\frac{7}{12}$ eines Jahres.

12. Ein alter Beduine möchte seinen Söhnen 19 Kamele vererben. Der erste Sohn soll die Hälfte, der zweite den vierten Teil und der dritte den fünften Teil der Kamelherde bekommen.
Die drei Brüder stritten sich lange Zeit, weil sie nicht wussten, wie sie das bewerkstelligen sollten. Schließlich wollten sie keines der wertvollen Tiere töten. Endlich kam einer der Brüder auf die Idee, den weisen Derwisch um Rat zu fragen.
Kann der Derwisch die 19 Kamele nach dem Wunsch des Vaters aufteilen?

Und nochmals etwas mehr Mathematik

13. Finde für a, b, c und d jeweils drei verschiedene Bruchdarstellungen.

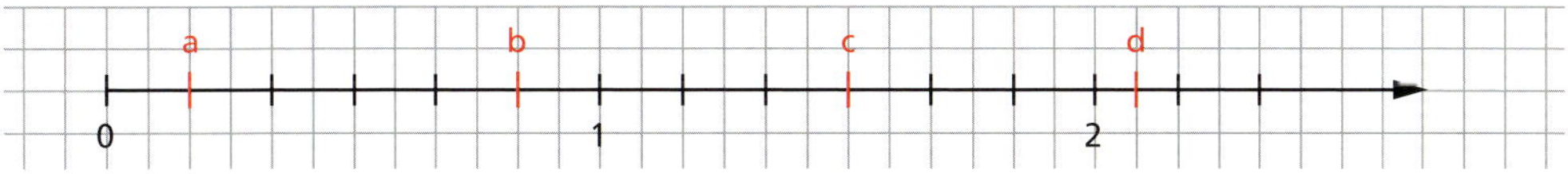

14. Ordne der Größe nach. Beginne jeweils mit dem kleinsten Bruch.
Nutze den Zahlenstrahl.

a) $\frac{7}{2}$; $\frac{7}{8}$; $\frac{5}{4}$; $\frac{6}{3}$; $2\frac{1}{2}$; $\frac{11}{8}$; $\frac{351}{100}$

b) $\frac{7}{10}$; $\frac{5}{10}$; $\frac{6}{100}$; $1\frac{1}{10}$; $\frac{500}{1000}$; $\frac{7}{100}$; $\frac{11}{10}$

15. Felix gratuliert seinem Opa zum 60. Geburtstag.
„Jetzt habe ich genau $\frac{5}{7}$ meines Lebens hinter mir", scherzt dieser.

16. Unter einem Dutzend versteht man 12 Stück. Weitere (heute allerdings kaum noch verwendete) Zählmaße sind das Gros, das Schock und die Mandel. Informiere dich, wie viel Stück das jeweils sind. Gib alle möglichen Umrechnungen zwischen den Zählmaßen Dutzend, Gros, Schock und Mandel an.

17. Übertrage die Tabelle in dein Heft und ergänze.

a	b	1 – a	a + b	b – a
$\frac{4}{9}$	$\frac{5}{9}$			
$\frac{2}{3}$	$\frac{11}{6}$			
$\frac{1}{12}$			$\frac{2}{3}$	
	$2\frac{3}{4}$			$\frac{7}{4}$
	$\frac{9}{10}$	$\frac{15}{100}$		

18. Von einem $8\frac{4}{5}$ m langen Brett werden erst $2\frac{1}{2}$ m und später noch einmal $1\frac{3}{4}$ m abgesägt.
Wie lang ist das Brett dann noch?

19. Der Lastwagen der Firma Jahnke kann 8 t Ladung transportieren. Er fährt in Berlin mit $3\frac{1}{2}$ t Ladung los. In Hamburg lädt er $2\frac{1}{5}$ t dazu, in Flensburg noch einmal $2\frac{3}{10}$ t.
Darf er das?

20. Frau Jansen kauft im Supermarkt $\frac{1}{2}$ kg Hähnchenbrustfilet, $\frac{1}{4}$ kg Salami, $\frac{1}{8}$ kg feine Leberwurst und für ihren Hund Robby $\frac{3}{4}$ kg Pansen.
Wie viel Kilogramm sind das zusammen?

21. Zum Sommerfest der Klasse 5 c verdünnt Clara $2\frac{3}{8}$ *l* Sirup mit $5\frac{1}{4}$ *l* Wasser.
Wie viel Liter Mixgetränk ergibt diese Mischung?
Lisa bringt gleich acht Literflaschen Mineralwasser mit und verdünnt mit diesem $3\frac{1}{2}$ *l* Apfelsaft und $2\frac{3}{4}$ *l* Grapefruitsaft.
Wie viel Liter Getränk mixt Lisa?
Wie viel Liter Getränke stehen insgesamt zur Verfügung?

22. Berechne und ordne die Ergebnisse der Aufgaben den Lösungsbuchstaben zu.
Du erhältst einen Lösungssatz. Sage diesen schnell dreimal hintereinander auf.

1. $3 - 2\frac{2}{3}$	**9.** $\frac{5}{9} - \frac{2}{9}$	**17.** $\frac{31}{36} - \frac{1}{9}$	**25.** $2\frac{3}{8} + \frac{7}{8}$	**33.** $1\frac{29}{42} - \frac{6}{7}$
2. $1\frac{1}{10} - \frac{7}{10}$	**10.** $\frac{9}{20} - \frac{1}{5}$	**18.** $5\frac{5}{8} - 3\frac{1}{8}$	**26.** $\frac{9}{10} - \frac{3}{20}$	**34.** $\frac{9}{14} - \frac{1}{7}$
3. $\frac{13}{15} - \frac{1}{5}$	**11.** $2\frac{1}{6} - 1\frac{1}{2}$	**19.** $\frac{7}{22} + \frac{2}{11}$	**27.** $\frac{7}{11} - \frac{3}{22}$	**35.** $\frac{17}{36} + 2\frac{7}{9}$
4. $\frac{1}{2} + \frac{3}{12}$	**12.** $\frac{6}{8} - \frac{3}{4}$	**20.** $1\frac{5}{12} - \frac{3}{4}$	**28.** $1\frac{7}{20} - \frac{3}{5}$	**36.** $\frac{2}{9} + \frac{2}{18}$
5. $4\frac{1}{4} - 1\frac{3}{4}$	**13.** $\frac{4}{7} - \frac{5}{21}$	**21.** $2\frac{5}{24} - 1\frac{3}{8}$	**29.** $\frac{5}{28} + \frac{4}{7}$	**37.** $\frac{1}{5} + \frac{3}{10}$
6. $\frac{5}{6} - \frac{1}{3}$	**14.** $1\frac{1}{12} - \frac{5}{6}$	**22.** $5\frac{5}{6} - 3\frac{1}{3}$	**30.** $1\frac{5}{16} - \frac{9}{16}$	**38.** $2\frac{1}{6} - 1\frac{1}{2}$
7. $\frac{11}{20} + \frac{1}{5}$	**15.** $2\frac{1}{3} - 1\frac{1}{2}$	**23.** $\frac{16}{21} - \frac{3}{7}$	**31.** $8\frac{1}{10} - 5\frac{3}{5}$	
8. $1\frac{1}{12} - \frac{1}{3}$	**16.** $\frac{7}{10} - \frac{1}{5}$	**24.** $1\frac{3}{4} - \frac{6}{8}$	**32.** $\frac{11}{12} - \frac{5}{12}$	

A	E	I	B	D	L	K	N	P	R	T
$\frac{1}{2}$	$\frac{1}{3}$	$\frac{2}{5}$	1	0	$2\frac{1}{2}$	$\frac{5}{6}$	$\frac{2}{3}$	$\frac{3}{4}$	$\frac{1}{4}$	$3\frac{1}{4}$

23. Susanna war am Nachmittag $3\frac{1}{2}$ Stunden im Freibad und verbrachte danach $1\frac{3}{4}$ Stunden mit ihrer Freundin Marie. Als sie nach Hause kommt, stellt Vater fest: „Heute warst du ja sogar noch $2\frac{1}{4}$ Stunde länger weg als gestern!“
Wie lange war Susanna heute unterwegs? Wie lange gestern?

24. Gib den Unterschied zwischen $\frac{5}{6}$ h und $\frac{4}{5}$ h in Minuten an.

25. „Ich hätte gern anderthalb Pfund Rindfleisch zum Braten“, sagt Oma Krause an der Bedientheke des Supermarktes, „etwa jenes Stück dort.“
Azubi Jacqueline greift das Stück, legt es auf die Waage, diese zeigt 820 g an.
Was nun?

Teste dich selbst!

1. Benenne die gefärbten Anteile mit unterschiedlichen Brüchen.

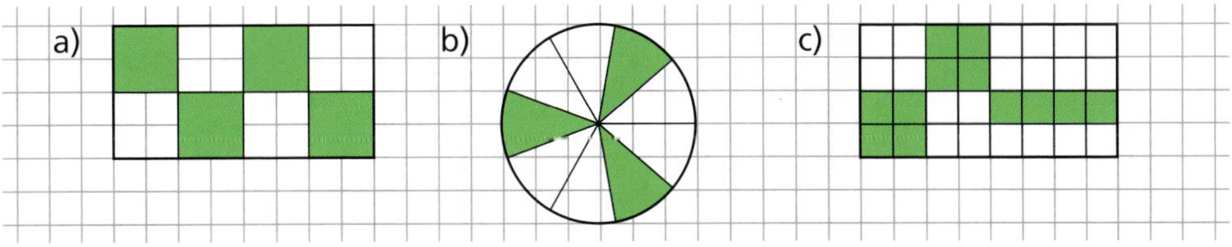

2. Berechne.

a) $\frac{1}{9}$ von 333 b) $\frac{7}{15}$ von 435 c) $\frac{3}{8}$ von 160 d) $\frac{2}{17}$ von 374

3. Gib die fehlenden Werte x, y bzw. z an, wenn gilt:

a) x von 8 sind 4; b) y von 96 sind 24; c) z von 100 sind 30.

4. Gib in Gramm an.

a) $\frac{1}{2}$ kg b) $\frac{1}{4}$ kg c) $\frac{2}{5}$ kg d) $\frac{5}{8}$ kg e) $1\frac{1}{5}$ kg f) $2\frac{3}{4}$ kg

5. Familie Schönfeld fährt mit dem Auto nach Österreich in den Urlaub und muss dazu insgesamt 1 500 km zurücklegen.
Nach einem Drittel der Strecke ruft Mutter bei Oma und Opa an. Nach $\frac{7}{10}$ der Strecke entdecken die Kinder Falko und Sina einen herrlichen See, in dem sie unbedingt baden möchten. Nach $\frac{14}{15}$ der Strecke gönnen sich alle einen leckeren Apfelstrudel. Nun ist es nicht mehr weit bis zum Ziel …

6. Pia und Jens zählen die Autos auf dem Parkplatz. Es sind genau 90; $\frac{1}{3}$ davon sind rot, $\frac{1}{6}$ blau. $\frac{7}{18}$ der Autos sind schwarz.
Wie viele Autos haben eine andere Farbe?
Nenne die Anzahl sowie den Anteil als Bruch.

7. Gib die fehlenden Werte an.

a) $180 \xrightarrow{\cdot \frac{7}{9}} x$ b) $91 \xrightarrow{\cdot \frac{2}{13}} y$ c) $a \xrightarrow{\cdot \frac{2}{3}} 66$ d) $c \xrightarrow{\cdot \frac{2}{3}} 80$

8. Was fehlt noch an einem Ganzen?

a) $\frac{2}{5}$ b) $\frac{3}{4}$ c) $\frac{6}{6}$ d) $\frac{25}{60}$ e) $\frac{93}{100}$ f) $\frac{7}{86}$

9. Du siehst hier jeweils nur Teile eines Ganzen. Übertrage die Figuren in dein Heft und vervollständige sie. Es gibt verschiedene Möglichkeiten.

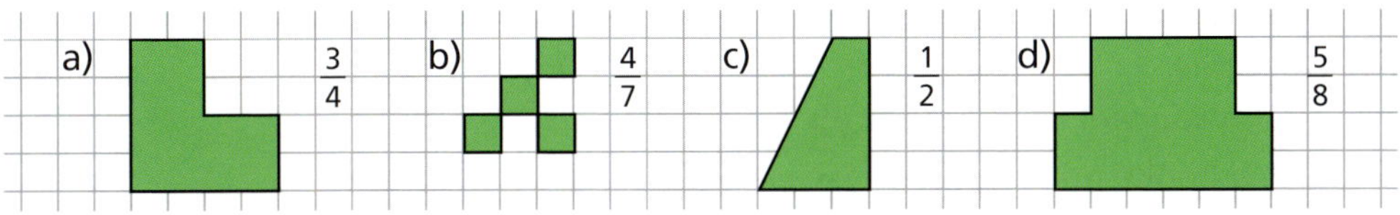

10. Wandle in unechte Brüche um.

a) $3\frac{1}{2}$ b) $5\frac{5}{7}$ c) $2\frac{1}{4}$ d) $10\frac{1}{10}$ e) $25\frac{3}{4}$ f) $19\frac{5}{6}$

11. Wandle in natürliche oder gemischte Zahlen um.

a) $\frac{17}{2}$ b) $\frac{88}{8}$ c) $\frac{105}{13}$ d) $\frac{200}{30}$ e) $\frac{156}{14}$ f) $\frac{199}{10}$

12. Erweitere $\frac{5}{6}$ mit 2, 3, 5, 12, 60 und 100.

13. Kürze die folgenden Brüche soweit wie möglich.

a) $\frac{36}{100}$ b) $\frac{72}{180}$ c) $\frac{150}{60}$ d) $\frac{75}{625}$ e) $\frac{123}{108}$ f) $\frac{234}{999}$

14. Addiere zu den gegebenen Brüchen jeweils $\frac{2}{3}$.

a) $\frac{1}{3}$ $\frac{7}{3}$ $\frac{5}{6}$ b) $\frac{5}{12}$ $\frac{7}{15}$ $\frac{11}{18}$ c) $\frac{1}{10}$ $\frac{4}{11}$ $\frac{7}{8}$

15. Subtrahiere von den gegebenen Brüchen jeweils $\frac{1}{6}$.

a) $\frac{5}{6}$ $\frac{13}{6}$ $\frac{2}{3}$ b) $\frac{11}{12}$ $\frac{18}{24}$ $\frac{5}{30}$ c) $\frac{1}{4}$ $\frac{4}{5}$ $\frac{7}{8}$

16. Ein Rechteck mit den Seiten a und b hat einen Umfang von $11\frac{1}{2}$ m. Die Seite a ist $2\frac{1}{4}$ m lang. Welche Länge hat die Seite b des Rechtecks?

17. Lisa, Kevin und Lars sparen für ein Indianerzelt, das sie im Kaufhaus für 240 € gesehen haben. Die Eltern wollen $\frac{1}{4}$ des Betrages dazu geben, $\frac{1}{8}$ spendiert Opa, und $\frac{1}{12}$ haben die Kinder sich durch Austragen von Zeitungen selbst verdient.
Wie viel Euro fehlen ihnen noch? Gib alle Anteile in Euro an.

18. Berechne.

a) $\frac{4}{5} + (\frac{1}{2} + \frac{2}{3})$ b) $(\frac{2}{7} + \frac{2}{8}) + \frac{1}{4}$ c) $\frac{1}{6} + (\frac{2}{3} + \frac{1}{4}) + \frac{3}{5}$

d) $\frac{3}{4} - (\frac{1}{2} + \frac{1}{4})$ e) $\frac{7}{8} - (\frac{1}{2} - \frac{1}{3})$ f) $(\frac{3}{8} + \frac{3}{8}) - (\frac{1}{5} + \frac{1}{5})$

Denke daran: Was in Klammern steht, wird als Erstes berechnet!

19. Übernimm die Tabelle in dein Heft und berechne die fehlenden Werte.

a)

+	$\frac{1}{3}$	$\frac{5}{6}$	$1\frac{1}{3}$	$\frac{3}{4}$	$1\frac{1}{2}$
$\frac{3}{4}$					
$\frac{1}{5}$					
$\frac{3}{10}$					

b)

–	$\frac{1}{3}$	$\frac{3}{4}$	$1\frac{1}{6}$	$\frac{7}{8}$	$\frac{5}{12}$
$\frac{5}{2}$					
$\frac{18}{5}$					
$1\frac{3}{4}$					

20. Berechne.

a) Um wie viel ist $\frac{2}{3}$ größer als $\frac{3}{5}$?
b) Ich denke mir eine Zahl. Sie ist um ein Viertel kleiner als 12.
c) Mario läuft eine Strecke in $10\frac{1}{2}$ Sekunden. Lisa braucht $1\frac{1}{10}$ Sekunden länger.
d) Jens trägt in den Sommerferien Zeitungen aus:
Am Montag arbeitet er $2\frac{1}{2}$ Stunden, am Dienstag und Mittwoch je $1\frac{3}{4}$ Stunden, am Donnerstag $1\frac{1}{2}$ Stunden und am Freitag und Samstag je $2\frac{1}{4}$ Stunden.
Am Sonntag geht er mit Janina ins Schwimmbad.

Rechnen mit Bruchstreifen

Wir basteln uns ein einfaches Rechenhilfsmittel

Zeichnet auf festen Karton zwölf Streifen (Rechtecke) jeweils mit einer Länge von 240 mm und einer Breite von 15 mm. Teilt jeweils *einen* Streifen in 2, 4, 10 bzw. 15 gleich große Teile und jeweils *zwei* Streifen in 3, 5, 6 bzw. 8 gleich große Teile. Malt die Streifen verschiedenfarbig aus (nur Streifen mit gleicher Aufteilung erhalten dieselbe Farbe). Notiert auf jedem Streifenteil den Bruchanteil und schneidet die einzelnen Teile aus. Dies ist euer **Arbeitsmaterial,** bewahrt es in einem Briefumschlag auf.

Zeichnet auf einem anderen Bogen wiederum zwölf Streifen. Teilt diese in jeweils 2, 3, 4, 5, 6, 8, 10, 12, 15, 16, 20 und 24 Teile auf. Schreibt jeweils in das *erste* Streifenteil den entsprechenden Bruch, damit ihr später beim Arbeiten nicht jedes Mal neu auszählen müsst.
Dies ist eure **Arbeitsvorlage** (färbt nichts und schneidet nichts aus).

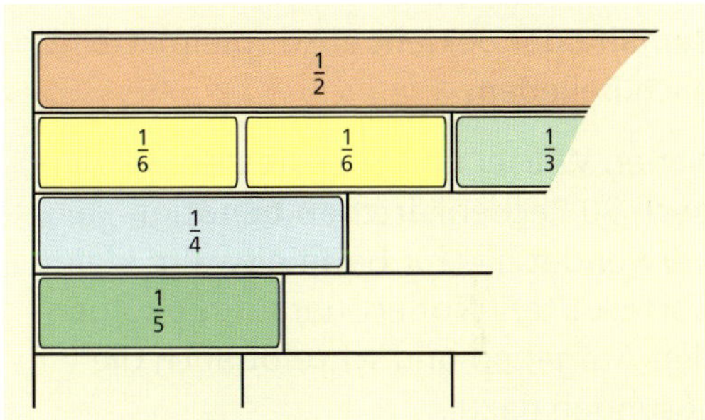

Wir rechnen mit den Streifen (Gruppen- bzw. Partnerarbeit)

Löst die folgenden Aufgaben mithilfe der Streifenteile und der Vorlage. Formuliert auch eigene Aufgaben.

1. Findet möglichst viele Bezeichnungen für ein und denselben Bruchanteil.
Beispiel: $\frac{1}{2} = \frac{2}{4} = \frac{4}{8} = \dots$

2. Vergleicht und setzt für □ jeweils das richtige Zeichen (<, = bzw. >) ein.

a) $\frac{2}{4}$ □ $\frac{3}{12}$ | $\frac{4}{10}$ □ $\frac{1}{2}$ | $\frac{2}{6}$ □ $\frac{4}{10}$ | $\frac{2}{5}$ □ $\frac{4}{10}$ | $\frac{1}{3}$ □ $\frac{3}{15}$

b) $\frac{2}{3}$ □ $\frac{4}{6}$ | $\frac{15}{24}$ □ $\frac{5}{8}$ | $\frac{3}{8}$ □ $\frac{4}{10}$ | $\frac{3}{5}$ □ $\frac{1}{2}$ | $\frac{3}{6}$ □ $\frac{2}{3}$

c) $\frac{1}{3}$ □ $\frac{5}{15}$ | $\frac{4}{10}$ □ $\frac{1}{3}$ | $\frac{2}{3}$ □ $\frac{6}{15}$ | $\frac{2}{2}$ □ $\frac{15}{15}$ | $\frac{6}{8}$ □ $\frac{5}{10}$

3. Ermittelt die Ergebnisse durch Legen. Notiert die Lösungen und vergleicht sie.

a) $\frac{2}{4} + \frac{1}{2}$ | $\frac{3}{8} + \frac{1}{2}$ | $\frac{2}{6} + \frac{1}{3}$ | $\frac{2}{5} + \frac{4}{10}$ | $\frac{1}{3} + \frac{2}{3}$

b) $\frac{1}{8} + \frac{1}{4}$ | $\frac{1}{2} + \frac{1}{6}$ | $\frac{1}{8} + \frac{5}{8}$ | $\frac{1}{5} + \frac{7}{15}$ | $\frac{3}{6} + \frac{2}{3}$

c) $\frac{5}{6} - \frac{3}{4}$ | $\frac{1}{6} - \frac{1}{8}$ | $\frac{4}{5} - \frac{1}{3}$ | $\frac{2}{3} - \frac{1}{4}$ | $\frac{4}{6} - \frac{2}{3}$

4. Ergänzt jeweils den fehlenden Bruch. Überlegt, wie man am sinnvollsten vorgeht. Notiert die Lösungen und vergleicht eure Ergebnisse.

a) $\frac{1}{2} + x = \frac{3}{4}$ | $\frac{1}{4} + y = \frac{3}{8}$ | $\frac{1}{2} + a = \frac{4}{8}$ | $\frac{3}{8} + b = \frac{3}{4}$ | $\frac{1}{2} + c = \frac{7}{10}$

b) $\frac{1}{2} + x = \frac{2}{3}$ | $\frac{1}{3} + z = \frac{6}{12}$ | $\frac{5}{15} + a = 1$ | $\frac{2}{6} + b = \frac{3}{4}$ | $\frac{1}{5} + c = \frac{4}{15}$

c) $1 - a = \frac{6}{10}$ | $x - \frac{4}{16} = \frac{1}{4}$ | $\frac{2}{8} - y = \frac{1}{16}$ | $\frac{7}{10} - z = \frac{1}{2}$ | $\frac{15}{20} - z = \frac{3}{15}$

Spielend lernen – „Das verflixte Quadrat"

Vorbereitung

Stellt aus festem Karton eine Spielplatte her. Zeichnet darauf als Spielfelder etwa 40 Kreise und 12 Quadrate, die den Weg vom Start zum Ziel darstellen (siehe Bild). Zusätzlich könnt ihr noch Pfeile zwischen Feldern eintragen, die den Spieler vor- bzw. zurückschicken.
Bemalt oder beklebt eure Spielplatte nun nach Belieben.

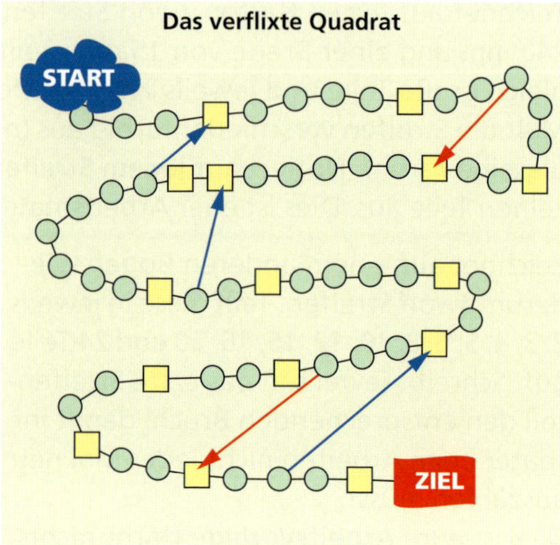

Neben Würfel und Spielsteinen werden noch 30 Rechenkärtchen benötigt. Verwendet hierfür beispielsweise kleine Karteikarten. Notiert darauf die folgenden Aufgaben und schreibt auch die Lösungen dazu.
Hinweis: Ihr könnt auch weitere Spielkarten mit eigenen Aufgaben anfertigen.

Wandle um: $8\frac{1}{2}$	Kürze durch 3: $\frac{15}{99}$	Erweitere mit 9: $\frac{4}{15}$	kgV (2; 4; 8)	$\square - \frac{2}{3} = 1\frac{1}{6}$
Wandle um: $5\frac{3}{7}$	Kürze durch 8: $\frac{40}{88}$	Erweitere mit 12: $\frac{2}{9}$	$\frac{1}{2} + \frac{2}{3}$	$1\frac{4}{5} + 2\frac{1}{6}$
Wandle um: $4\frac{9}{11}$	Kürze durch 7: $\frac{49}{56}$	Erweitere mit 16: $\frac{3}{4}$	$\frac{5}{8} + \frac{1}{4}$	$2\frac{1}{2} - 1\frac{4}{6}$
Wandle um: $\frac{49}{6}$	Kürze vollständig: $\frac{10}{25}$	ggT (6; 9)	$\frac{7}{9} - \frac{2}{3}$	$1\frac{2}{7} - 1\frac{4}{14}$
Wandle um: $\frac{55}{9}$	Kürze vollständig: $\frac{17}{51}$	ggT (12; 20)	$\frac{9}{10} - \frac{4}{5}$	$1\frac{1}{2} - \frac{3}{4}$
Wandle um: $\frac{108}{12}$	Kürze vollständig: $\frac{36}{72}$	kgV (13; 91)	$1\frac{1}{2} + \square = 2\frac{3}{4}$	$2\frac{3}{5} + \frac{4}{10}$

Das Spiel

Jeder Spieler, der mit seinem Stein auf ein Quadrat kommt, muss eine Aufgabe lösen, die vom Spielleiter aus dem gut gemischten Stapel gezogen wird. Löst er sie nicht, muss er einmal aussetzen.
Einigt euch *vor* dem Spiel über weiteren Regeln (z. B. auf welche Art ihr anfangen wollt, ob rausgeworfen werden darf usw.).

Zusammenfassung

Ein **Bruch** ist ein Teil von einem Ganzen.

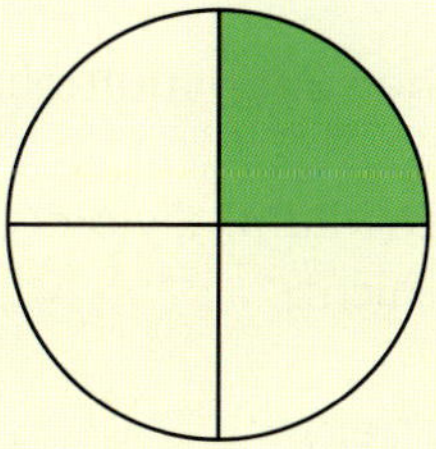

$\frac{1}{4}$ → $1:4$

$\frac{1}{2}$ ist die Hälfte eines Ganzen.

$\frac{1}{3}$ ist der dritte Teil eines Ganzen.

$\frac{1}{10}$ ist der zehnte Teil eines Ganzen.

$\frac{1}{100}$ ist der hundertste Teil eines Ganzen.

Brüche sind Ergebnisse von Divisionsaufgaben.

B $3:4 = \frac{3}{4}$ $\quad 5:6 = \frac{5}{6}$ $\quad 12:100 = \frac{12}{100}$

Ein Bruch besteht aus zwei natürlichen Zahlen a und b, die durch einen Bruchstrich voneinander getrennt sind. Die über dem Bruchstrich stehende Zahl a heißt **Zähler,** die unter dem Bruchstrich stehende Zahl b **Nenner** des Bruches.

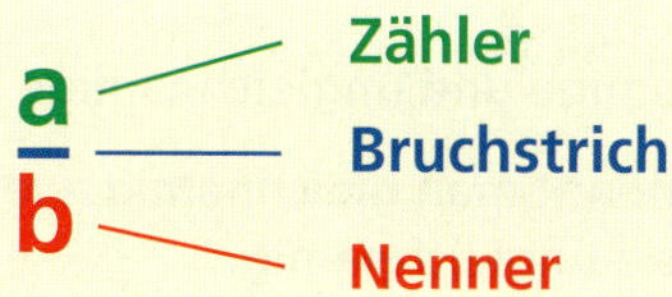

Merke: Der Nenner eines Bruches darf nicht 0 sein.

Ein Bruch mit dem Zähler „1“ heißt **Stammbruch.**	$\frac{1}{2}; \frac{1}{4}; \frac{1}{5}; \frac{1}{7}; \frac{1}{10}; \ldots$
Brüche mit gleichem Nenner heißen **gleichnamig.**	$\frac{1}{10}; \frac{5}{10}; \frac{16}{10}; \frac{300}{10}; \ldots$
Bei einem **echten Bruch** ist der Zähler kleiner als der Nenner (a < b).	$\frac{1}{8}; \frac{3}{10}; \frac{4}{5}; \frac{2}{3}; \frac{99}{100}; \ldots$
Bei einem **unechten Bruch** ist der Zähler größer als der Nenner oder genau so groß wie dieser (a > b bzw. a = b).	$\frac{5}{4}; \frac{8}{5}; \frac{9}{7}; \frac{101}{100}; \frac{3}{3}; \ldots$
Eine **gemischte Zahl** besteht aus einer natürlichen Zahl und einem echten Bruch.	$5\frac{3}{4}, 2\frac{1}{2}, 3\frac{1}{2}, 2\frac{1}{3}, \ldots$

Gemischte Zahlen sind eine andere Schreibweise für unechte Brüche. Jede gemischte Zahl lässt sich in einen unechten Bruch umwandeln.

B $1\frac{1}{2} = 1 + \frac{1}{2} = \frac{3}{2}$ $\quad 8\frac{5}{6} = 8 + \frac{5}{6} = \frac{48}{6} + \frac{5}{6} = \frac{53}{6}$

Umgekehrt lässt sich auch jeder unechte Bruch als gemischte Zahl (Summe aus einer natürliche Zahl und einem echten Bruch) darstellen.

Erweitern und Kürzen von Brüchen

Erweitern von Brüchen heißt:
Zähler und Nenner werden mit derselben (von null verschiedenen Zahl) multipliziert.
Kürzen von Brüchen heißt:
Zähler und Nenner werden durch dieselbe (von null verschiedene Zahl) dividiert.
Der Wert des Bruches ändert sich beim Erweitern bzw. Kürzen nicht.

B $\frac{2}{3} = \frac{2 \cdot 8}{3 \cdot 8} = \frac{16}{24}$ (Erweitern) $\frac{14}{21} = \frac{14 : 7}{21 : 7} = \frac{2}{3}$ (Kürzen)

Ein Bruch ist **vollständig gekürzt,** wenn Zähler und Nenner keinen gemeinsamen Teiler mehr haben. Um einen Bruch vollständig zu kürzen, bestimmen wir den größten gemeinsamen Teiler (ggT) von Zähler und Nenner und kürzen durch diesen.

B $\frac{16}{24}$ ist vollständig zu kürzen.
ggT(16; 24) = 8 $\Rightarrow \frac{16}{24} = \frac{16 : 8}{24 : 8} = \frac{2}{3}$

Gleichnamige und ungleichnamige Brüche

Brüche nennt man **gleichnamig,** wenn sie den gleichen Nenner haben. Ansonsten heißen sie **ungleichnamig.**

B $\frac{2}{5}; \frac{3}{5}; \ldots; \frac{8}{5}; \frac{11}{5}; \ldots$ (gleichnamige Brüche)
$\frac{2}{5}; \frac{4}{10}; \ldots; \frac{8}{7}; \frac{6}{20}; \ldots$ (ungleichnamige Brüche)

Ungleichnamige Brüche (d.h. Brüche mit unterschiedlichen Nennern) können durch Erweitern gleichnamig gemacht werden. Es ist günstig, mit dem kleinsten gemeinsamen Vielfachen (kgV) der einzelnen Nenner, dem **Hauptnenner,** zu erweitern.

B Es ist der Hauptnenner der Brüche $\frac{2}{3}; \frac{5}{12}; \frac{7}{20}$ zu bestimmen.
kgV(3; 12; 20) = $3 \cdot 4 \cdot 5 = 60$

Addition und Subtraktion von Brüchen

Gleichnamige Brüche werden addiert (subtrahiert), indem man ihre Zähler addiert (subtrahiert) und den Nenner beibehält.

B $\frac{3}{8} + \frac{7}{8} = \frac{3+7}{8} = \frac{10}{8} = \frac{5}{4}$ $\frac{7}{8} - \frac{3}{8} = \frac{7-3}{8} = \frac{4}{8} = \frac{1}{2}$

Ungleichnamige Brüche werden addiert (subtrahiert), indem man sie gleichnamig macht und dann addiert (subtrahiert).

B $\frac{1}{8} + \frac{5}{6} = \frac{3}{24} + \frac{20}{24} = \frac{20+3}{24} = \frac{23}{24}$ $\frac{7}{6} - \frac{7}{18} = \frac{21}{18} - \frac{7}{18} = \frac{21-7}{18} = \frac{14}{18} = \frac{7}{9}$

4 Dezimalbrüche

Wie weiter?

Während einer Klassenfahrt unternehmen die Schülerinnen und Schüler der 5b eine ausgedehnte Wanderung. Nachdem sie ihr Ziel errecht haben, wollen sie möglichst schnell wieder in ihre Herberge zurück. Zum Glück sind für die verschiedenen Wege die Zeiten angegeben: 1,5 h; $1\frac{1}{4}$; 1h 50 min. Welchen Weg sollten sie nehmen?

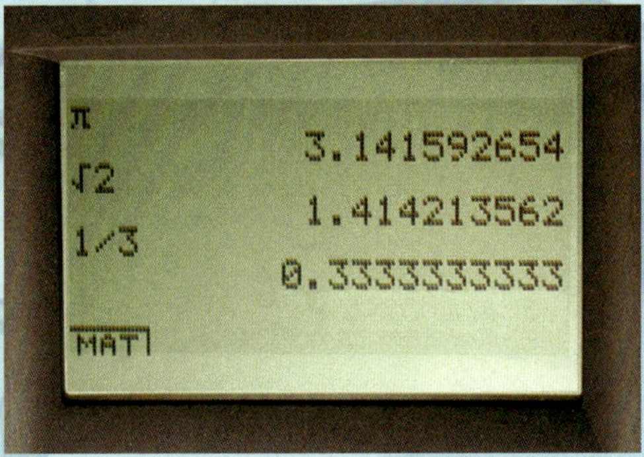

Taschenrechneranzeige

Susanne und Martin erkunden den Taschenrechner ihrer großen Schwester Daniela. Die für π und $\sqrt{2}$ angegebenen Werte finden sie ja noch ganz o.k. – soll es sich doch hierbei um so genannte irrationale Zahlen handeln. Aber, dass $\frac{1}{3}$ = 0,3333333333 sein soll?

Berlin-Marathon

Am Berlin-Marathon der Inline-Skater nahmen im September 2003 insgesamt 9 612 Athleten teil. Die Strecke führte über die klassische Distanz von 42,195 km. Der aus Kolumbien stammende Sieger benötigte dafür eine Zeit von 1:02:03 Stunden.
Die Strecke des jeweils im Frühjahr ausgetragenen Berliner Halbmarathons ist 21,0975 km lang.
Welche Siegerzeit ist etwa zu erwarten?

Zehnerbrüche

Brüche, deren Nenner eine Potenz von 10 ist, heißen **Zehnerbrüche.**

B $\frac{3}{10}$ $\quad \frac{5}{100} = \frac{5}{10^2}$ $\quad \frac{473}{1000} = \frac{473}{10^3}$ $\quad \dots$

Enthält der Nenner eines Bruches nur die Primfaktoren 2 und 5, so lässt sich dieser Bruch zu einem Zehnerbruch erweitern.

B $\frac{3}{20} = \frac{3}{2 \cdot 2 \cdot 5} = \frac{3 \cdot 5}{2 \cdot 2 \cdot 5 \cdot 5} = \frac{15}{100}$ $\quad \frac{6}{125} = \frac{6}{5 \cdot 5 \cdot 5} = \frac{6 \cdot 2 \cdot 2 \cdot 2}{5 \cdot 5 \cdot 5 \cdot 2 \cdot 2 \cdot 2} = \frac{48}{1000}$

Vorsätze bei Einheiten von Größen

Vorsatz	Bedeutung	Faktor
Kilo (k)	Tausend(faches)	1 000
Hekto (h)	Hundert(faches)	100
Dezi (d)	Zehntel	$\frac{1}{10}$
Zenti (c)	Hundertstel	$\frac{1}{100}$
Milli (m)	Tausendstel	$\frac{1}{1000}$

B 1 kg = 1 000 g $\quad$ 1 hl = 100 *l* $\quad$ 1 dm = $\frac{1}{10}$ m $\quad$ 1 cl = $\frac{1}{100}$ *l* $\quad$ 1 mg = $\frac{1}{1000}$ g

Aufgaben

1. Welche der Stammbrüche $\frac{1}{2}; \frac{1}{3}; \frac{1}{4}; \dots; \frac{1}{25}$ lassen sich zu Zehnerbrüchen erweitern?

2. Erweitere, falls möglich, die folgenden Brüche zu Zehnerbrüchen.
a) $\frac{1}{5}; \frac{1}{32}; \frac{1}{80}$ b) $\frac{3}{4}; \frac{2}{3}; \frac{17}{50}$ c) $\frac{33}{15}; \frac{17}{50}; 3\frac{1}{4}$

3. Kürze die folgenden Zehnerbrüche so weit wie möglich.
a) $\frac{4}{10}; \frac{75}{100}; \frac{98}{100}$ b) $\frac{222}{1000}; \frac{125}{100}; \frac{80}{10}$ c) $\frac{64}{100}; \frac{875}{1000}; \frac{8750}{1000}$

4. Wandle jeweils in die in Klammern angegebene Maßeinheit um.

a)	12 m (dm)	39 cm (mm)	134 dm (mm)	65 km (m)	17 m (cm)
b)	2 t (kg)	66 g (mg)	33 kg (g)	54 hl (*l*)	5 *l* (ml)
c)	1 d (h)	2 d (h)	3 h (min)	$\frac{3}{4}$ min (s)	$1\frac{1}{2}$ a (Monate)

5. Wandle in die nächstgrößere Maßeinheit um. Verwende gegebenenfalls die Bruchschreibweise.

a)	7 000 m	80 dm	25 cm	75 dm	7 mm
b)	30 min	45 s	6 h	90 min	15 s
c)	500 ml	750 hl	250 g	600 kg	50 g

4.1 Brüche in dezimaler Schreibweise

Begriff des Dezimalbruchs

In unserer Umwelt treffen wir häufig auf Zahlen in Kommaschreibweise (so genannte Kommazahlen oder Dezimalbrüche).

Beim Kugelstoßen der Männer ist beispielsweise eine Kugel vorgeschrieben, die eine Masse von 7,257 kg (rund $7\frac{1}{4}$ kg) hat und deren Radius zwischen 5,5 cm und 6,5 cm liegt. Der Durchmesser des Kugelstoßringes soll 2,135 m betragen.
Die Weiten selbst werden auf Zentimeter genau angegeben. Der erste Weltrekord ist mit 15,54 m notiert.
1988 stieß der deutsche Athlet ULF TIMMERMANN (siehe Bild) als Erster die Kugel über 23 m (23,06 m) und wurde im gleichen Jahr Olympiasieger in Seoul.

M Zahlen mit einem Komma werden **Dezimalzahlen** oder **Dezimalbrüche** genannt. Die Stellen nach dem Komma heißen **Dezimalstellen** oder **Dezimalen.**

Die Stellen nach dem Komma werden im Allgemeinen einzeln gelesen:

24,759 *vierundzwanzig-Komma-sieben-fünf-neun*

Treten nur zwei Stellen nach dem Komma auf, so werden sie umgangssprachlich mitunter zusammengefasst:

5,55 m *fünf-Meter-fünfundfünfzig*
3,70 € *drei-Euro-siebzig*

Die Dezimalen geben Bruchteile an: Die erste Stelle nach dem Komma sind die **Zehntel,** es folgen die **Hundertstel,** die **Tausendstel** usw.

Erweitert man die Stellentafel für natürliche Zahlen entsprechend nach rechts, so lassen sich darin Dezimalbrüche darstellen.
Im Folgenden wird das am Beispiel der Dezimalzahl 52,758 gezeigt:

…	Hunderter H 100	Zehner Z 10	Einer E 1	Zehntel z $\frac{1}{10}$	Hundertstel h $\frac{1}{100}$	Tausendstel t $\frac{1}{1000}$	…
		5	2	7	5	8	

Elektronische Anzeigen (z.B. bei Taschenrechnern) verwenden statt des Kommas häufig einen Punkt. Dies entspricht nicht der korrekten Dezimalschreibweise.

Hinweis: Ein Punkt wird dagegen bei Größen verwendet, die nicht nach dem Dezimalsystem aufgebaut sind, z.B. 10.30 Uhr.

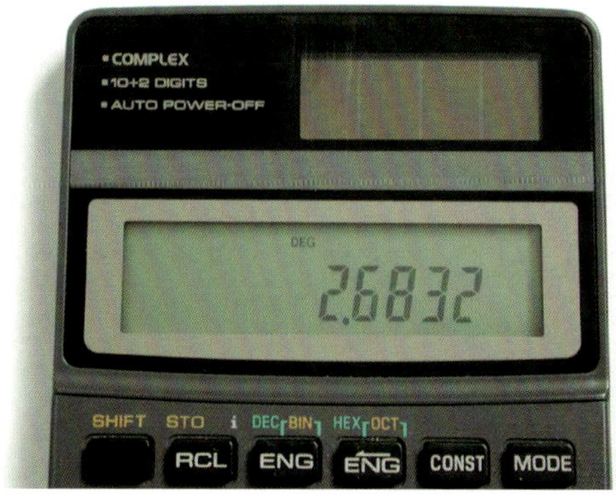

Dezimalbrüche mit *endlich vielen* Stellen lassen sich leicht in Zehnerbrüche umwandeln.

B $0,1 = \frac{1}{10}$ $\quad 0,25 = \frac{25}{100}$ $\quad 23,7 = \frac{237}{10}$ $\quad 52,758 = \frac{52\,785}{1000}$

Umgekehrt lässt sich jeder Zehnerbruch als Dezimalbruch mit endlich vielen Stellen schreiben. Das gilt auch für gemeine Brüche, die sich zu einem Zehnerbruch erweitern oder kürzen lassen.

B $\frac{3}{10} = 0,3$ $\quad \frac{33}{100} = 0,33$ $\quad \frac{3}{40} = \frac{75}{1000} = 0,075$ $\quad \frac{46}{20} = \frac{23}{10} = 2,3$

In der folgenden Tabelle sind einige häufig auftretende Brüche als gemeiner Bruch und als Dezimalbruch dargestellt. Diese Zusammenhänge solltest du dir einprägen.

Gemeiner Bruch	$\frac{1}{10}$	$\frac{1}{8}$	$\frac{1}{5}$	$\frac{1}{4}$	$\frac{1}{2}$	$\frac{3}{4}$	$\frac{3}{2}$
Dezimalbruch	0,1	0,125	0,2	0,25	0,5	0,75	1,5

Erweitern und Kürzen von Dezimalbrüchen

Martin und Lars erkunden ihren Taschenrechner.
„Seltsam", meint Martin „gerade habe ich die Dezimalzahl 1,500 eingegeben und wollte damit rechnen. Aber sobald ich eine der Operationstasten drücke, springt die Anzeige auf 1,5. Und das ist wohl nicht dasselbe!"
„Vielleicht doch", entgegnet Lars.
Wer also hat Recht?

Das Anhängen einer Null entspricht dem Erweitern des entsprechenden gemeinen Bruchs mit 10, das Anhängen zweier Nullen dem Erweitern mit 100 usw.

B $1,5 = 1,50 = 1,500 \ldots$; denn $\frac{15}{10} = \frac{150}{100} = \frac{1500}{1000} = \ldots$

Entsprechend können Dezimalbrüche auch gekürzt werden.

B 0,45000 = 0,4500 = 0,450 …; denn $\frac{45000}{100000} = \frac{4500}{10000} = \frac{450}{1000} = \ldots$

M Durch Hinzufügen oder Streichen von Nullen am Ende der Ziffernfolge nach dem Komma kann man einen Dezimalbruch **erweitern** bzw. **kürzen.** Sein Wert ändert sich dabei nicht.

Dezimalbrüche und Größen

Am 27. Juli 1993 stellte der Kubaner JAVIER SOTOMAYOR mit 2,45 Meter einen neuen Weltrekord im Hochsprung der Männer auf. Ihm zu Ehren markierten viele Kubaner diese Höhe an ihren Häusern. Der kubanische Ausnahmeathlet übersprang im Zeitraum von 1984 bis 2001 insgesamt 21-mal eine Höhe von 2,40 Meter und mehr.
Den Weltrekord im Hochsprung der Frauen hält seit 1987 die Bulgarin STEFKA KOSTADINOWA, die Ende der 80er Jahre in 54 aufeinander folgenden Wettkämpfen nur einmal nicht gewann.
Wesentlich größere Höhen werden im Stabhochsprung erzielt. Der aktuelle Weltrekord bei den Männern liegt bei 6,15 Meter und wird von SERGEJ BUBKA aus der Ukraine gehalten.

Diese Größen lassen sich auch folgendermaßen schreiben:
2,45 m = 2 m + 4 dm + 5 cm
2,09 m = 2 m + 9 cm
6,15 m = 6 m + 1 dm + 5 cm = 6 m + 15 cm

Um solche Zerlegungen von Größen vorzunehmen, muss man die entsprechenden Umrechnungszahlen zwischen den Einheiten kennen. Für **Längen** gilt beispielsweise:

$\frac{1}{10}$ m = 1 dm $\frac{1}{100}$ m = 1 cm $\frac{1}{1000}$ m = 1 mm $\frac{1}{1000}$ km = 1 m

B 5,769 m = 5 m + 7 · $\frac{1}{10}$ m + 6 · $\frac{1}{100}$ m + 9 · $\frac{1}{1000}$ m = 5 m + 7 dm + 6 cm + 9 mm

In ähnlicher Weise lassen sich auch Umrechnungen für Einheiten der **Masse** sowie des **Flächeninhalts** und des **Rauminhalts** angeben.

$\frac{1}{10}$ t = 1 dt $\frac{1}{1000}$ t = 1 kg $\frac{1}{1000}$ kg = 1 g $\frac{1}{1000}$ g = 1 mg
$\frac{1}{100}$ ha = 1 a $\frac{1}{100}$ *l* = 1 cl $\frac{1}{1000}$ *l* = 1 ml

B 2,3 t = 2 t + 3 · $\frac{1}{10}$ t = 2 t + 3 dt 0,02 *l* = 0 *l* + 2 · $\frac{1}{100}$ *l* = 2 cl

Aufgaben

Brüche in dezimaler Schreibweise

1. Stelle die folgenden Dezimalbrüche nach dem angegebenen Muster in einer Stellentafel dar und wandle sie in Zehnerbrüche um.

a) 90,59 4,09 0,003 0,89 7,005

b) 0,002 6,0789 12,555 1,0101 4267,4

	H 100	Z 10	E 1	z $\frac{1}{10}$	h $\frac{1}{100}$	t $\frac{1}{1000}$	
0,59				5	9		$\frac{59}{100}$

2. Wandle die folgenden Zehnerbrüche in Dezimalbrüche um und trage sie in eine Stellentafel ein. Verfahre dabei nach dem angegebenen Beispiel.

a) $\frac{12}{10}$ $\frac{4}{10}$ $\frac{6}{100}$ $\frac{67}{1000}$ $\frac{51}{10000}$

b) $\frac{754}{100}$ $\frac{2222}{1000}$ $\frac{751}{10}$ $\frac{94542}{10000}$ $\frac{1222}{10}$

	H 100	Z 10	E 1	z $\frac{1}{10}$	h $\frac{1}{100}$	t $\frac{1}{1000}$	
$\frac{12}{10}$			1	2			1,2

3. Notiere in dezimaler Schreibweise.

a) $\frac{36}{1000}$ $\frac{27}{100}$ $\frac{8}{10}$ $\frac{19}{100}$

b) $\frac{306}{1000}$ $\frac{21}{10000}$ $\frac{368}{10}$ $\frac{5777}{100}$

c) $\frac{60}{100}$ $\frac{3010}{1000}$ $\frac{4040}{100}$ $\frac{80}{10}$

d) $\frac{170}{1000}$ $\frac{290}{10000}$ $\frac{380}{1000}$ $\frac{70}{100}$

4. Notiere in der reinen Bruchschreibweise.

a)	b)	c)	d)
9,83	15,008	0,5	0,12
0,00005	1,5008	6,81	1,3
1,0707	0,15008	17,403	16,01
340,043	150,08	0,005	0,0001

5. Schreibe als Dezimalbruch.

a) $\frac{3}{10} + \frac{7}{100}$

$\frac{5}{10} + \frac{4}{100} + \frac{9}{1000}$

$8 + \frac{1}{10} + \frac{5}{100}$

$25 + \frac{8}{100}$

b) $44 + \frac{6}{100} + \frac{1}{1000}$

$120 + \frac{3}{10} + \frac{8}{1000}$

$6 + \frac{6}{10} + \frac{7}{100}$

$155 + \frac{1}{1000}$

c) $40 + 8 + \frac{9}{100}$

$865 + \frac{4}{100}$

$37 + \frac{2}{10} + \frac{3}{1000}$

$1 + \frac{5}{10} + \frac{2}{10000}$

Erweitern und Kürzen von Dezimalbrüchen

6. Finde Dezimalbrüche mit gleichem Wert.

3,68	6,8080	8,66000	3,8600	6,88
6,88000	8,66	3,680	8,6	6,8
80,6	3,680000	6,888	8,06	36,8

7. Erweitere jeweils auf fünf Dezimalen.

a) 6,9 17,33 20,07
b) 10,100 25,3098 0,444
c) 236,1 15,222 500,9
d) 17,1717 300,55555 5,0303
e) 1,6 0,69 1 000,1

8. Erweitere nacheinander mit 10, 100 bzw. 1 000.

a) 0,8 0,1 0,05
b) 1,16 14,33 1 000,10

9. Kürze so weit wie möglich.

a) 7,5000 18,010 60,6000
b) 3,33000 35,9090 0,700000
c) 1,95005 22,60 370,370
d) 4,4000000 2,93900 31,9999
e) 0,50 0,0001 10,1000000

10. Kürze so oft wie möglich durch 10 und gib als Dezimalbruch an.

a) $\frac{2000}{100000}$ $\frac{30000}{10000}$ $\frac{450}{100000}$
b) $\frac{3500}{100000}$ $\frac{250000}{1000000000}$ $\frac{8750}{100000000}$

11. Kürze bzw. erweitere so, dass jeweils alle drei Dezimalbrüche gleich viele Dezimalstellen haben.

a) 0,1 1,05 10,004
b) 15,105 7,15 157,1
c) 125,11 1,9 11,010
d) 3 0,333 33,03

12. Welche der folgenden Dezimalbrüche lassen sich kürzer schreiben?

a) 100,0 b) 0,010 c) 3,003 d) 5,002
e) 0,00400 f) 54,301 g) 12,120 h) 42,195

Dezimalbrüche und Größen

13. Zerlege die gegebenen Größen auf zwei Arten.

Beispiel: 5,769 m $= 5\text{ m} + \frac{7}{10}\text{ m} + \frac{6}{100}\text{ m} + \frac{9}{1000}\text{ m}$
$= 5\text{ m} + 7\text{ dm} + 6\text{ cm} + 9\text{ mm}$

a) 0,158 m 20,704 m
b) 1,5 cm 0,32 dm
c) 12,375 kg 2,7 kg
d) 4,309 km 100,1 km

14. Schreibe als Summe von Meter, Dezimeter, Zentimeter und Millimeter.

a) 22,695 m 3,03 m 7,707 m 1,007 m
b) 0,005 m 2460,1 m 77,003 m 0,5 m

15. Schreibe als Summe von Euro und Cent.

a) 2,99 € 549,99 € 10,03 € 0,49 €
b) 9,30 € 100,00 € 20,77 € 5,55 €

16. Gib die Größen in Dezimaldarstellung an und trage sie in eine Stellentafel ein.
Beispiel: 15 m + 6 dm + 4 mm = 15,604 m

1 000 m	100 m	10 m	1 m	$\frac{1}{10}$ m	$\frac{1}{100}$ m	$\frac{1}{1000}$ m
		1	5	6	0	4

a) 8 m + 1 dm + 9 cm + 3 mm
9 dm + 9 cm + 9 mm
25 m + 7 cm + 1 mm
107 m + 6 mm

b) 666 m + 7 dm + 2 cm
7 704 m + 8 dm + 7 cm + 1 mm
70 m + 5 cm + 8 mm
4 cm + 1 mm

17. Übernimm die Tabelle in dein Heft, ergänze und trage die Werte ein.

10 km	1 km	$\frac{1}{10}$ km	$\frac{1}{100}$ km	$\frac{1}{1000}$ km	$\frac{1}{10000}$ km	$\frac{1}{100000}$ km

a) 6 855 m
25 389 m
11 km + 350 m
24 km + 1 mm

b) 5 000 277 dm
666 066 578 cm
5 km + 64 m + 66 cm
1 550 m + 775 mm

18. Zerlege wie im Beispiel.
Beispiel: 25,75 € = 25 € + $\frac{7}{10}$ € + $\frac{5}{100}$ €

a) 2,55 € 15,08 €
b) 0,88 € 0,01 €
c) 99,99 € 9,90 €
d) 6 € + 5 ct 45 ct

19. Schreibe als Dezimalbruch mit der in Klammern angegebenen Maßeinheit.

a) 5 m + 3 dm + 1 cm + 7 mm (m)
7 kg + 26 g (kg)
1 km + 75 m + 2 dm (km)
10 € + 5 ct (€)

b) 5 dm + 5 cm + 5 mm (m)
4,5 kg + 450 g (kg)
1 € + $\frac{2}{100}$ € (€)
0,02 t + 5 200 g (kg)

20. Sind folgende Aussagen wahr?
Wenn nicht, so gib die richtige Umwandlung an.

a) 3,3 kg sind 3 kg und 300 g.
b) 2,4 h sind 2 h und 40 min.
c) 3,4 *l* sind 3 *l* und 40 cl.
d) $1\frac{1}{4}$ *l* sind 1,15 *l*.

21. Gib jeweils in anderen Maßeinheiten an.

a) Der Bleistift ist 180 mm lang.
b) Die Entfernung von Berlin nach Helmstedt beträgt etwa 192 000 m.
c) Der LKW hat 6 750 000 g Kies geladen.
d) Im Rezept steht: „Man nehme 200 000 mg Zucker und 0,0005 t Mehl."
e) Ein Fußballtor ist 2 440 mm hoch.

4.2 Vergleichen und Ordnen von Dezimalbrüchen

Dezimalbrüche am Zahlenstrahl

Auf Linealen, Bandmaßen usw. ist neben der Einteilung in Zentimeter meist noch eine feinere Unterteilung, und zwar in Millimeter, vorgegeben.
Damit ist es möglich, eine gemessene Länge als Dezimalzahl anzugeben. Beispielsweise liefert das Ausmessen eines Blattes bzw. Arbeitsheftes im Format DIN A4 29,7 cm für die Höhe und 21,0 cm für die Breite.

Dezimalbrüche lassen sich (wie natürliche Zahlen und gemeine Brüche) am Zahlenstrahl darstellen. Günstig ist es, je nach Anzahl der Dezimalen eine Unterteilung in Zehntel, Hundertstel, Tausendstel ... zu wählen.

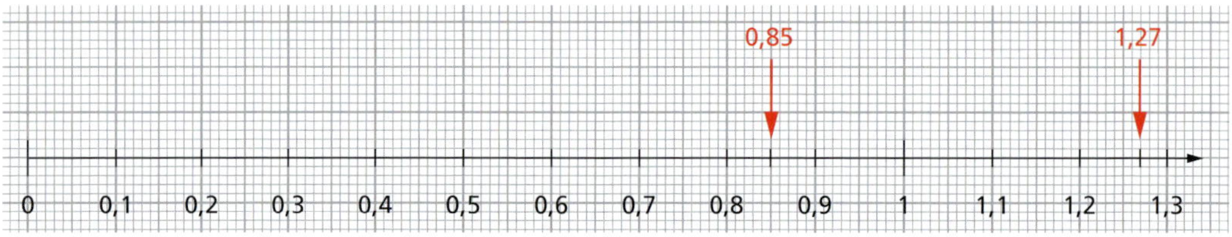

Je mehr Dezimalen vorhanden sind, desto feiner ist die Unterteilung zu wählen. So ist es möglich, jeden Dezimalbruch mit einer endlichen Anzahl von Dezimalen am Zahlenstrahl darzustellen.

Vergleichen von Dezimalbrüchen

Im täglichen Leben ist es oft notwendig, Größen zu vergleichen, deren Maßzahlen Dezimalbrüche sind.

Die Geschwister Katja, Sascha und Matthias werden beim Besuch ihrer Großeltern regelmäßig gemessen. Jedes der Messergebnisse wird (mit Namen und Datum versehen) mit Bleistift am Türpfosten festgehalten.
Die am Ende der Sommerferien notierten Ergebnisse lauteten: Katja 1,36 m, Sascha 1,52 m und Matthias 1,28 m.
Du hast sicher schnell erkannt, welches Kind das kleinste und welches das größte ist.

Werden Dezimalbrüche am Zahlenstrahl dargestellt, so lassen sie sich unmittelbar vergleichen.

Der kleinere von zwei Dezimalbrüchen liegt am Zahlenstrahl weiter links.

0,75 < 1,10 1,10 < 1,32

0,75 < 1,32

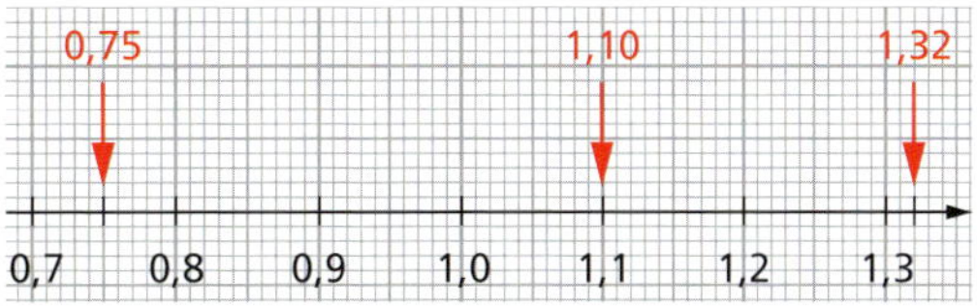

Auch ohne Darstellung am Zahlenstrahl ist der Vergleich zweier Dezimalbrüche recht einfach. Hierbei ist eine Stellentafel hilfreich, wobei fehlende Stellen durch Nullen zu ergänzen sind.

Es sind die Dezimalbrüche 6,7108 und 6,743 zu vergleichen.

E	z	h	t	zt
6	7	1	0	8
6	7	4	3	0

6,7108 < 6,743

Sind beim Vergleich zweier Dezimalbrüche die Zahlen vor dem Komma unterschiedlich, so genügt es, diese zu vergleichen.
Sind die Zahlen vor dem Komma gleich, so ist die erste Dezimale mit unterschiedlichen Ziffern zu vergleichen.

6,74 > 2,8764 9,056 < 100,2 4,187 < 4,2014 2,33 = 2,3300 < 2,3304

Aufgaben

Dezimalbrüche am Zahlenstrahl

1. Miss die folgenden Gegenstände aus und notiere die Ergebnisse in dezimaler Schreibweise.
   a) Länge und Breite deines Mathematikheftes
   b) Länge und Breite deines Radiergummis
   c) Länge und Breite deiner Federtasche
   d) Länge deines Daumen
   e) Länge deines Fußes
   f) Länge deines Bleistiftes
   g) Körpergröße deines Banknachbarn

2. Benenne die markierten Stellen mit einem Dezimalbruch. Beginne links.

a)

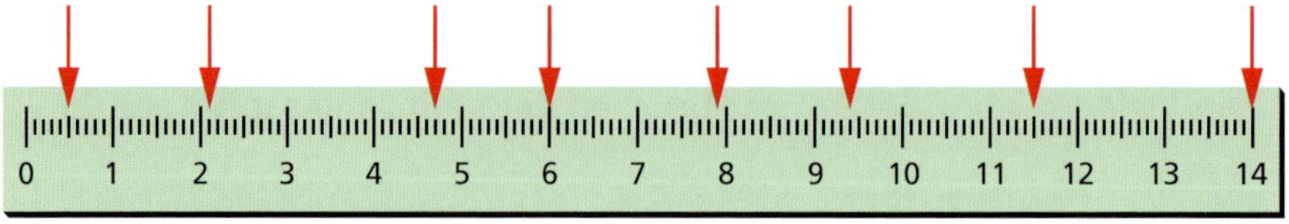

b)

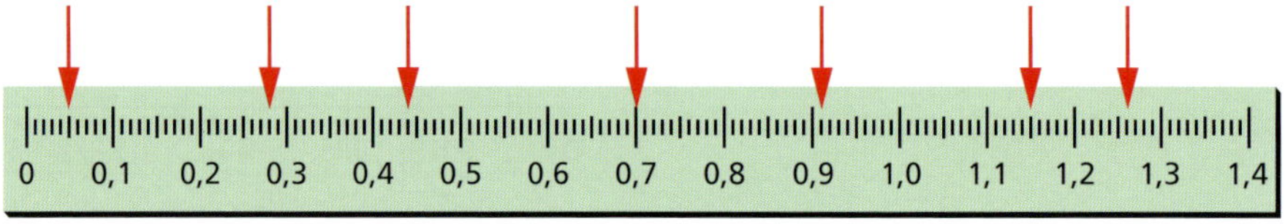

3. Zeichne selbst einen Zahlenstrahl und markiere folgende Zahlen.

a) 0,55	b) 0,79	c) 0,21	d) 0,9
e) 0,05	f) 0,99	g) 0,43	h) 1,20

4. Vergleiche und setze für ☐ das richtige Zeichen (<; =; >) ein.

a) 6,56 ☐ 6,65	9,98 ☐ 8,98	15,707 ☐ 15,077	10,1010 ☐ 10,101
b) 43,43 ☐ 34,3444	2,7856 ☐ 3,7856	0,002 ☐ 0,00200	6,888 ☐ 6,880

5. Ordne der Größe nach. Beginne jeweils mit dem kleinsten Dezimalbruch.

a) 0,15; 0,105; 0,501; 0,0501; 0,0150; 0,551

b) 7,007; 7,7; 7,0707; 0,777777; 0,0777777; 77,07

c) 3,1; 1,3; 1,31; 1,13; 3,3111; 3,31

d) 54,4; 55,45; 54,44; 55,44; 54,500000

6. Welche Zahlen sind gleich groß?

a)

b)

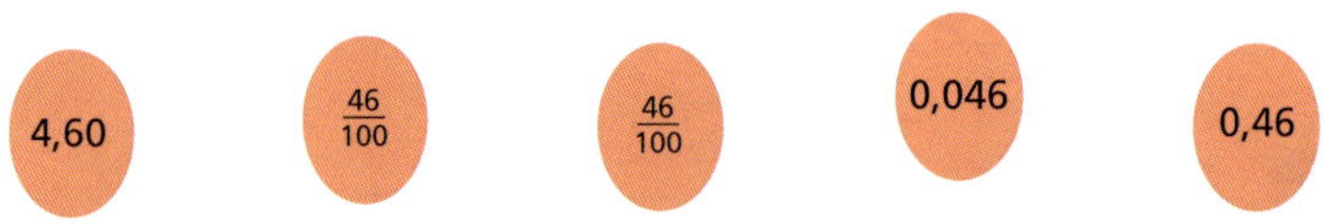

c)

7. Gib jeweils drei Zahlen an, die zwischen den angegebenen Dezimalbrüchen liegen.

a) 1,2 und 1,3 b) 1,2 und 1,21 c) 0,003 und 0,03 d) 28,2 und 30,0

8. Ordne der Größe nach.

a) 752 g	0,6 kg	$\frac{3}{4}$ kg	587 g	0,033 kg	2,103 kg
b) 1,5 *l*	2 cl	40 ml	0,08 *l*	0,02 *l*	0,004 *l*
c) 1,5 h	80 min	$\frac{3}{4}$ h	1,75 h	0,4 h	15 min

4.3 Addition und Subtraktion von Dezimalbrüchen

Herr Sachse hat im Supermarkt ein paar Dinge des täglichen Lebens eingekauft: ein Stück Butter zu 0,85 €, zwei Flaschen Apfelschorle zu je 0,69 €, einen Limburger Käse zu 0,89 € sowie eine Packung Rasierklingen zu 6,49 €.
An der Kasse stellt er fest, dass er nur einen 10-Euro-Schein bei sich hat.
Wird das reichen, wenn noch 50 ct für Pfand hinzukommen?

Mit einem Taschenrechner ist die Lösung dieser Aufgabe schnell ermittelt. Aber auch ohne ein solches Hilfsmittel ist das Addieren und Subtrahieren von Dezimalbrüchen nicht schwierig. Das Verfahren entspricht dem der schriftlichen Addition bzw. Subtraktion natürlicher Zahlen.

M Dezimalbrüche werden addiert bzw. subtrahiert, indem man sie stellengerecht untereinander schreibt (d. h. so, dass **Komma unter Komma** steht) und dann von rechts beginnend jeweils gleiche Stellen addiert bzw. subtrahiert.

B 5,47 + 2,12 16,035 + 8,194 19,295 – 11,873

	5,47
+	2,12
	7,59

	16,035
+	8,194
	24,229

	19,295
–	11,873
	7,422

Hinweis: Ist die Anzahl der Dezimalen unterschiedlich, so können fehlende Stellen durch Nullen aufgefüllt werden.

B 24,3 + 9,784 + 4,0037 + 0,97

	24,3000
+	9,7840
+	4,0037
+	0,9700
	39,0577

Auch **Größen** lassen sich in gleicher Weise addieren bzw. subtrahieren. Voraussetzung ist jedoch, dass die Summanden bzw. der Subtrahend und die Minuenden jeweils in der gleichen Maßeinheit gegeben sind. Falls nicht, so sind entsprechende Umrechnungen vorzunehmen.

B 6,28 € + 7,12 € = 13,40 €
4,32 m + 68 cm + 400 mm = 4,32 m + 0,68 m + 0,40 m = 5,40 m

Aufgaben

1. Rechne im Kopf.

a) 0,2 + 0,5
3,4 + 2,3
1,3 + 1,3
5,2 + 2,2

b) 1,3 + 0,5
2,4 + 7,6
2,8 + 2,8
8,1 + 1,8

c) 0,8 + 0,9
5,4 + 6,7
4,0 + 2,9
6,8 + 8,0

2. Ergänze den fehlenden Wert.

a) 1,1 + □ = 5,4
b) □ + 7,2 = 9,0
c) 2,9 + □ = 3,1
d) 8,4 + □ = 9,9
e) □ + 8,1 = 8,4
f) 2 · □ = 9,6

3. Rechne im Kopf.

a) 0,9 – 0,5
5,7 – 2,1
2,8 – 1,0
5,1 – 2,1

b) 1,8 – 0,5
7,4 – 7,1
5,9 – 4,9
9,1 – 1,1

c) 7,8 – 6,9
5,2 – 3,7
8,0 – 3,7
6,0 – 4,8

4. Ergänze den fehlenden Wert.

a) 7,6 – △ = 5,3
b) △ – 6,3 = 3,7
c) 10,4 – △ = 8,8
d) 8,4 – △ = 4,8
e) △ – 0,8 = 1
f) 11,7 – △ = 0

5. Rechne im Kopf.

a) 6,3 + 1,5 – 4,8
b) 9,8 – 3,5 + 3,9
c) 7,8 – 8,9 + 2,5

6. Schreibe jeweils stellengerecht untereinander und rechne schriftlich.

a) 27,5 + 24,49
36,75 + 115,04
184,035 + 17,41

b) 135,88 – 76,65
271,005 – 112,9
1,0019 – 0,125

c) 16,8 + 17,9 + 45,5
238,11 – 57,9 – 16,107
4,57 + 13,098 – 0,9999

7. Arbeite wie in Aufgabe 6. Achte aber auf die Maßeinheiten.

a) 21,75 m + 35,29 m + 136,95 m
6,59 km + 22,1 km + 83,666 km
2 345 m + 1,2 km – 2,35 km

b) 99,9 *l* – 17,4 *l* – 36,55 *l*
1 000 t – 645,5 t – 259,75 t
20,85 kg – 974 g – 1 983 g

8. a) Addiere 15,8; 17,92 und 31,9. Subtrahiere davon 29,33.
b) Berechne die Differenz aus 426,26 und 219,1. Addiere dazu 18,77.
c) Addiere 1,8; 26,3; 79,5 und 33,33. Ergänze zu 200.
d) Subtrahiere die Summe aus 100,4 und 228,29 von der Zahl 800,86.

9. Ein Containerschiff hat eine Ladekapazität von insgesamt 900 t.
Es lädt morgens im Heimathafen vier Container mit Obst zu 12,5 t, 34,9 t, 17,66 t bzw. 33,9 t sowie zwei Container mit Gemüse zu je 23,8 t.
Am Nachmittag werden noch 23,6 t Kartoffeln und 12,87 t Blumenzwiebeln aufgeladen.
Am Abend schließlich werden noch zwei Turbinen zu je 216,7 t an Bord genommen.

10. Wie viel fehlt jeweils an einem Ganzen?
a) 0,333 b) 0,101 c) 0,0815 d) 0,4711

11. Löse nebenstehende Aufgabe.
Hinweis: Gleiche Symbole bedeuten gleiche Zahlen.

3,4 – ● = 2,6
● + 4,6 = ■
■ + ■ = ▲ + ▲ + ▲ + ▲

12. Berechne.
a) 2,75 + (3,00 – 0,75) b) 2,75 – (3,00 – 0,75)

13. Berechne.
a) $45 + \frac{3}{4} + 2{,}22 + \frac{3}{100}$ b) $100 - \frac{1}{10} - 0{,}01 - \frac{1}{1000} - 0{,}0001$

14. Übertrage die Tabelle in dein Heft und ergänze.

a	b	a + b	b – a
0,9	1,3		
2,67	4,26		
3,08		8,00	
	6,02		2,06

15. Gib den Umfang der folgenden Figuren an (Skizzen nicht maßstäblich).

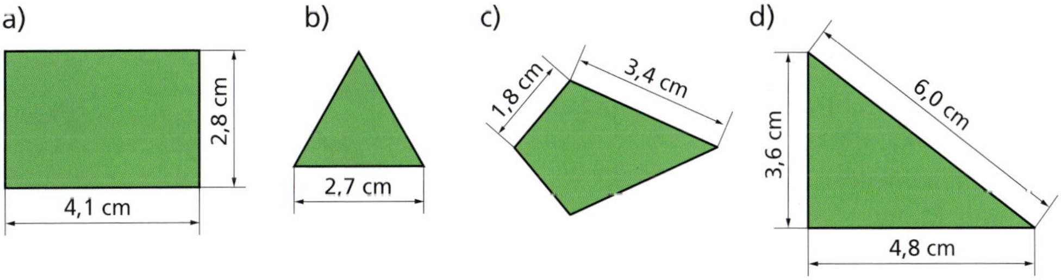

Rechteck gleichseitiges Dreieck Drachenviereck rechtwinkliges Dreieck

16. Wie viel Wechselgeld bekommt man, wenn man die folgenden Summen mit dem in Klammern angegebenen Schein bezahlt?
a) 7,38 € (10-Euro-Schein) b) 27,77 € (50-Euro-Schein)
c) 63,92 € (100-Euro-Schein) d) 499,98 € (500-Euro-Schein)

17. Tom geht mit einem 20-Euro-Schein einkaufen. Im Supermarkt kauft er fünf Schälchen Katzenfutter für zusammen 2,45 €, 2,5 kg Kartoffeln für 2,49 €, eine Ananas für 2,89 €, ein Netz Orangen für 2,49 €, 500 g Kaffee für 3,49 € und eine Dose Kekse für 3,89 €.
Kann er sich noch eine große Tüte Gummibärchen für 2,19 € leisten?

4.4 Gemischte Aufgaben

1. Welche Kisten sind gleich schwer?

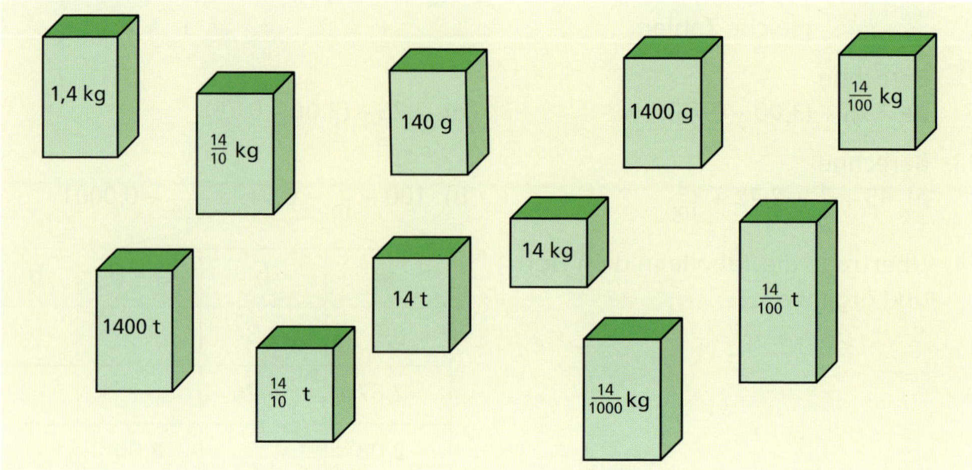

2. Vergleiche die Dezimalbrüche und ordne sie der Größe nach. Beginne mit dem größten.

a) 5,43	3,45	5,401	5,41	5,399	5,4	3,54	5,055
b) 0,101	0,0101	1,0101	1,1	0,001	0,0011	1,01	0,999
c) 8,72	18,02	0,1802	1,802	2,708	8,072	10,101	9,0009

3. Hausverwalter Jacob listet die Heizkostenabrechnungen für das letzte Jahr auf:

Familie Walter:	589,90 €
Herr Mayer:	365,33 €
Familie Weber:	777,01 €
Herr und Frau Kiebis:	470,84 €
Frau Jennig:	296,45 €

4. Familie Baum aus Ludwigsfelde möchte mit der Bahn nach Leipzig reisen. Per Internet werden ihnen die folgenden Verbindungen angeboten:

Fahrt 1		
Ludwigsfelde	ab	08.15
Berlin-Schönefeld Flughafen	an	08.26
Berlin-Schönefeld Flughafen	ab	08.49
Leipzig Hbf	an	10.03

Fahrt 2		
Ludwigsfelde	ab	08.38
Falkenberg (Elster)	an	09.46
Falkenberg (Elster)	ab	09.59
Leipzig Hbf	an	10.53

a) Gib für beide Fahrten jeweils die Gesamtdauer sowie die reine Fahrzeit an.

b) Bei Fahrt 1 wird zwischen Berlin-Schönefeld Flughafen und Leipzig Hbf der ICE benutzt. Schätze dessen Durchschnittsgeschwindigkeit, wenn die Strecke etwa 150 km lang ist.

5. Fütterung in der Katzenpension – die leichteste Katze bekommt das wenigste Futter, die schwerste das meiste. Ordne die folgenden Portionen zu.

(1) 0,2 kg	(2) 285 g	(3) 125 g
(4) 0,15 kg	(5) 0,21 kg	(6) 0,25 kg

Mini: 3,55 kg

Puschel: 3,5 kg

Lizzi: 3,45 kg

Cäsar: 5,4 kg

Oscar: 3,3 kg

Felix: 1,24 kg

6. Ergänze zum jeweils in Klammern angegebenen Wert.

a) 0,6	0,55	0,03	0,002	0,09	(zu 1)
b) 1,5	2,99	7,004	8,0008	9,90	(zu 10)
c) 0,5	16,8	25,25	38,057	49,999	(zu 50)

7.
a) Berechne die Summe aus 32,45; 35,89 und 17,4.
b) Die Summe aus drei Zahlen beträgt 78,923. Finde drei Möglichkeiten, wie die Summanden heißen könnten.
c) Die Summe dreier Zahlen beträgt 112,36. Der erste Summand ist 54,01 und der zweite 37,267. Wie heißt der dritte Summand?
d) Subtrahiere von 500 die Summe aus 58,95 und 165,023.
e) Subtrahiere 33,67 von der Summe aus 45,1 und 64,89.
f) Addiere die Summe aus 342,6 und 12,03 zu der Differenz aus 475,9 und 245,13.

8. Bei der Einführung der europäischen Gemeinschaftswährung zu Beginn des Jahres 2002 galt folgender Umrechnungsfaktor:
1 € = 1,95583 DM
Gib jeweils den Wert des 10-Euro-Scheines, des 100-Euro-Scheines und des 200-Euro-Scheines in DM an.

9. Setze die gegebenen Folgen jeweils um drei Glieder fort.
a) 24000; 2400; 240; 24; …
b) 0,00078; 0,0078; 0,078; 0,78; …
c) 16; 8; 4; 2; …
d) 0,04; 0,08; 0,16; 0,32; …

Teste dich selbst!

1. Wandle in Dezimalbrüche um.

a) $\frac{1}{10}$; $\frac{1}{100}$; $\frac{1}{1000}$ b) $\frac{5}{100}$; $\frac{36}{1000}$; $\frac{22}{10}$

c) $\frac{70}{100}$; $\frac{7}{10\,000}$; $\frac{35}{10\,000}$ d) $\frac{6666}{100}$; $\frac{112}{100}$; $\frac{7035}{100}$

2. Wandle in gemeine Brüche um. Kürze so weit wie möglich.

a) 0,5; 0,71; 0,3344 b) 2,6; 30,09; 24,0002

c) 2,105; 0,004; 0,015 d) 6,070; 6,70; 6,007

3. Max hat unkonzentriert gerechnet. Überprüfe und berichtige gegebenenfalls.

a) $0{,}05 = \frac{5}{10}$ $1{,}75 = \frac{175}{100}$ $7{,}50 = \frac{75}{10}$

b) $3{,}33 = \frac{33}{10}$ $0{,}30 = \frac{300}{1000}$ $3{,}0303 = \frac{30303}{10\,000}$

c) $1{,}1 = \frac{11}{100}$ $1{,}10 = \frac{11}{1000}$ $1{,}01 = \frac{101}{10}$

4. Schreibe als Bruch und als Dezimalbruch.

a) 78 Hundertstel b) 459 Tausendstel

c) 17 Zehntel d) 3 Hundertstel

e) 3 611 Tausendstel f) 9 Hunderttausendstel

5. Vergleiche und setze das richtige Zeichen (<, =, >).

a) 4,09 und 4,90; 13,4 und 14,3; 0,7 und 0,70

b) 16,16 und 16,61; 0,99 und 0,91; 7,15 und 7,51

c) 26,00 und 26,01; 3,050 und 3,05; 2,2 und 2,22

6. Nenne jeweils vier Dezimalbrüche, die zwischen den gegebenen Zahlen liegen.

a) 1 und 2; 4 und 5; 1,5 und 2,5

b) 3,5 und 3,7; 0,3 und 0,4; 10,8 und 11

c) 15,33 und 15,34; 6,1 und 6,11; 7 und 7,1

7. Schreibe die Größen ohne Komma in einer kleineren Maßeinheit.

a) 5,55 €; 23,99 €; 0,80 € b) 0,02 €; 13,7 m; 0,35 m

c) 0,5 dm; 20,1 cm; 3,5 t d) 70,705 kg; 2,5 kg; 9,09 kg

8. Schreibe die Größen mit Komma in der nächstgrößeren Maßeinheit.

a) 65 ct; 2 ct; 7 777 ct b) 250 m; 85 m; 1 m

c) 16 cm; 4 cm; 33 dm d) 750 g; 9 500 kg; 665 mg

9. Schreibe stellengerecht untereinander und rechne schriftlich.

a) 66,8 + 3,009 + 7,66 b) 0,01 + 7,44 + 23 + 166,9

c) 2,222 + 6,7 + 0,0005 + 127 d) 155,7 – 16,09 – 1,05 – 6

e) 200 – 55,6 – 1,999 – 0,2 f) 33,333 – 12,7 – 5 – 0,991

10. Berechne. Beachte dabei die Regeln.

a) 36,78 – 15,444 + 4,97

b) 36,78 – (15,444 + 4,97)

c) (9,8 – 6,334) + (12 – 6,99) – (1,768 + 2,05)

d) (3 + 7,889 – 9,04) + (17,6 – 4,007 + 13,6) – (12,0006 – 8,44 + 0,22)

Überall Dezimalzahlen

Bildet kleine Arbeitsgruppen und ermittelt verschiedene Werte. Notiert diese stets als Dezimalbrüche, ordnet (vergleicht) sie, findet die Differenz vom höchsten zum niedrigsten Wert …
Euch fällt sicher noch mehr ein, was ihr mit den gefundenen Werten tun könnt.

Arbeitsgruppe 1: „Die Preisvergleicher"
Ermittelt in möglichst vielen verschiedenen Geschäften die Preise für folgende Waren:
250 g Butter; 100 g (eine Tafel) Vollmilchschokolade;
2,5 kg Kartoffeln; 1 Blumenkohl; 1 *l* Milch; 1 kg Äpfel
Euch fallen bestimmt noch mehr Dinge ein …

Arbeitsgruppe 2: „Die Sportlichen"
Besorgt euch eine Stoppuhr und steckt eine Strecke von 100 m auf dem Schulhof ab. Bei mindestens acht Schülern wird die Zeit gestoppt, in der sie diese Strecke laufen.
(Dasselbe kann man auch mit Werten vom Weit- oder Hochsprung bzw. Weitwurf machen.)
Vergleicht eure Werte mit den aktuellen Weltrekorden.
Tipp: Wenn ihr gerade im Sportunterricht gelaufen, gesprungen, … seid, lasst euch diese Werte geben.

Arbeitsgruppe 3: „Die Internet-Experten"
a) Ermittelt die Größen (Längen) bzw. das Gewicht von mindestens acht verschiedenen Tierarten.
b) Ermittelt die Einwohnerzahlen von mindestens zehn deutschen bzw. europäischen Großstädten und gebt sie in Millionen (Mio.) mit zwei Dezimalen an.
(Dasselbe könnt ihr auch mit den Einwohnerzahlen der 16 deutschen Bundesländer machen. Schreibt hier in Millionen mit einer Dezimalen.)

Arbeitsgruppe 4: „Tüftler und Bücherwürmer"
a) Besorgt euch eine Karte eures Ortes bzw. eures Stadtbezirkes. Sucht die Entfernungen von eurer Schule bis zu anderen Punkten und notiert die Entfernung in Kilometer (mit einer Dezimalen).
Tipp: Wer ein Fahrrad mit Tachometer besitzt, kann damit die Werte ermitteln.
b) Lebensmittel haben unterschiedliche Inhaltsstoffe – einer davon ist Fett. Ermittelt bei mindestens 10 verschiedenen Lebensmitteln den Fettgehalt (meist auf der Verpackung angegeben).

Zusammenfassung

Bruchzahlen können als gemeine Brüche in der Form $\frac{a}{b}$ (mit natürlichen Zahlen a und b, wobei $b \neq 0$ ist) und als **Dezimalbrüche** (auch Dezimalzahlen genannt) dargestellt werden.
Die Stellen hinter dem Komma nennt man Dezimalen; sie werden Ziffer für Ziffer gelesen.

B 3,1415 (lies: *Drei-Komma-Eins-Vier-Eins-Fünf*)
Die erste Dezimale steht für die Zehntel (z),
die zweite für die Hundertstel (h),
die dritte für die Tausendstel (t) usw.

$$\begin{array}{cccccc} 3 & , & 1 & 4 & 1 & 5\,\ldots \\ & & | & | & | & | \\ & & z & h & t & zt \end{array}$$

Jeder Dezimalbruch (mit endlich vielen Dezimalen) lässt sich als Zehnerbruch darstellen.

B $0{,}3 = \frac{3}{10}$ $\quad$ $0{,}667 = \frac{667}{1000}$ $\quad$ $25{,}53 = \frac{2553}{100}$

Dezimalbrüche kann man **erweitern,** indem man an die letzte Dezimale Nullen anhängt.

B $$5{,}83 = \frac{583}{100} = \underbrace{\frac{5\,830}{1\,000}}_{5{,}830} = \underbrace{\frac{58\,300}{10\,000}}_{5{,}8300} = \underbrace{\frac{583\,000}{100000}}_{5{,}83000} = \ldots$$

Dezimalbrüche kann man **kürzen,** indem man Nullen hinter dem Komma, denen keine Dezimale mehr folgt, weglässt.

B $$5{,}83000 = \underbrace{\frac{583\,000}{100000}}_{5{,}83000} = \underbrace{\frac{58\,300}{10\,000}}_{5{,}8300} = \underbrace{\frac{5\,830}{1\,000}}_{5{,}830} = \underbrace{\frac{583}{100}}_{5{,}83}$$

Man kann Dezimalbrüche **vergleichen,** indem man schrittweise von links ihre Stellen vergleicht.

B $43{,}67 > 41{,}6$; denn $3 > 1$ $\quad$ $0{,}664 < 0{,}666$; denn $4 < 6$

Beim **schriftlichen Addieren** und **Subtrahieren** von Dezimalbrüchen wird Komma unter Komma geschrieben und dann stellenweise von rechts beginnend addiert bzw. subtrahiert.

B 27,89 + 0,7 + 33,666 $\quad$ 45,7 – 13,99 – 0,123

$$\begin{array}{rr} & 27{,}890 \\ + & 0{,}700 \\ + & 33{,}666 \\ \hline & 62{,}256 \end{array} \qquad \begin{array}{rr} & 45{,}700 \\ - & 13{,}990 \\ - & 0{,}123 \\ \hline & 31{,}583 \end{array}$$

5 Geometrie in der Ebene

Parallel oder nicht parallel?

Unter der Spurweite versteht man den Abstand der beiden Schienen eines Gleises. Bei der europäischen Normalspur beträgt dieser 1 435 mm. Auf dem nebenstehenden Foto werden die Gleise scheinbar immer schmaler, obwohl die Schienen stets den gleichen Abstand haben.
Wie erklärst du dir das? Wo hast du schon einmal ähnliche Beobachtungen gemacht?

Je steiler, desto weiter?

Für die Reichweite eines Wasserstrahls ist neben dem Wasserdruck der „Anstiegswinkel" α entscheidend.
Ähnliches trifft auch für die Weite beim Ballwerfen bzw. beim Kugelstoßen zu.
Vermute, bei welchem Winkel die größte Weite erzielt werden kann.

Umfassende Einfassungen

Zur Einfassung von Beeten bzw. zur Begrenzung von Wegen werden meist quaderförmige Bordsteine verwendet.
Es sollen zehn rechteckige Blumenbeete mit einer Länge von 3,00 m und einer Breite von 2,50 m eingefasst werden.
Für wie viel Meter müssen insgesamt Einfassungen bestellt werden?

Gerade Linien

Gerade Linien können durch Falten von Papier oder Spannen einer Schnur erzeugt werden.

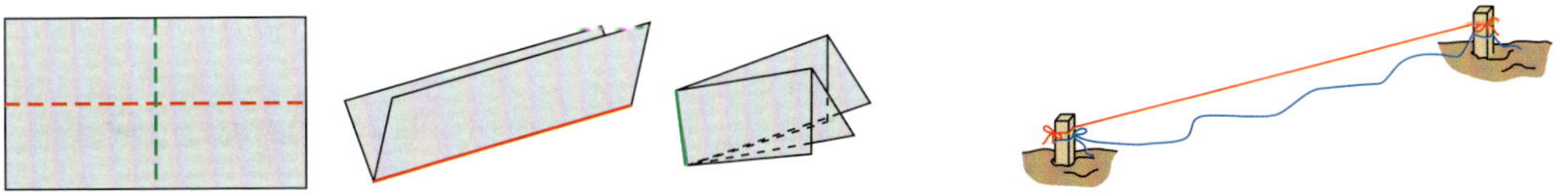

Spezielle gerade Linien sind die **Strecke,** der **Strahl** und die **Gerade.**

Eine **Strecke** ist die kürzeste Verbindung zweier Punkte.
Sind A und B der Anfangs- bzw. der Endpunkt der Strecke, so schreibt man $\overline{AB}$ (lies: Strecke AB).

Die Strecke $\overline{FH}$ ist die kürzeste Verbindung der Frau zum Hund.

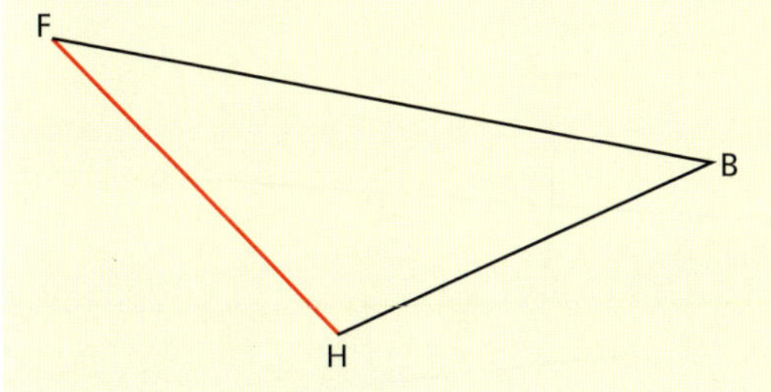

Jede Strecke hat eine Länge l, die wir mit einem Lineal oder dem Geodreieck messen können.
In nebenstehender Abbildung hat die Strecke $\overline{AB}$ eine Länge von 4,3 cm.
Man schreibt l = 4,3 cm oder auch $\overline{AB}$ = 4,3 cm.

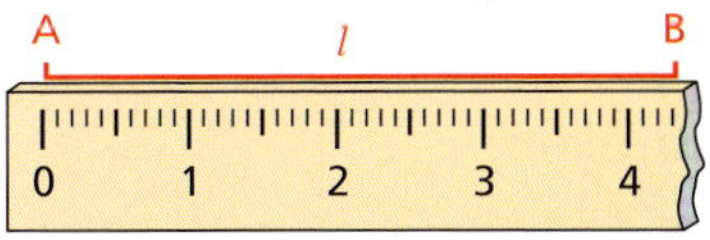

Eine **Gerade** hat keinen Anfang und kein Ende, sie ist unbegrenzt.
Man kann also immer nur einen Teil der Geraden zeichnen.
Zwei Punkte A und B legen eindeutig eine Gerade fest.

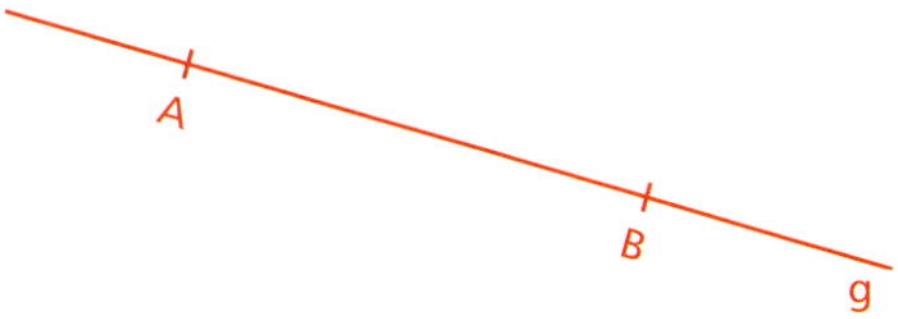

Geraden werden im Allgemeinen mit kleinen Buchstaben (z.B. g, h, i, …), mitunter auch durch Angabe zweier Punkte (z.B. Gerade AB, Gerade PQ, …) bezeichnet.

Ein **Strahl** (oder eine **Halbgerade**) ist ein Teil einer Geraden, er besitzt einen Anfang(spunkt) und kein Ende.
Nebenstehende Abbildung zeigt den Strahl s mit dem Anfangspunkt A.

Gegenseitige Lage zweier Geraden

Zwei (verschiedene) Geraden g und h einer Ebene sind entweder **zueinander parallel** (Schreibweise: g || h) oder sie **schneiden einander** in einem Punkt (wobei der Schnittpunkt auch außerhalb der Zeichnung liegen kann).

g und h schneiden einander		**g und h zueinander parallel**
Die Geraden g und h besitzen einen gemeinsamen Schnittpunkt.		Die Geraden g und h besitzen keinen gemeinsamen Schnittpunkt.
Der Punkt P ist der Schnittpunkt von g und h.	Der Schnittpunkt ist ein außerhalb der Zeichnung liegender Punkt	
	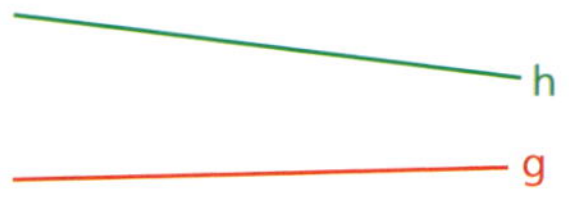	

Zwei einander schneidende Geraden g und h können **zueinander senkrecht** (man sagt auch: **zueinander orthogonal**) sein. Sie bilden einen rechten Winkel.
Man schreibt kürzer: g ⊥ h

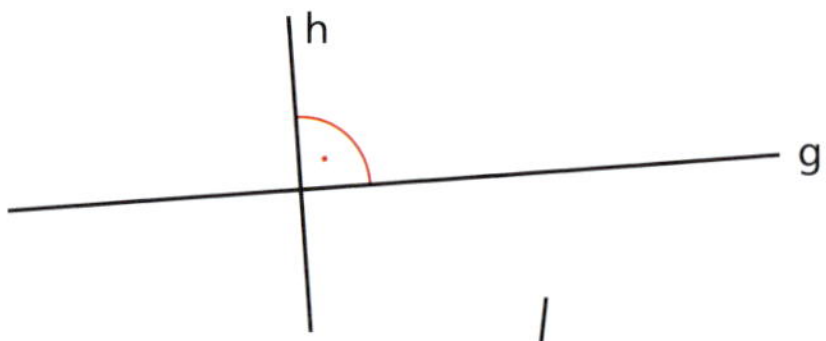

Mithilfe der Ortogonalität lässt sich auch die Parallelität von Geraden erklären:
Aus g ⊥ h und g ⊥ i folgt h || i.

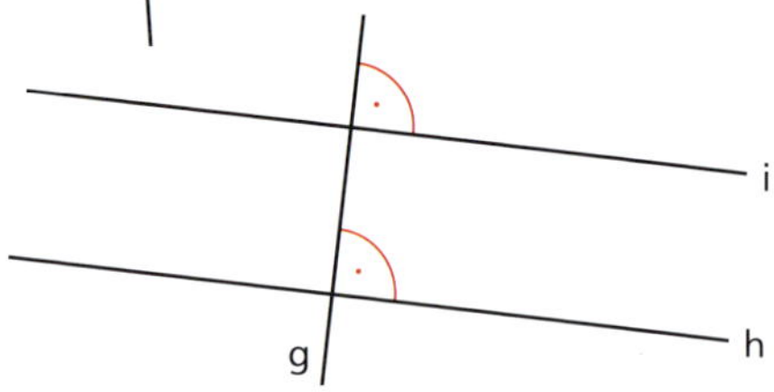

Symmetrie

Eine Figur ist **achsensymmetrisch (axialsymmetrisch),** wenn ein Teil der Figur das Spiegelbild des anderen Teils ist.
Die **Symmetrieachse** einer Figur heißt deshalb auch **Spiegelachse** der Figur.

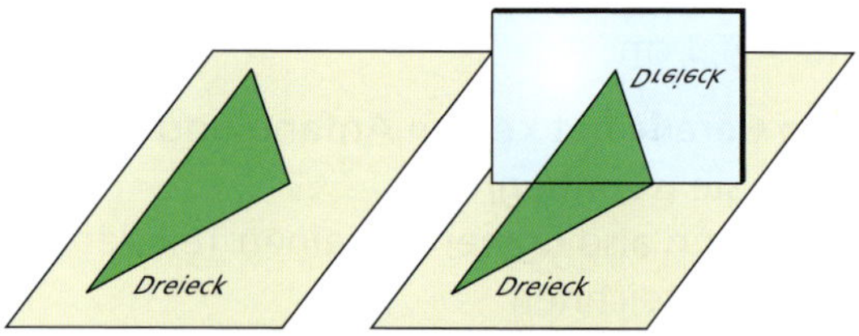

In der Natur bzw. Architektur findet man zahlreiche Beispiele ebener und räumlicher Gebilde, die symmetrisch sind:

Auch zwei einzelne Figuren können zueinander symmetrisch sein. Solche Figuren oder Muster kannst du durch **Spiegeln** einer Figur **an einer Geraden** (der Spiegelgeraden) erhalten.

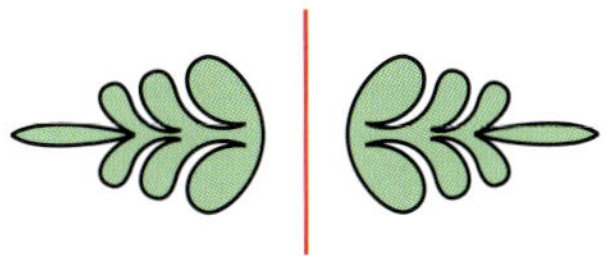

Man kann axialsymmetrische Figuren so falten, dass sich Teile der Figur decken (d.h., dass sie deckungsgleich sind). Die Faltgerade ist die Symmetrieachse der Figur.

Maßstab

Zeichnungen sowie ebene (und auch räumliche) Figuren lassen sich in einem bestimmten Verhältnis **vergrößern** bzw. **verkleinern.** Dabei entsteht ein zum **Original** ähnliches **Bild.** Das Verhältnis von Bildgröße zu Originalgröße wird als **Maßstab** bezeichnet.

Vergrößern	Verkleinern
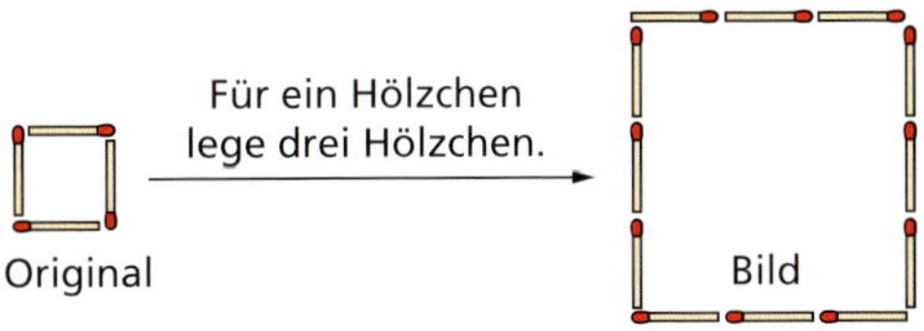	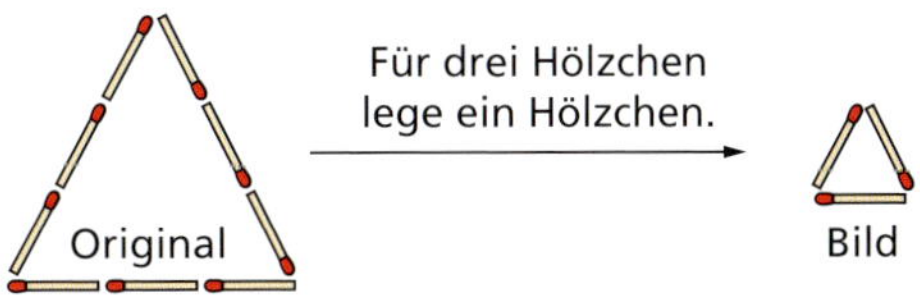
Drei Hölzchen im Bild entsprechen **einem** Hölzchen im Original.	**Einem** Hölzchen im Bild entsprechen **drei** Hölzchen im Original.
Es wurde im **Maßstab 3 zu 1** vergrößert. Man schreibt dafür auch 3 : 1.	Es wurde im **Maßstab 1 zu 3** verkleinert. Man schreibt dafür auch 1 : 3.

Landkarten sind immer **maßstäbliche Verkleinerungen.** Wie genau eine Karte ist, wird durch ihren Maßstab bestimmt. Die erste Zahl des Maßstabes gibt die Länge auf der Karte **(Bildlänge),** die zweite Zahl die Länge in der Wirklichkeit **(Originallänge)** an.

1 : 500 000	**1 : 1 000 000**	**1 : 2 000 000**
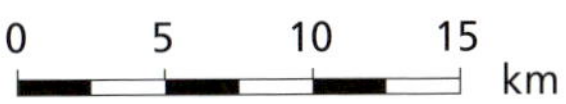	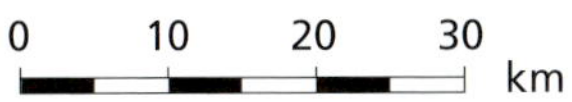	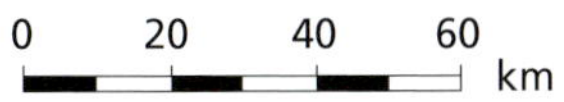
1 cm ≙ 500 000 cm = 5 km	1 cm ≙ 1 000 000 cm = 10 km	1 cm ≙ 2 000 000 cm = 20 km
1 cm auf der Karte entsprechen 5 km in der Wirklichkeit.	1 cm auf der Karte entsprechen 10 km in der Wirklichkeit.	1 cm auf der Karte entsprechen 20 km in der Wirklichkeit.

Kannst du das noch?

Aufgaben

Gerade Linien

1. Entscheide, welche der abgebildeten Figuren Strecken, Geraden bzw. Strahlen (Halbgeraden) sind.

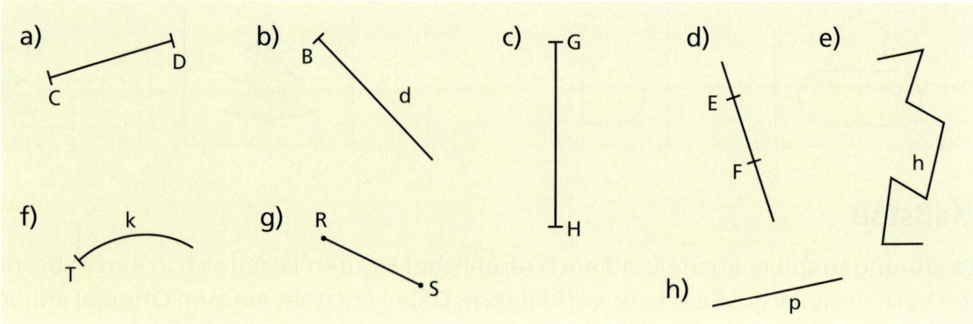

2. Welche der folgenden Aussagen sind wahr? Begründe.
a) Die Gerade g ist 5 cm lang.
b) Die Kanten eines Quaders sind Strecken.
c) Ein Strahl hat keine Länge.
d) Die Gerade durch die Punkte A und B enthält die Strecke $\overline{AB}$.
e) Eine Strecke hat einen Anfangs- und keinen Endpunkt.
f) Zwei Halbgeraden (Strahlen), die von einem Punkt ausgehen, ergeben stets eine Gerade.

3. Benjamin behauptet, dass $\overline{AB}$, $\overline{CD}$, $\overline{EF}$ Strecken sind. Nicole ist anderer Meinung. Was meinst du dazu?

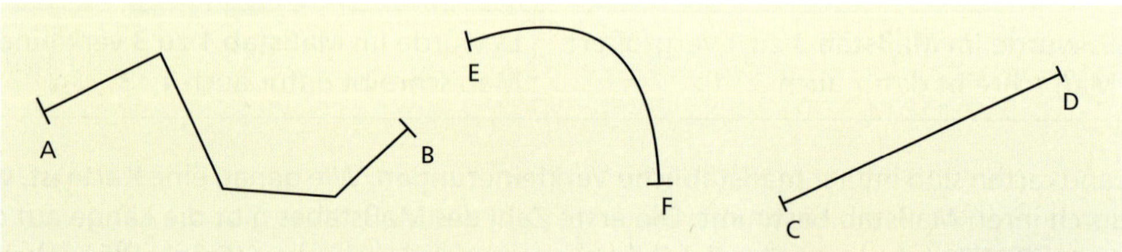

4. Klaus fragt Lisa nach Beispielen für den mathematischen Begriff *Strahl*. „Na, Wasser- und Lichtstrahlen“, kommt es von Lisa prompt.
Soll sich Klaus mit dieser Antwort zufrieden geben?

5. Markiere in deinem Heft fünf Punkte und bezeichne diese mit A, B, C, D bzw. E.
Verbinde alle Punkte durch Strecken. Wie viele verschiedene Strecken erhältst du? Nenne sie.
Hinweis: Es ist günstig, die Punkte so anzuordnen, dass sie ein Fünfeck bilden.

6. a) Zeichne die Strecken $\overline{AB}$ und $\overline{CD}$ mit $\overline{AB}$ = 5,0 cm bzw. $\overline{CD}$ = 2,5 cm.
b) Zeichne eine Strecke $\overline{EF}$, die so lang ist wie $\overline{AB}$ und $\overline{CD}$ zusammen.
c) Zeichne eine Gerade g, die die Strecke $\overline{AB}$ schneidet.
d) Zeichne einen Strahl s mit dem Anfangspunkt F.

7. Beschreibe jeweils die Lage der Linien.

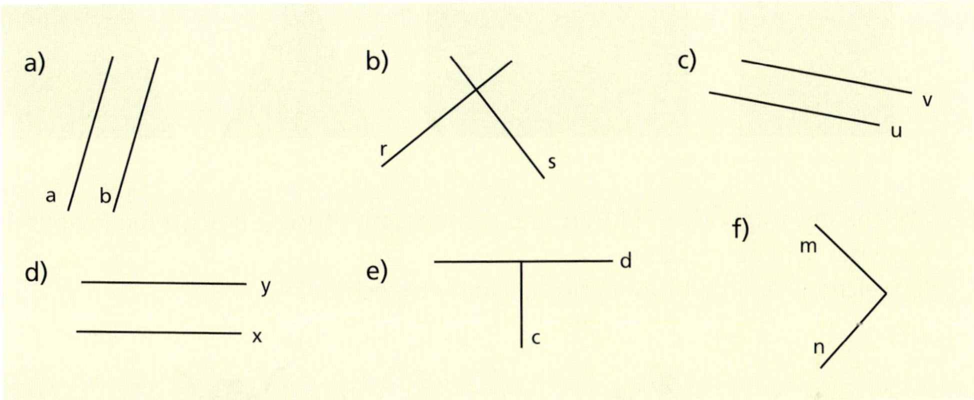

8. Richtig oder falsch? Begründe.
a) Zwei zueinander parallele Strecken sind stets gleich lang.
b) Zwei zueinander parallele Geraden haben überall den gleichen Abstand.
c) Der Abstand zweier zueinander senkrechter Geraden ist überall gleich groß.
d) Zwei Geraden, die einen Schnittpunkt haben, können zueinander senkrecht sein.
e) Bahnschienen verlaufen zueinander parallel.
f) Die Linien in deinem Mathematikheft verlaufen parallel und senkrecht zueinander.
g) Um 15.00 Uhr sind der große und der kleine Zeiger der Uhr zueinander senkrecht.

9. a) Zeichne eine Strecke $\overline{AB}$ mit $\overline{AB}$ = 5 cm.
b) Errichte im Punkt A eine Senkrechte.
c) Trage von A aus auf der Senkrechten eine Länge von 2 cm ab. Bezeichne den so erhaltenen Punkt mit D.
d) Zeichne eine Parallele zu $\overline{AB}$ durch D.
e) Zeichne eine Parallele zu $\overline{AD}$ durch B.
f) Wie heißt die Figur, die du erhalten hast?
Was musst du ändern, damit ein Quadrat entsteht?

10. Im Gegensatz zu geraden Linien lassen sich Kreise nicht so einfach zeichnen.
a) Nenne Gegenstände, mit deren Hilfe du Kreise zeichnen kannst. Zeichne mit einigen Gegenständen verschiedene Kreise in dein Heft.
b) Zeichne mit einem Zirkel mindestens drei verschiedene Kreise in dein Heft.
c) Nenne Beispiele aus deiner Umwelt, wo Kreise auftreten.

Symmetrie

11. Wie heißen folgende Figuren? Gib jeweils die Anzahl ihrer Symmetrieachsen an.

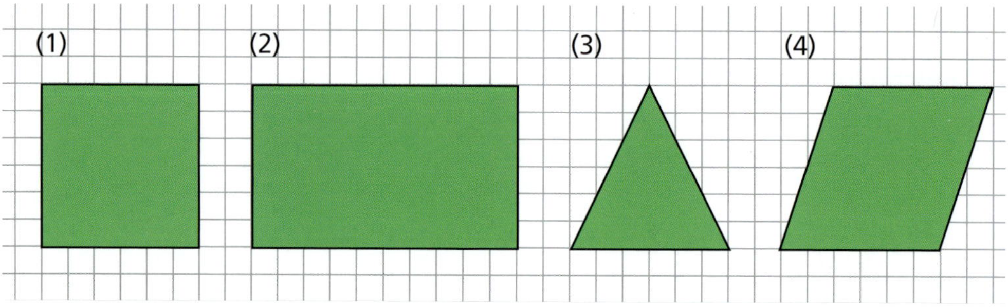

12. Welche der folgenden Figuren sind achsensymmetrisch? Beschreibe jeweils die Lage der Symmetrieachse.
In welchen Fällen gibt es mehrere Symmetrieachsen?

(1)
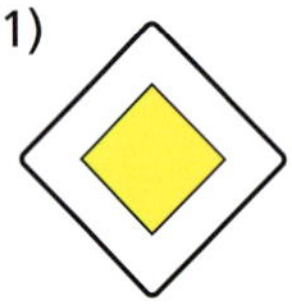
(2)

(3)
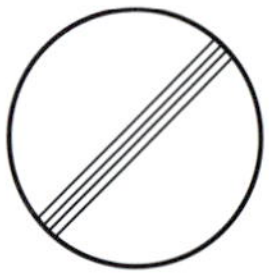
(4)

(5)

(6)

(7)
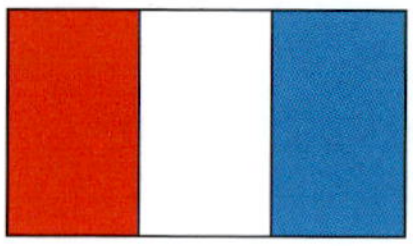
(8)

(9)

13. Übertrage nebenstehende Figuren in dein Heft.
Ergänze sie so, dass jeweils eine symmetrische Figur entsteht.
Wie heißt das Lösungswort?

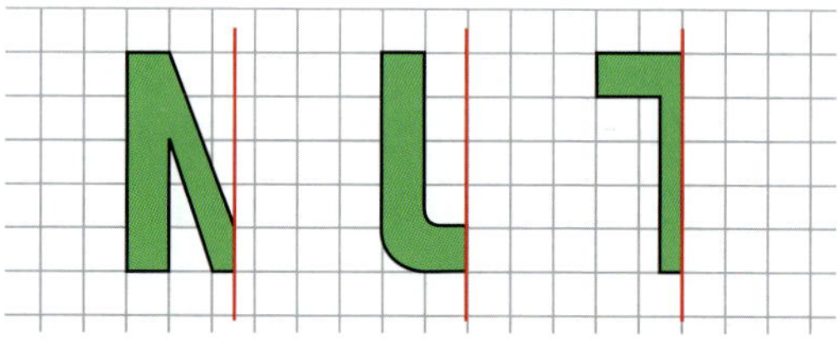

Maßstab

14. In einem Atlas befinden sich Karten mit unterschiedlichen Maßstäben. Wie groß ist jeweils in Wirklichkeit die Entfernung, für die du auf der Karte 1 cm misst?
a) 1 : 20 000 000 b) 1 : 10 000 c) 1 : 250 000

15. Miss Länge und Breite deines Heftes und zeichne ein Bild im Maßstab 1 : 10.

16. Für diese Aufgabe benötigst du einen Atlas. Welche Städte im Land Brandenburg kann eine Brieftaube von den folgenden Orten aus erreichen, wenn sie 60 km weit fliegt?
a) Berlin (Alexanderplatz) b) Rathenow c) Jüterbog

5.1 Das Koordinatensystem

Beim Schachspielen (etwa mit einem Schachcomputer) ist es notwendig, die einzelnen Felder genau zu bezeichnen.
In nebenstehender Abbildung befinden sich beispielsweise die weißen Springer auf den Feldern F3 bzw. B1. Mithilfe der „Koordinaten" A bis H (bzw. a bis h) für die senkrechten Reihen sowie 1 bis 8 für die waagerechten Reihen kann jedes der 64 Felder des Schachbrettes beschrieben werden.

Um die **Lage von Punkten** in der Ebene genau anzugeben, werden so genannte Koordinatensysteme benutzt.
Ein ebenes **Koordinatensystem** besteht aus einer **x-Achse** und einer **y-Achse.** Diese Achsen sind zueinander senkrechte Zahlenstrahlen mit einem gemeinsamen Anfangspunkt.
Die Lage eines Punktes kann nun durch zwei Angaben eindeutig beschrieben werden: seinen **x-Wert** und seinen **y-Wert.**
Den x-Wert (die **Abszisse**) und den y-Wert (die **Ordinate**) eines Punktes nennt man seine **Koordinaten.** Üblich ist eine Schreibweise als geordnetes Zahlenpaar (x; y) oder in der Form (x | y).

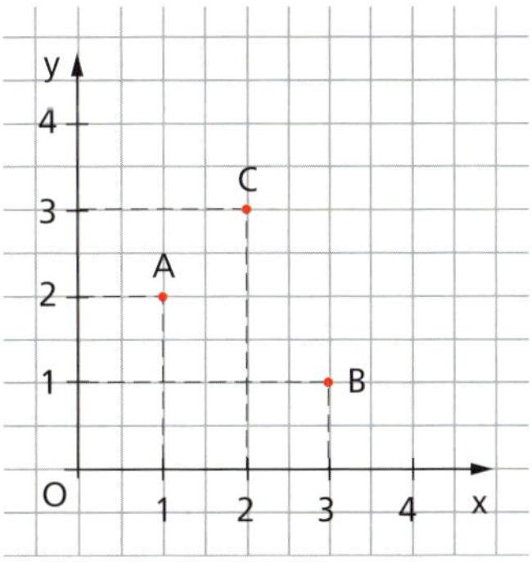

Für die oben angegebenen Punkte A, B und C gilt:
A(1; 2), B(3; 1), C(2; 3)
Den gemeinsamen Anfangspunkt von x- und y-Achse nennt man den **Koordinatenursprung.** Er wird mit dem großen Buchstaben O (nach dem lateinischen Wort *origo*) bezeichnet und hat die Koordinaten (0; 0).

M Ein ebenes Koordinatensystem ist durch zwei Koordinatenachsen bestimmt, die senkrecht zueinander sind und den Koordinatenursprung O gemeinsam haben.

Auch in der Geographie wird mit Koordinatensystemen gearbeitet. So lässt sich ein Ort auf der Erde mithilfe seiner **geographischen Länge** und **geographischen Breite** angeben. Dabei bezieht man sich auf das Gradnetz der Erde.
Der Stadtmittelpunkt von Berlin (Brandenburger Tor) lässt sich danach gerundet wie folgt angeben: 52,5° nördlicher Breite; 13,5° östlicher Länge.

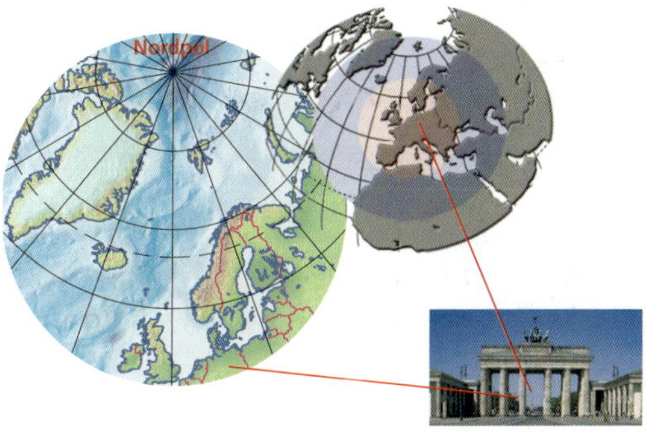

Aufgaben

1. Zeichne ein ebenes Koordinatensystem und trage folgende Punkte ein:
A(4; 1) B(2; 5) C(5; 2) D(2; 3,5) E(3,5; 3,5)

2. a) Übertrage das nebenstehend abgebildete Koordinatensystem sowie die darin markierten Punkte in dein Heft.
b) Gib die Koordinaten der Punkte an.
c) Zeichne die Strecken $\overline{AC}$ und $\overline{BD}$ ein und gib die Koordinaten ihres Schnittpunktes S an.

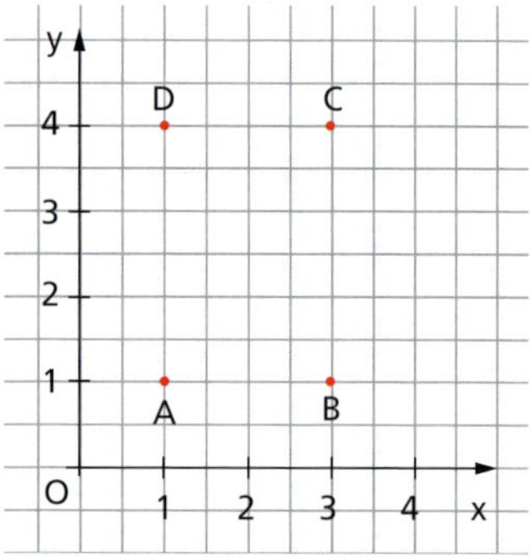

3. Wo liegen die Punkte P(4,5; 0) und Q(0; 2) im Koordinatensystem?

4. a) Übertrage das Koordinatensystem sowie die darin markierten Punkte in dein Heft.
b) Gib die Koordinaten der Punkte A, B, C und D an.
c) Zeichne die Strecken $\overline{AB}$, $\overline{BC}$, $\overline{CD}$ und $\overline{AD}$ ein. Was für eine Figur entsteht?
d) Zeichne auch die Punkte E(2; 4); F(5; 7) sowie G(2; 7) ein und verbinde sie. Wie heißt die entstandene Figur?

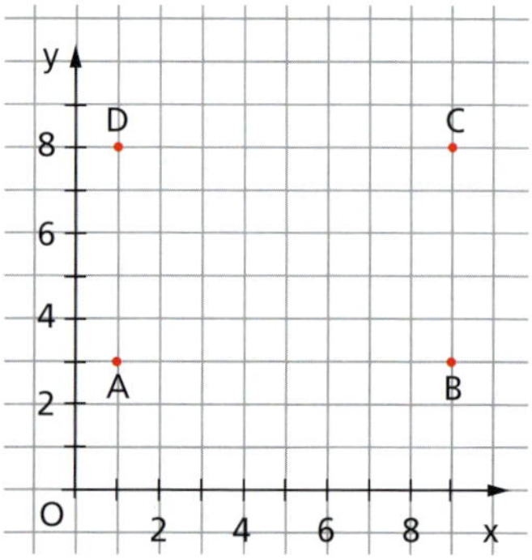

5. a) Zeichne die Punkte P(3; 6), Q(6; 6) und R(8; 6) in ein Koordinatensystem. Wähle als Einheit 1 cm. Beschreibe die Lage dieser Punkte.
b) Verbinde den Punkt R mit dem Koordinatenursprung O. Wie lang ist die Strecke $\overline{OR}$?

6. Zeichne die Gerade g, die durch die Punkte R(2; 1) und S(4; 5) verläuft, in ein Koordinatensystem.
Gib die Koordinaten von drei weiteren Punkten an, die auf der Geraden g liegen.

7. Trage die folgenden Punkte in ein Koordinatensystem ein:
A(5; 1), B(6; 4), C(9; 4), D(7; 6), E(9; 8), F(6; 8), G(5; 11), H(4; 8), I(1; 8), J(3; 6), K(1; 4), L(4; 4)
Verbinde die Punkte der Reihe nach von A bis L sowie den Punkt L mit dem Punkt A. Es entsteht eine ebene Figur.

8. Denke dir selbst eine Figur aus. Gib die Koordinaten der Eckpunkte an, damit auch deine Mitschüler diese Figur zeichnen können.

9. Ermittle möglichst genau die geographischen Koordinaten
a) deines Heimatortes bzw. eines von dir selbst gewählten Ortes in Brandenburg;
b) zweier außereuropäischer Großstädte.
Nutze dazu gegebenenfalls das Internet.

5.2 Der Kreis

In räumlichen und ebenen Figuren unserer Umwelt begegnen uns neben geraden Linien oft auch **kreisförmige Linien.**

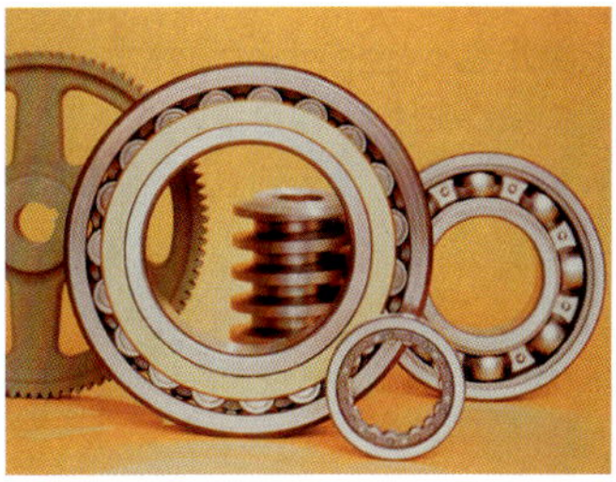

M Die Punkte eines **Kreises** haben alle den gleichen Abstand von einem festen Punkt, dem **Mittelpunkt** des Kreises. Dieser Abstand wird **Radius** genannt.

Den Mittelpunkt eines Kreises bezeichnet man üblicherweise mit M, seinen Radius mit r. Die Strecke d heißt **Durchmesser.**
Unter dem **Umfang** u des Kreises wird die Länge der Kreislinie verstanden.

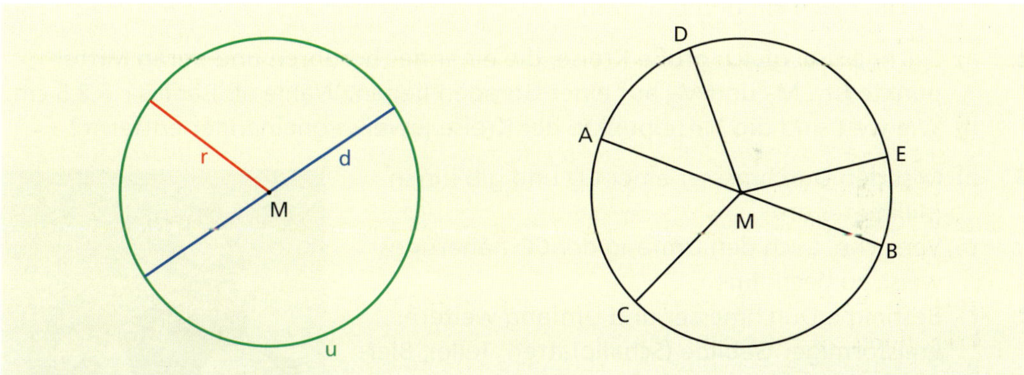

In der rechten Abbildung gehören die Punkte A, B, C, D und E zum Kreis. Die Strecken $\overline{MA}$, $\overline{MB}$, $\overline{MC}$, $\overline{MD}$ und $\overline{ME}$ sind Radien mit der Länge r. Die Strecke $\overline{AB}$ ist ein Durchmesser des Kreises mit der Länge d.
Alle Durchmesser eines Kreises gehen durch den Mittelpunkt und haben die gleiche Länge. Es gilt: $d = 2 \cdot r$

Kreise werden mit einem Zirkel gezeichnet. Für die **Schrittfolge** beim Zeichnen gilt:
1. Markiere den Mittelpunkt (z.B. durch ein kleines Kreuz).
2. Stelle den Radius am Zirkel ein.
3. Zeichne den Kreis.

Tipp: Achte darauf, dass Spitze und Mine des Zirkels gleich lang sind. Spitze die Zirkelmine regelmäßig an. Am besten geht das mit Schmirgelpapier.

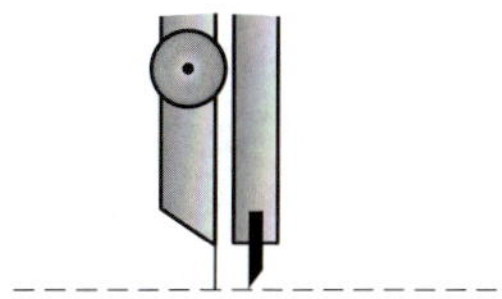

Aufgaben

1. a) Zeichne einen Kreis mit dem Radius r = 3,5 cm.
b) Zeichne vier verschiedene Radien und drei verschiedene Durchmesser ein.
c) Miss die Radien und die Durchmesser. Was stellst du fest?

2. Gib jeweils den Durchmesser des Kreises an, wenn der Radius r gegeben ist.
a) r = 1,75 m b) r = 2,1 mm c) r = 24 dm d) r = 7,2 cm

3. Zeichne Kreise mit folgenden Durchmessern.
a) d = 4 cm b) d = 2,8 cm c) d = 60 mm d) d = 44 mm

4. Zeichne die Muster nach. Wähle jeweils geeignete Radien.

a)
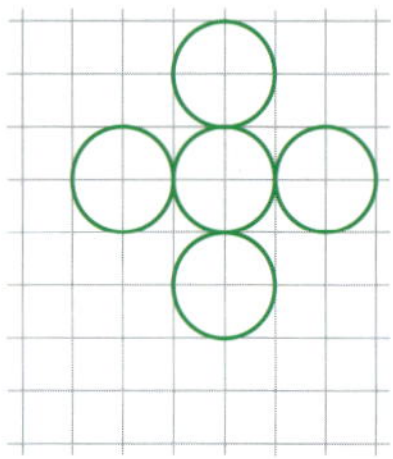

b)
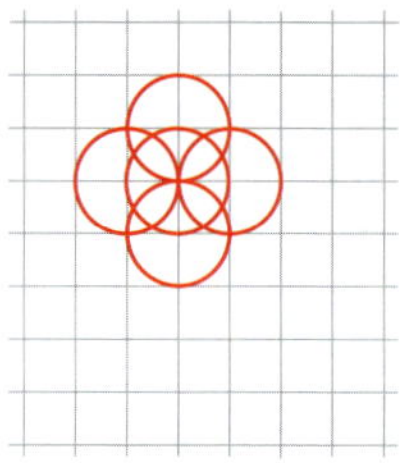

c)
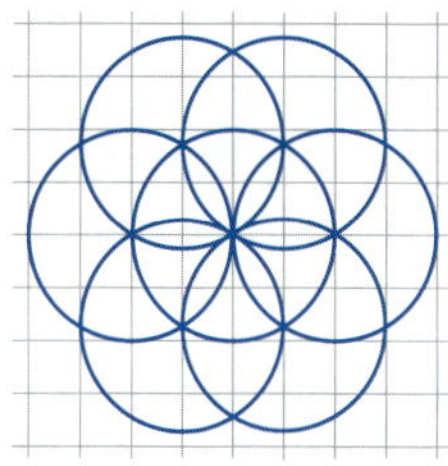

5. Zeichne drei Kreise, die den gleichen Mittelpunkt haben. Wähle folgende Radien: $r_1 = 2$ cm, $r_2 = 4$ cm und $r_3 = 5$ cm.

6. a) Zeichne drei gleich große Kreise, die einander berühren und deren Mittelpunkte M_1, M_2 und M_3 auf einer Geraden liegen. Wähle als Radius r = 2,5 cm.
b) Wie weit sind die Mittelpunkte der Kreise jeweils voneinander entfernt?

7. a) Miss den Durchmesser einer CD und gib ihn in Millimeter an.
b) Versuche, auch den Umfang der CD näherungsweise zu bestimmen.
c) Bestimme Durchmesser und Umfang weiterer kreisförmiger Gebilde (Schallplatten, Teller, Bierdeckel oder Ähnliches).
Vermute einen Zusammenhang zwischen Umfang u und Durchmesser d eines Kreises.

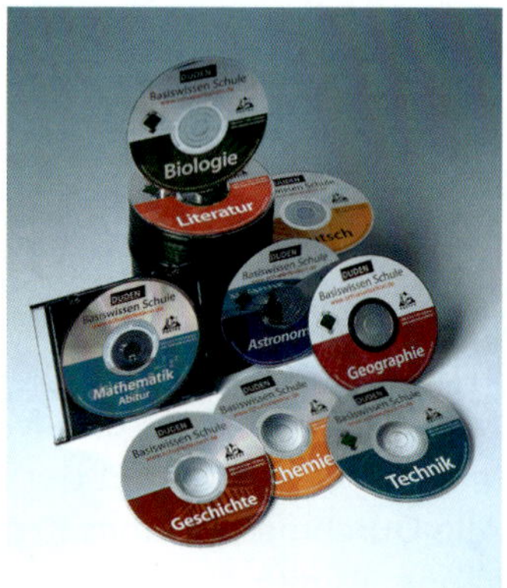

8. a) Zeichne den Kreis mit dem Mittelpunkt M(5; 4) und dem Radius r = 3 cm in ein Koordinatensystem.
b) Untersuche die Lage der folgenden Punkte bezüglich des Kreises:
A(2; 2) B(4; 2) C(5; 1) D(2; 4)

9. a) Zeichne ein Quadrat mit der Seitenlänge a = 8 cm.
b) Zeichne einen Kreis, der durch die Eckpunkte des Quadrates geht, und miss dessen Durchmesser.
c) Zeichne den größtmöglichen Kreis, der im Inneren des Quadrates liegt.

5.3 Umfang und Flächeninhalt ebener Figuren

Rechteck und Quadrat als spezielle ebene Figuren

Ein **Rechteck** hat vier Ecken und vier rechte Winkel. Die gegenüberliegenden Seiten eines Rechteckes sind zueinander parallel und gleich lang. Es gilt:
$\overline{AB} \parallel \overline{CD}$ und $\overline{AB} = \overline{CD}$; $\overline{BC} \parallel \overline{AD}$ und $\overline{BC} = \overline{AD}$
Benachbarte Seiten eines Rechtecks sind zueinander senkrecht, d.h., es gilt:
$\overline{AB} \perp \overline{BC}$; $\overline{BC} \perp \overline{CD}$; $\overline{CD} \perp \overline{AD}$; $\overline{AD} \perp \overline{AB}$

Ein **Quadrat** ist ein spezielles Rechteck, bei dem alle vier Seiten gleich lang sind.
Es gilt zusätzlich:
$\overline{AB} = \overline{BC} = \overline{CD} = \overline{AD}$

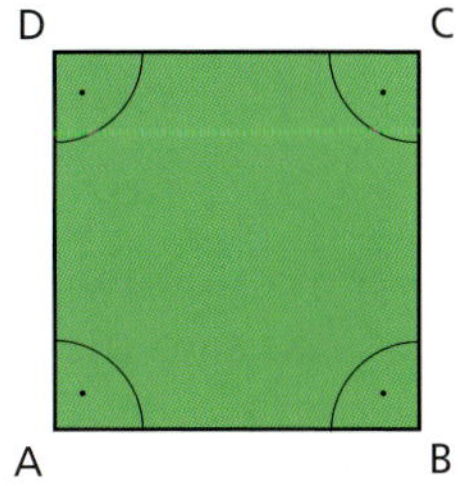

Hinweis: Es ist üblich, die Seiten eines Rechtecks mit a und b bzw. die Seiten eines Quadrates mit a zu bezeichnen.

Umfang ebener Figuren

Claudia fertigt eine Geburtstagskarte für ihre Mutti an. Auf die Karte zeichnet sie eine Blume, die sie mit einem roten Wollfaden umklebt.
Mithilfe des Fadens kann Claudia den **Umfang** der Blütenfigur bestimmen.
Sie misst dazu vor dem Aufkleben dessen Länge mit einem Lineal.

Herr Müller muss regelmäßig die Weidefläche für seine Ziege abstecken. Die neue Fläche ist ein Fünfeck (in der Abbildung etwa im Maßstab 1 : 300 dargestellt).
Herr Müller überlegt, wie viel Meter Weidezaun er stellen muss. Er misst dazu jede der einzelnen Strecken:
$\overline{AB} = 7$ m; $\overline{BC} = 12$ m; $\overline{CD} = 8$ m;
$\overline{DE} = 10$ m; $\overline{AE} = 6$ m

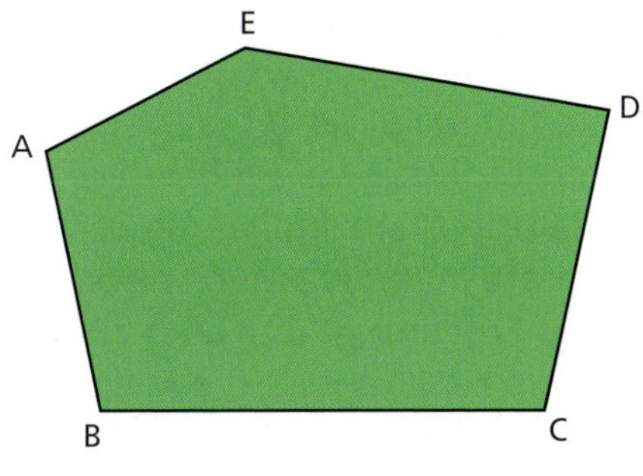

Wenn er die Längen aller Strecken addiert, erhält er die gesamte Länge des Weidezaunes, den **Umfang** des Fünfeckes ABCDE:

$\overline{AB} + \overline{BC} + \overline{CD} + \overline{DE} + \overline{AE} = 7\text{ m} + 12\text{ m} + 8\text{ m} + 10\text{ m} + 6\text{ m} = 43\text{ m}$

Der Umfang des Fünfecks beträgt 43 m. Der neue Weidezaun muss also 43 m lang sein.

M Unter dem **Umfang u** eines ebenen Vielecks versteht man die Summe aller Seitenlängen.

Der Umfang eines Rechtecks oder eines Quadrates lässt sich leicht berechnen.

Rechteck

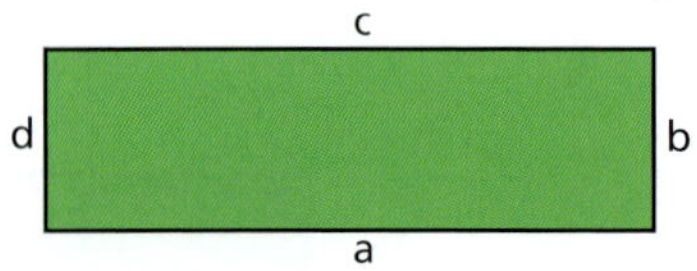

$u = a + b + c + d$

Die gegenüberliegenden Seiten eines Rechtecks sind gleich lang, d.h., es gilt:

$a = c$ und $b = d$

$u = a + b + a + b = 2 \cdot a + 2 \cdot b$

Quadrat

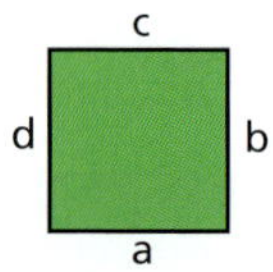

$u = a + b + c + d$

Alle Seiten eines Quadrates sind gleich lang, d.h., es gilt:

$a = b = c = d$

$u = a + a + a + a = 4 \cdot a$

M Für ein beliebiges **Rechteck** mit den Seitenlängen a und b gilt:
$\mathbf{u = 2 \cdot a + 2 \cdot b = 2 \cdot (a + b)}$
Für ein **Quadrat** mit der Seitenlänge a gilt:
$\mathbf{u = 4 \cdot a}$

B

Gegeben: $a = 4$ cm; $b = 6$ cm
Gesucht: u (in cm)
Lösung: $u = 2 \cdot (a + b)$
$u = 2 \cdot (4\text{ cm} + 6\text{ cm}) = 2 \cdot 10\text{ cm}$
$u = 20$ cm

Gegeben: $a = 5$ cm
Gesucht: u (in cm)
Lösung: $u = 4 \cdot a$
$u = 4 \cdot 5$ cm
$u = 20$ cm

Flächeninhalt ebener Figuren

Herr Müller möchte nun wissen, wie viel Quadratmeter Weidefläche er zur Verfügung hat. Dazu fertigt er eine maßstabsgerechte Skizze auf Millimeterpapier an. Zuerst zählt Herr Müller die Zentimeterquadrate in seiner Figur. Es sind etwa 13. Dieses Ergebnis ist ihm aber zu ungenau. Deshalb zählt er jetzt die Millimeterquadrate und kommt auf etwa 1 240.

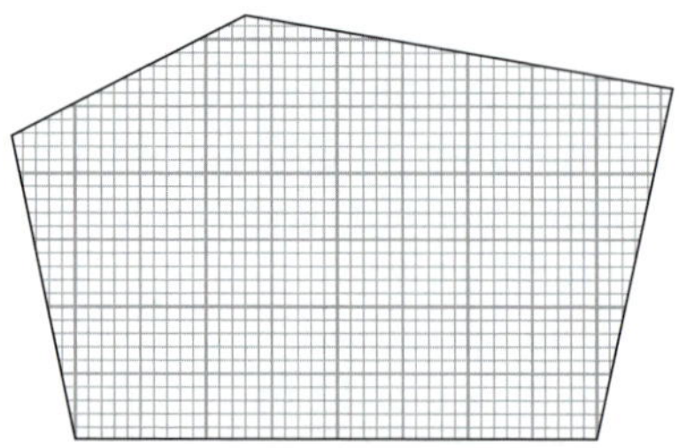

M Die Größe einer Fläche wird **Flächeninhalt** genannt und mit A bezeichnet. Ein Quadrat mit einer Seitenlänge von einem Zentimeter hat einen Flächeninhalt von **einem Quadratzentimeter** (1 cm^2).

Fläche	**Seitenlänge**	**Flächeninhalt**
Millimeterquadrat	1 mm	1 mm^2
Zentimeterquadrat	1 cm	1 cm^2

B

Fläche	A in Quadratzentimeter	A in Quadratmillimeter
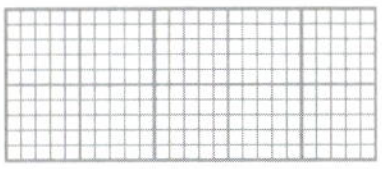	2,5 cm^2	250 mm^2

Weitere **Flächeneinheiten** sind die folgenden:

Quadratdezimeter (dm^2) $1\ dm^2 = 1\ dm \cdot 1\ dm = 10\ cm \cdot 10\ cm$
Quadratmeter (m^2) $1\ m^2 = 1\ m \cdot 1\ m = 100\ cm \cdot 100\ cm$
Ar (a) $1\ a = 10\ m \cdot 10\ m$
Hektar (ha) $1\ ha = 100\ m \cdot 100\ m$
Quadratkilometer (km^2) $1\ km^2 = 1\ km \cdot 1\ km$

Die Maßeinheiten Ar und Hektar sind vor allem in der Landwirtschaft gebräuchlich.

Zur Umrechnung zwischen den Flächeneinheiten ist das folgende Schema nützlich:

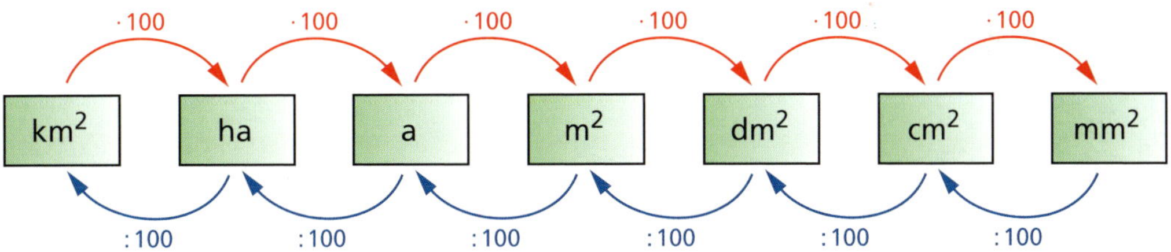

B $5\ dm^2 = (5 \cdot 100)\ cm^2 = 500\ cm^2$ $320\ a = (320 : 100)\ ha = 3{,}2\ ha$

Wie groß ist etwa …?

1 mm^2

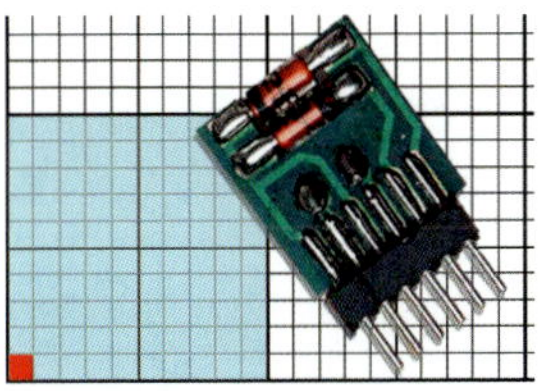

1 cm^2

1 dm^2

1 m^2

Tipp: Ein Daumennagel hat etwa die Größe von 1 cm^2, ein Fußballfeld von 1 ha.

Während es für das Messen von Längen, Zeiten und Massen entsprechende Messgeräte (Lineal, Uhr, Waage oder Ähnliches) gibt, ist das für Flächeninhalte nicht der Fall. Eine Möglichkeit, den Flächeninhalt von ebenen Figuren zu bestimmen, hat Herr Müller demonstriert: das **Auslegen mit Einheitsquadraten.** Für den Flächeninhalt des maßstäblich dargestellten Fünfecks bekommt er etwa 13 cm^2, bei feinerer Unterteilung rund 1 240 mm^2. (Diese Ergebnisse muss er entsprechend des gewählten Maßstabes natürlich noch umrechnen.)
Genauere Ergebnisse kann man durch **Berechnen des Flächeninhalts** erreichen. Für das Rechteck und das Quadrat ist eine solche Berechnung relativ einfach.

Flächeninhalt von Rechteck und Quadrat

Rechteck und Quadrat sind auf Millimeterpapier gezeichnet. Du kannst den Flächeninhalt A ermitteln, indem du die Zentimeter- oder Millimeterquadrate auszählst.

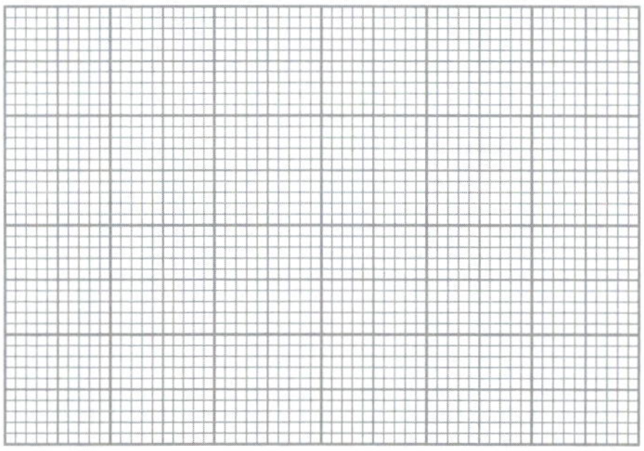

$A = 24\ cm^2 = 2\,400\ mm^2$
$A = (4 \cdot 6)\ cm^2$

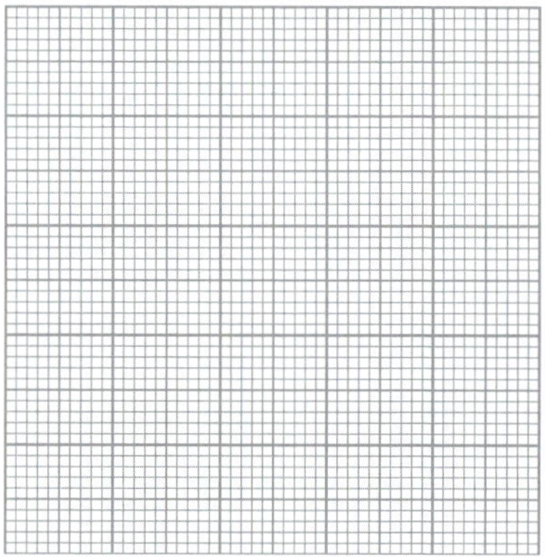

$A = 25\ cm^2 = 2\,500\ mm^2$
$A = (5 \cdot 5)\ cm^2$

M Den Flächeninhalt eines Rechtecks kann man berechnen, indem man das Produkt aus Länge und Breite des Rechtecks bildet.

Für ein **Rechteck** mit den Seitenlängen a und b gilt:
$\mathbf{A = a \cdot b}$

Für ein **Quadrat** mit der Seitenlänge a vereinfacht sich die Formel:
$\mathbf{A = a \cdot a = a^2}$

B
Gegeben: a = 3 cm; b = 7 cm
Gesucht: A (in cm^2)
Lösung: $A = a \cdot b$
$A = 3\ cm \cdot 7\ cm$
$A = 21\ cm^2$

Gegeben: a = 4 cm
Gesucht: A (in cm^2)
Lösung: $A = a^2$
$A = (4\ cm)^2$
$A = 16\ cm^2$

Hinweis: Länge und Breite müssen immer in derselben Einheit angegeben sein. Wenn nicht, wandle entsprechend um.

Aufgaben

1. Wie viele Rechtecke sind in der folgenden Abbildung dargestellt?

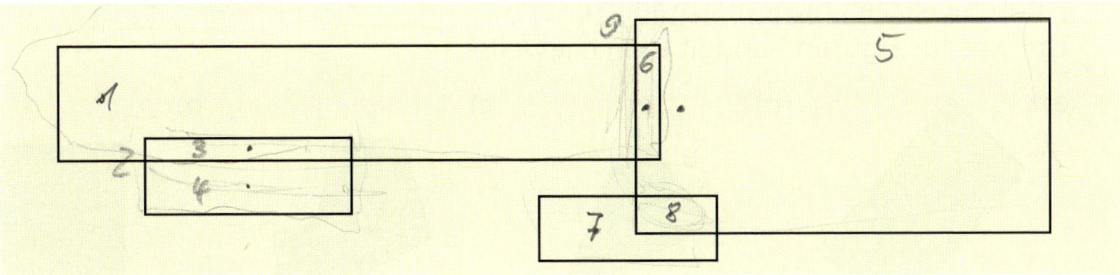

2. a) Wie viele Quadrate kannst du in nebenstehender Figur erkennen?
   b) Wie viele Rechtecke siehst du, die keine Quadrate sind?

3. Welche der folgenden Aussagen sind wahr?
   a) Jedes Quadrat ist rechteckig.
   b) Quadrate sind keine Rechtecke.
   c) Alle Vierecke sind Rechtecke.
   d) Quadrate haben vier rechte Winkel.
   e) Manche Rechtecke sind Quadrate.
   f) Ein Viereck mit vier gleich langen Seiten ist ein Quadrat.

4. Welche Eigenschaften von Rechtecken sind bei folgenden Figuren nicht erfüllt? Kennst du auch den Namen dieser Figuren?

a)

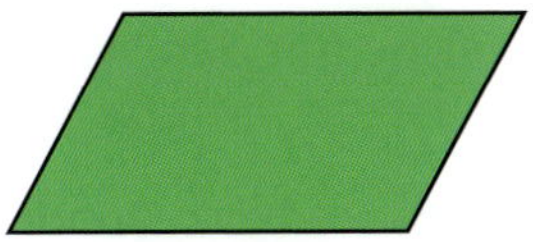

b)

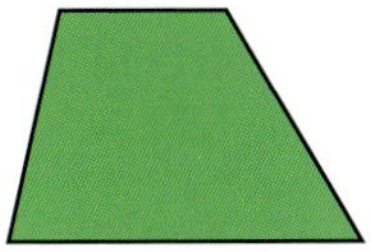

c)

5. Zeichne mithilfe des Geodreiecks jeweils das Rechteck ABCD mit den gegebenen Seitenlängen.
   a) $\overline{AB} = 4$ cm; $\overline{BC} = 3$ cm
   b) $\overline{CD} = 18$ mm; $\overline{AD} = 35$ mm
   c) $\overline{AB} = 5$ cm; $\overline{BC} = 42$ mm
   d) $\overline{BC} = 2{,}7$ cm; $\overline{CD} = 2 \cdot \overline{AD}$

6. Zeichne mithilfe des Geodreiecks das Quadrat ABCD mit der gegebenen Seitenlänge.
   a) $\overline{AB} = 2$ cm
   b) $\overline{BC} = 28$ mm
   c) $\overline{CD} = 5{,}2$ cm

7. Wandle jeweils in die nächstkleinere Einheit um.
   60 110 km²; 503 ha; 370 m²; 7 cm²; 72 cm²; 8 dm²; 190 cm²

8. Wandle in die nächstgrößere Einheit um.
5 ha; 3,5 m^2; 0,7 cm^2; 42 a; 12 dm^2; 555 mm^2; 7,09 cm^2

9. Berechne die fehlende Seitenlänge bzw. den Umfang u der abgebildeten ebenen Figuren (Skizzen nicht maßstäblich).
Um was für Figuren handelt es sich jeweils?

a)
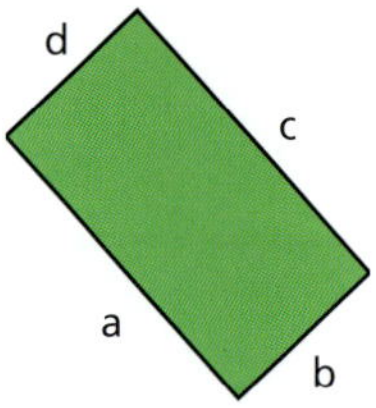

a = 3,5 cm
b = 1,5 cm
c = 3,5 cm
d = 1,5 cm

b)
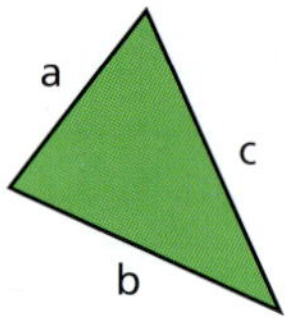

a = 1,5 cm
b = 2 cm

u = 5,7 cm

c)
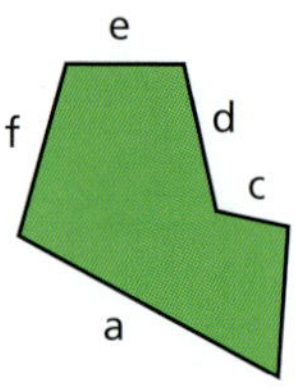

a = 2 cm
b = 1 cm
c = 0,5 cm
d = 1 cm
e = 0,8 cm
f = 1,2 cm

d)
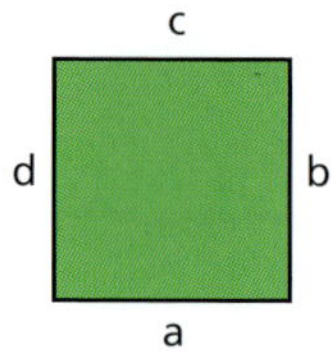

a = 2,5 cm
b = 2,5 cm
c = 2,5 cm

u = 10 cm

10. Die Abbildung zeigt ein Rechteck und ein Quadrat mit Unterteilung in Zentimeter- bzw. Millimeterquadrate.

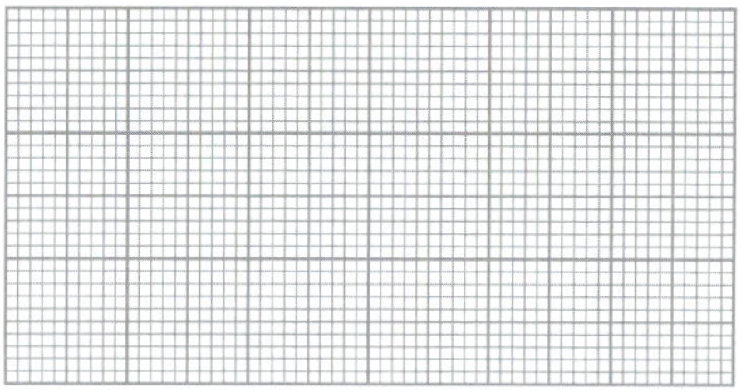

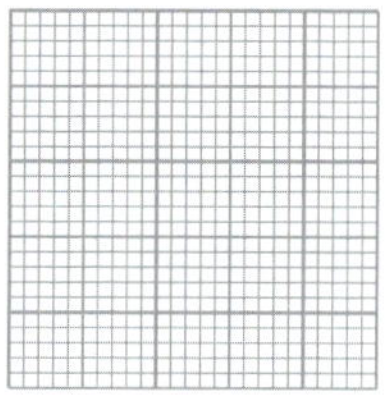

a) Gib die Seitenlängen beider Figuren an.
b) Ermittle den Umfang und den Flächeninhalt beider Figuren durch Auszählen.
c) Berechne den Umfang und den Flächeninhalt. Vergleiche mit den Werten aus Teilaufgabe b).

11. Berechne Umfang und Flächeninhalt der folgenden Rechtecke bzw. Quadrate. Übertrage dazu die Tabelle in dein Heft.

	Seite a	Seite b	Umfang u	Flächeninhalt A
Figur 1	1 cm	4 cm		
Figur 2	1,2 cm	1,2 cm		
Figur 3	80 mm	10 cm		
Figur 4	2,1 cm	21 mm		

12. Zeichne Rechtecke mit den gegebenen Seitenlängen in dein Heft. Berechne jeweils Umfang und Flächeninhalt.

a) a = 4 cm; b = 7 cm b) a = 3,8 cm; b = 6,2 cm
c) a = 77 mm; b = 3,3 cm d) a = 1 dm; b = 12 mm

13. Zeichne Quadrate mit der gegebenen Seitenlänge in dein Heft. Berechne jeweils Umfang und Flächeninhalt.

a) a = 6 cm b) 5,7 cm c) a = 0,4 dm d) 42 mm

14. Von folgenden Rechtecken sind die Länge einer Seite und der Flächeninhalt bekannt. Berechne die fehlende Seitenlänge.

a) a = 14 mm; A = 168 mm^2 b) b = 31 mm; A = 310 mm^2
c) a = 28 mm; A = 140 mm^2 d) b = 290 mm; A = 841 cm^2

15. Wie ändern sich der Umfang und der Flächeninhalt eines Quadrates, wenn dessen Seitenlängen verdoppelt (verfünffacht; halbiert) werden?

16. Frau Schulze möchte den Fußboden in Martins Kinderzimmer erneuern. Herr Schulze zeichnete einen Plan vom Kinderzimmer im Maßstab 1 : 100.
Im Baumarkt entscheiden sie sich für einen Korkfußboden und Fußbodenleisten aus Holz.

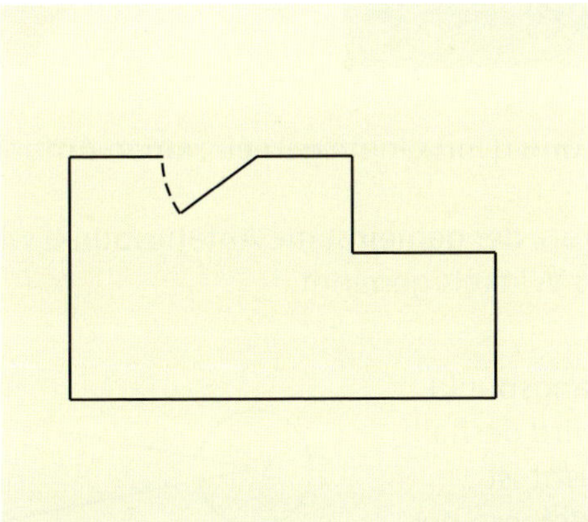

a) Ermittle die Maße des Kinderzimmers mithilfe der maßstabsgerechten Zeichnung.
b) Wie viel Meter Fußbodenleisten benötigt Familie Schulze? Wie viele 2-m-Stücke muss sie kaufen?
c) Berechne die Kosten für die Fußbodenleisten.
d) Ermittle den Flächeninhalt des Zimmers.
Hinweis: Unterteile dazu den Grundriss des Zimmers in zwei Rechtecke.
e) Berechne die Kosten des Fußbodenbelages.
f) Wie viel Euro gibt Familie Schulze insgesamt aus?

17. Ein altes Flächenmaß ist der Morgen.

a) Informiere dich, wie groß etwa ein Morgen ist.
b) Großvater Karl besaß fünf Morgen Land. Wie lang wäre ein entsprechendes Feld von 80 m Breite?

5.4 Winkel

Winkelbegriff

Zwei zueinander senkrechte Geraden bilden einen rechten Winkel. Folglich schließen benachbarte Seiten eines Rechtecks bzw. eines Quadrates rechte Winkel ein.
Ein rechter Winkel lässt sich leicht mit dem Geodreieck zeichnen bzw. mit Lineal und einem Zeichendreieck konstruieren.
In unserer Umwelt treten allerdings nicht nur rechte Winkel auf. Das folgende Bild zeigt als Beispiele den Winkel zwischen den Zeigern einer Uhr, den Neigungswinkel eines Daches bzw. den Öffnungswinkel einer Schere.

M Ein **Winkel** wird durch zwei Strahlen p und q mit einem gemeinsamen Anfangspunkt S gebildet.
Die Strahlen heißen **Schenkel** des Winkels, der gemeinsame Anfangspunkt wird **Scheitelpunkt** (oder kurz: Scheitel) des Winkels genannt.

Zwei Strahlen mit einem gemeinsamen Anfangspunkt bilden stets zwei Winkel. Mit einem Bogen wird deshalb derjenige Winkel gekennzeichnet, der gemeint ist.
Falls nicht anders hervorgehoben wird der kleinere der beiden eingeschlossenen Winkel betrachtet.

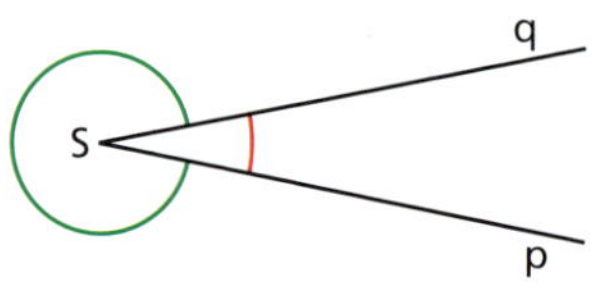

Winkel werden meist mit kleinen griechischen Buchstaben α, β, γ, δ, ε … (*Alpha*, *Beta*, *Gamma*, *Delta*, *Epsilon* …) bezeichnet.

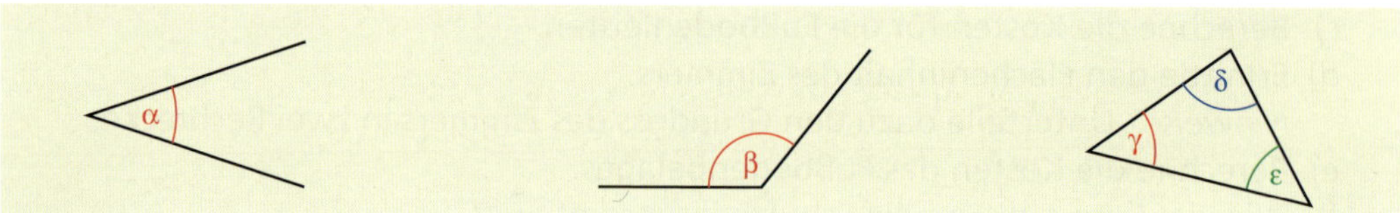

Eine weitere Möglichkeit ist, die Winkel mithilfe der Strahlen bzw. durch Angabe von Punkten zu bezeichnen:
$\sphericalangle(p, q)$ $\sphericalangle ABC$

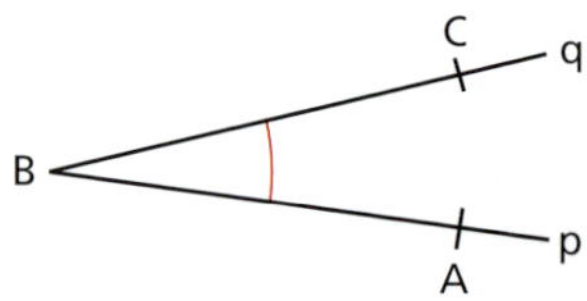

Größe eines Winkels und Winkelarten

Die **Größe eines Winkels** kann mithilfe des Geodreiecks bzw. eines Winkelmessers bestimmt werden.

> **M** Die Einheit für die Größe eines Winkels ist **ein Grad** (Schreibweise: 1°).
> Ein Winkel von 1° ist der 90ste Teil eines rechten Winkels.

Die Winkelmessung in Grad geht auf die Babylonier zurück, die ein Zahlensystem mit der Basis 60 verwendeten und einen Kreis (den ebenen Vollwinkel) in 360 gleiche Teile und damit den Viertelkreis in 90 Teile teilten.

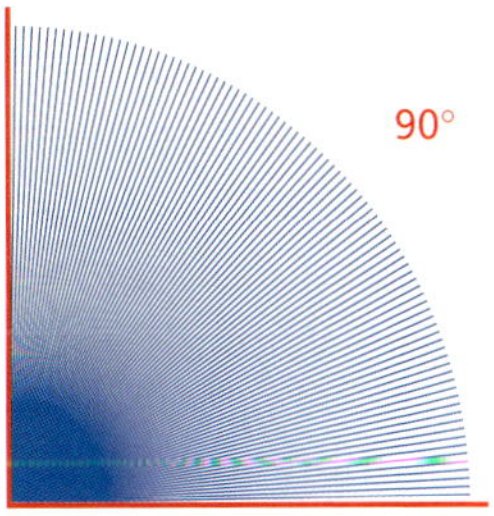

Eine Einteilung der Winkel kann nach ihrer Größe vorgenommen werden. Die folgende Darstellung gibt einen Überblick über die **Winkelarten.**

Nullwinkel	spitzer Winkel	rechter Winkel	stumpfer Winkel	gestreckter Winkel	überstumpfer Winkel	Vollwinkel
	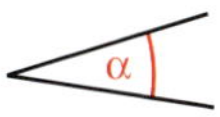	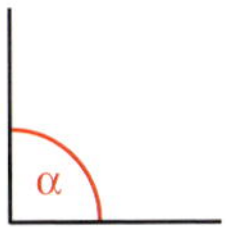	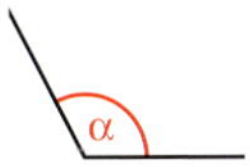	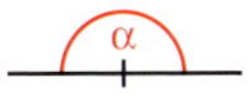	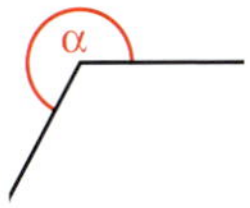	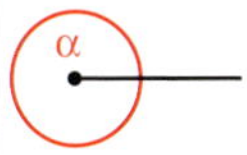
$\alpha = 0°$	$0° < \alpha < 90°$	$\alpha = 90°$	$90° < \alpha < 180°$	$\alpha = 180°$	$180° < \alpha < 360°$	$\alpha = 360°$

Scheitelwinkel und Nebenwinkel

Schneiden zwei Geraden einander, so heißen gegenüberliegende Winkel **Scheitelwinkel,** nebeneinander liegende Winkel werden **Nebenwinkel** genannt.

Scheitelwinkel haben einen gemeinsamen Scheitelpunkt und ihre Schenkel bilden zwei Geraden.
In der Abbildung sind α und γ sowie β und δ jeweils Scheitelwinkel. Es gilt: $\alpha = \gamma$ und $\beta = \delta$.

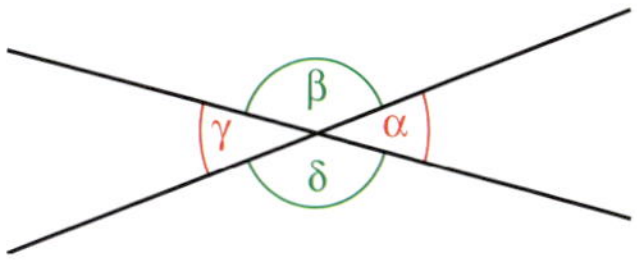

> **M** Scheitelwinkel sind gleich groß.

Nebenwinkel haben einen gemeinsamen Scheitelpunkt und einen gemeinsamen Schenkel. Die anderen Schenkel bilden eine Gerade.
In der Abbildung sind z.B. α und β sowie γ und δ Nebenwinkel. Es gilt: $\alpha + \beta = 180°$ und $\gamma + \delta = 180°$.

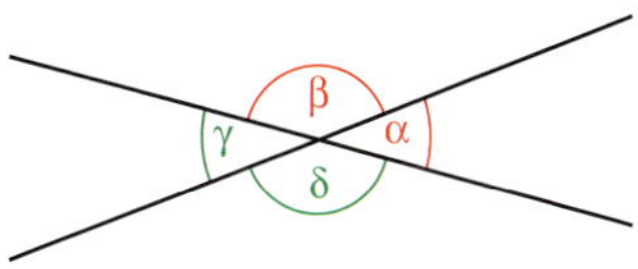

> **M** Die Summe der Größen zweier Nebenwinkel beträgt 180°.

Messen von Winkeln

Die Größe eines Winkels kann mithilfe des Geodreiecks folgendermaßen bestimmt werden (*Beispiel:* $\alpha = 40°$):

(1) Lege die Nulllinie des Geodreiecks so auf einen Schenkel des Winkels, dass der Nullpunkt genau auf dem Scheitelpunkt des Winkels liegt.
(2) Überlege, welche der beiden vorhandenen Skalen mit der Null auf dem Schenkel beginnt (im Beispiel die äußere Skala).
(3) Lies auf dieser Skala den genauen Wert des Winkels ab.

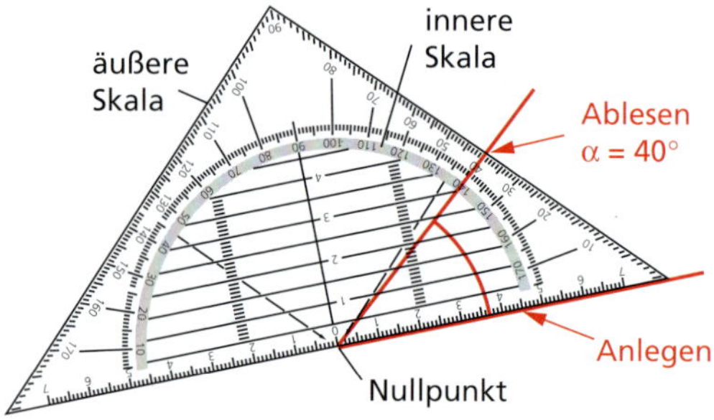

Zeichnen von Winkeln

Ein Winkel vorgegebener Größe kann mithilfe des Geodreiecks wie folgt gezeichnet werden (*Beispiel:* $\alpha = 65°$):

(1) Zeichne einen Schenkel des Winkels. Markiere den Scheitelpunkt. Lege das Geodreieck so an, dass der Nullpunkt auf dem Scheitelpunkt und die Nulllinie auf dem Schenkel liegt.
(2) Überprüfe, zu welcher Skala die Nulllinie gehört.
(3) Markiere auf dieser Skala den vorgegebenen Wert.
(4) Verbinde diesen Punkt mit dem Scheitelpunkt.

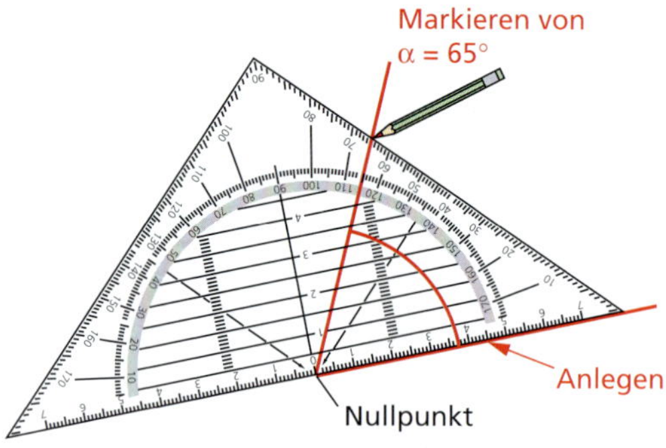

Sollen **überstumpfe Winkel** gezeichnet werden, so geschieht das schrittweise durch Ersetzen des überstumpfen Winkels durch zwei andere, wie das folgende Beispiel für $\alpha = 210°$ zeigt:

(1) $210° = 180° + 30°$

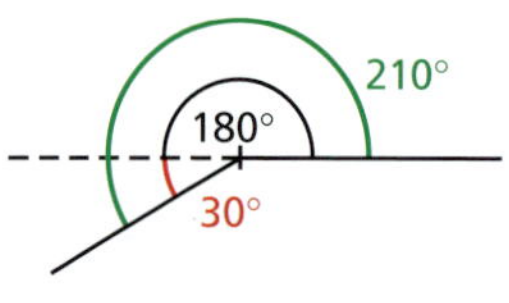

Winkeladdition

(2) $210° = 360° - 150°$

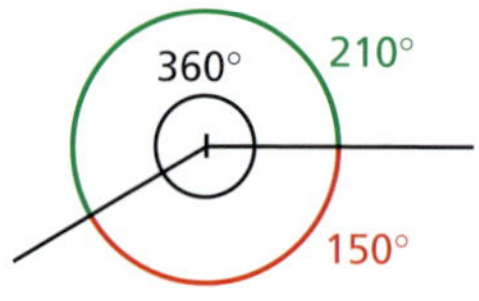

Winkelsubtraktion

Wird zum Zeichnen bzw. Messen von Winkeln anstelle des Geodreiecks ein Winkelmesser verwendet, so ist darauf zu achten, dass der auf der 0°-Linie markierte Punkt genau auf dem Scheitelpunkt des Winkels liegt.

Aufgaben

Winkelbegriff

1. Ordne den Symbolen den richtigen Namen zu. Nutze dazu gegebenenfalls eine Formelsammlung oder ein anderes Nachschlagewerk.

π α ε δ μ η β γ ρ φ

Beta *Rho* *Pi* *Eta* *Epsilon* *Delta* *Gamma* *My* *Phi* *Alpha*

2. Fertige dir ein Memory zu den Winkelarten an. Zeichne auf ein Kärtchen einen Winkel, schreibe auf ein anderes Kärtchen den entsprechenden Namen. Größeren Spaß bereitet das Spiel, wenn es mehrere spielen.

3. Fertige zwei gleich große Kreise aus verschiedenfarbiger Pappe an. Schneide die Flächen jeweils bis zum Mittelpunkt ein und stecke sie ineinander. Durch Verdrehen kannst du nun verschiedene Winkel einstellen.
Übe so mit deinem Partner das Einstellen und Erkennen von Winkelarten.
Hinweis: Mit diesem Hilfsgerät kannst du auch die Größe von Winkeln schätzen bzw. Winkel bestimmter Größe näherungsweise einstellen lassen.

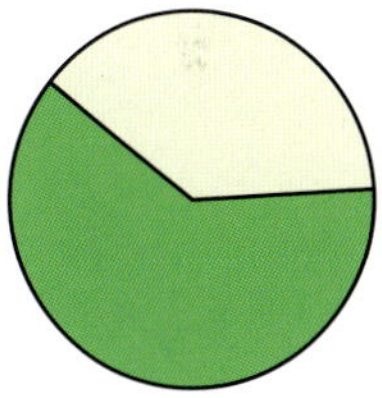

4. Errätst du es? Es ist ein Winkel, aber kein spitzer, kein stumpfer, kein gestreckter, kein überstumpfer und auch kein Vollwinkel.

5. a) Übertrage die Tabelle in dein Heft und ergänze mithilfe der Abbildung.

Winkel		β		δ		
Scheitelpunkt	A					F
Schenkel			b, c		d, e	

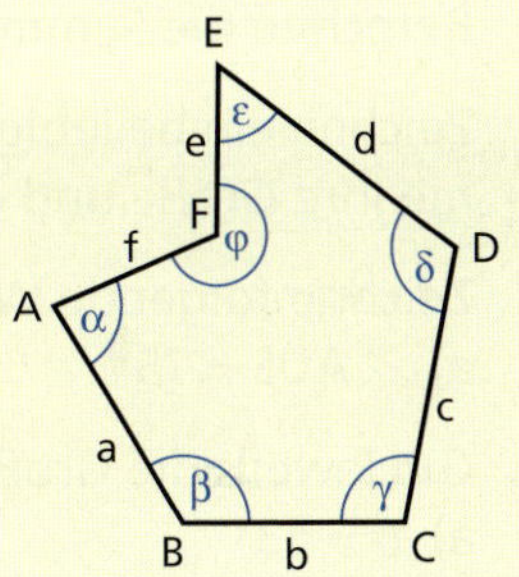

b) Welche der sechs Winkel sind keine spitzen Winkel?

6. Gib an, welcher der folgenden Winkel ein spitzer, ein rechter bzw. ein stumpfer Winkel ist.

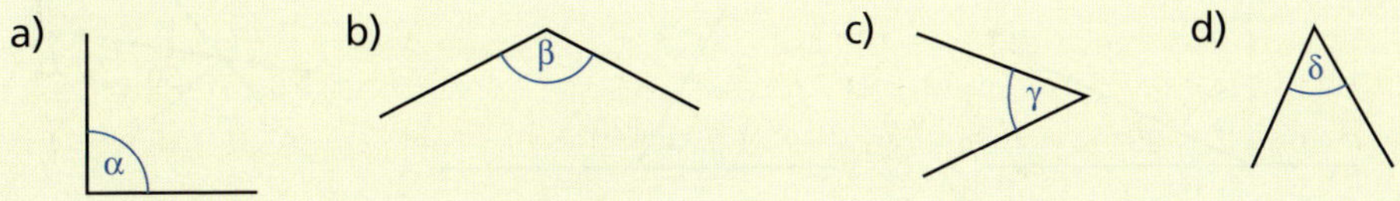

Zeichnen und Messen von Winkeln

7. Zeichne je einen spitzen, stumpfen und überstumpfen Winkel.
a) Schätze jeweils die Größe der Winkel.
b) Miss die Winkelgrößen. Vergleiche Schätz- und Messwerte.

8. Schneide je einen spitzen, rechten, stumpfen, gestreckten und überstumpfen Winkel aus. Klebe die Winkel in dein Heft. Miss jeweils ihre Größe.

9. Zeichne folgende Winkel nach Augenmaß. Miss die gezeichneten Winkel nach und gib die Unterschiede zum genauen Wert an.
a) 30° b) 45° c) 60° d) 90° e) 120°

10. Zeichne folgende Winkel. Gib jeweils die Winkelart an.
a) 132° b) 45° c) 237° d) 78° e) 280° f) 180° g) 199°

11. Zeichne drei Winkel α, β und γ, für die folgendes gilt: $\alpha < \beta$; $\gamma < \beta$ und $\alpha < \gamma$.

12. Philipp hat drei Winkel gemessen. Schau dir die Abbildungen genau an. Was stimmt hier nicht?

a)

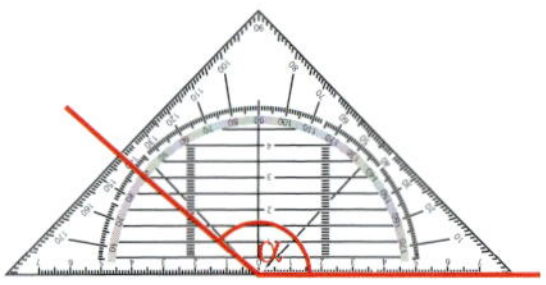

$\alpha = 40°$

b)

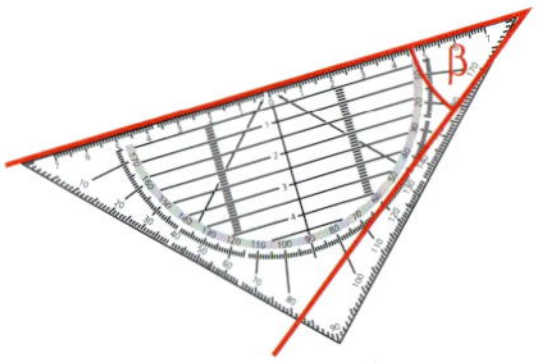

$\beta = 70°$

c)

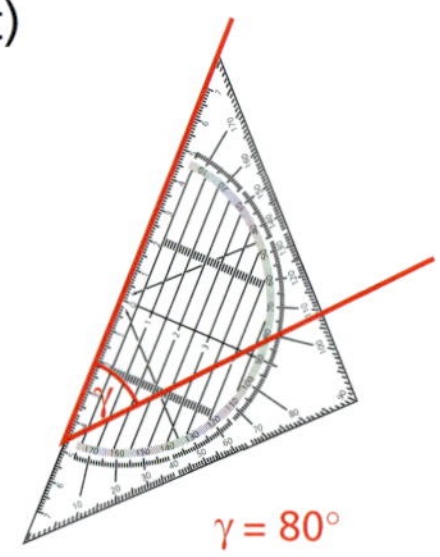

$\gamma = 80°$

13. Zeichne ein beliebiges Dreieck und beschrifte die Winkel mit α, β und γ.
Bestimme ihre Größe und gib die Winkelarten an.
Berechne die Summe der Winkelgrößen.

14. Zeichne ein beliebiges Viereck und beschrifte die Winkel mit α, β, γ und δ. Bestimme ihre Größe und gib die Winkelarten an. Berechne die Summe der vier Winkel.

15. Zeichne folgende Winkel und trage die Punkte ein.
a) ∢ AUS = 75° b) ∢ TOR = 142° c) ∢ NEU = 35°

16. Gib jeweils die Größe des zugehörigen Nebenwinkels β an.
a) $\alpha = 53°$ b) $\alpha = 112°$ c) $\alpha = 10{,}3°$ d) $\alpha = 180°$

17. Berechne jeweils die Größe der fehlenden Winkel α, β, γ.

a)

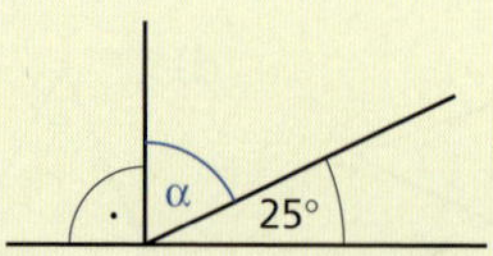

b)

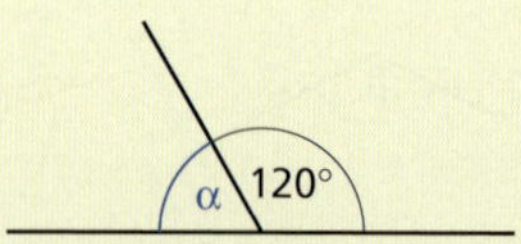

c)

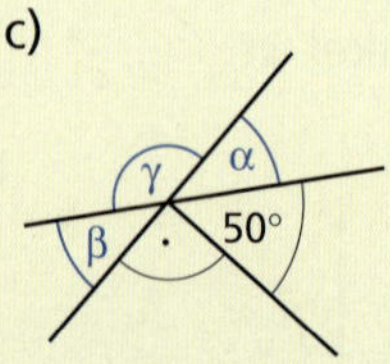

5.5 Gemischte Aufgaben

1. Gib den hundertsten Teil eines Quadratkilometers in Quadratmeter an.

2. Löse im Kopf:
Gib den Umfang und den Flächeninhalt
a) für die gesamte Figur;
b) für das gekennzeichnete Rechteck an.

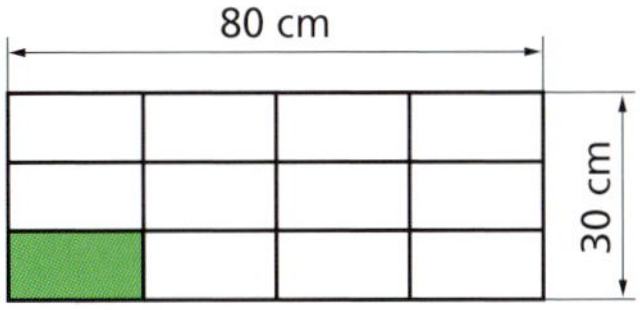

3. Gärtner Meyer soll eine Anlage mit einer Gesamtfläche von 1,5 ha bepflanzen. Für die Wege sind $\frac{1}{10}$ der Fläche zu berücksichtigen.
a) Wie groß ist die Fläche, für die Pflanzen gekauft werden müssen?
b) Für einen Baum berechnet Herr Meyer 10 m^2, für einen Busch 4 m^2. Mit wie vielen Bäumen und Büschen kann Herr Meyer diese Fläche bepflanzen? Finde mehrere Varianten. Für welche würdest du dich entscheiden? Begründe.

4. Zeichne (wenn nötig maßstäblich) die Rechtecke mit folgenden Seitenlängen und berechne jeweils Umfang und Flächeninhalt.
a) a = 7 cm; b = 5 cm
b) a = 3 dm; b = 13 dm
c) a = 18 mm; b = 51 mm
d) a = 6 cm; b = 74 mm
e) a = 1,5 km; b = 500 m

5. Finde heraus, welches die größtmögliche rechteckige Fläche ist, die man mit einem Zaun von 240 m Länge umgeben kann.

Hinweis: Wähle unterschiedliche Werte für eine der Seitenlängen und berechne jeweils den zugehörigen Flächeninhalt.

6. Lege mit zwölf Hölzchen verschiedene Rechtecke. Wie viele verschiedene Figuren findest du?

7. a) Zeichne nebenstehende Figur nach. Beschreibe, wie du vorgehst.
b) Wie viele Symmetrieachsen kannst du in der Figur erkennen?
c) Wie viele Symmetrieachsen hat ein Kreis?

8. a) Ermittle die Fläche (den Flächeninhalt) deines Stadtbezirkes bzw. deines Landkreises.
b) Gib die Fläche in Quadratmeter an.
c) Welche Seitenlänge hätte ein Quadrat mit gleichem Flächeninhalt? Schätze oder finde eine näherungsweise Lösung durch Probieren.

9. Wie viele rechte Winkel kann ein Viereck haben?
Nenne alle Möglichkeiten und zeichne für jeden dieser Fälle ein entsprechendes Viereck.

10. Im Zoologischen Garten sollen die Affen ein neues Haus erhalten. Der Architekt skizziert den Grundriss und trägt die Maße ein (siehe nebenstehende Abbildung).
a) Zeichne den Grundriss des Affenhauses im Maßstab 1 : 100.
b) Berechne den Flächeninhalt der Grundfläche.

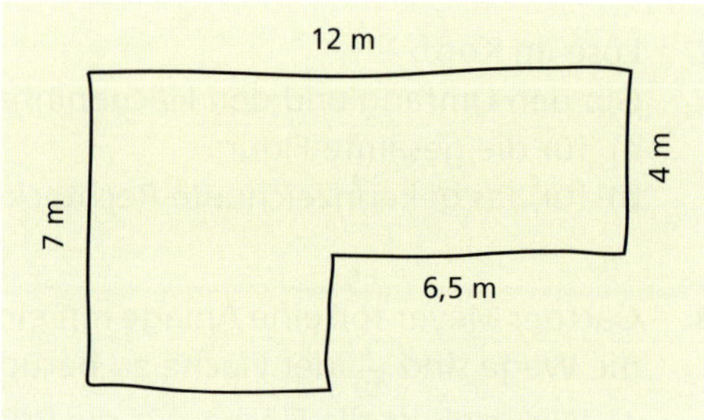

11. Der Umfang eines Quadrates beträgt 220 mm. Wie groß ist sein Flächeninhalt?

12. Wie ändert sich der Umfang eines Rechtecks mit den Seitenlängen a und b, wenn
a) eine der Seiten um 2 cm verkürzt wird;
b) beide Seiten um je 1 cm verkürzt werden;
c) alle Seiten verdoppelt werden?

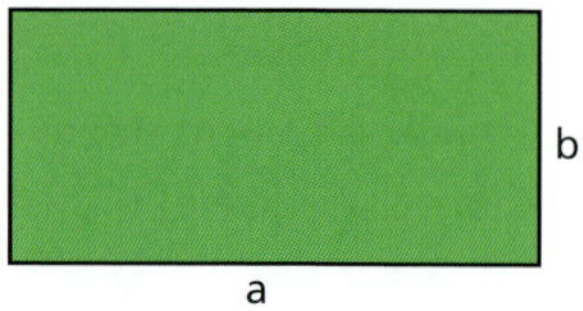

13. Es gibt Rechtecke, deren Umfang genau so viel Zentimeter beträgt, wie ihr Flächeninhalt Quadratzentimeter hat.
Finde solche Rechtecke. Gib deren Seitenlängen an.

14. „Schau mal, Papa. Die Sonne hat dich geschrumpft. Dein Schatten ist genauso groß wie ich", stellt Mäxchen erstaunt fest.
Kann das denn überhaupt sein?

15. Ein 25 m hoher Turm wirft einen Schatten von 28 m Länge.
Fertige eine maßstäbliche Zeichnung an und ermittle daraus den Einfallswinkel der Sonnenstrahlen.

16. Versucht, mit einem 20 m langen Seil eine möglichst große rechteckige Fläche einzuschließen. Gebt Länge und Breite dieses Rechtecks an.
Findet ihr auch die kleinste Fläche?

17. a) Übertrage nebenstehende Figur im Maßstab 2:1 auf kariertes Papier.
b) Zeichne die Mittelpunkte der Seiten ein und verbinde diese zu einer neuen Figur EFGH. Beschreibe diese Figur.
c) Setze das Verfahren fort. Was für eine Figur entsteht als nächstes?
d) Wie verhalten sich die Flächeninhalte der Figuren?

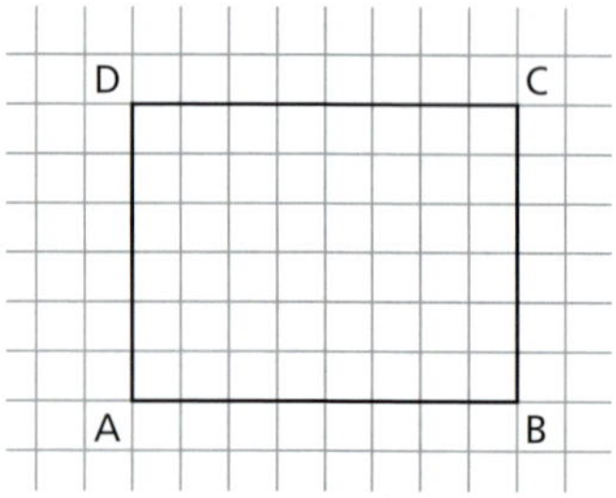

18. Bestimme den Flächeninhalt und den Umfang der folgenden Figuren.
Hinweis: Zerlege die Figuren oder ergänze sie zu Rechtecken.

a)

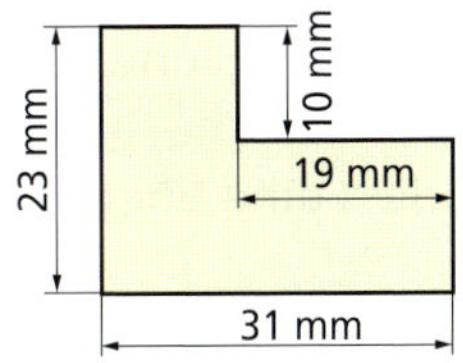

b)

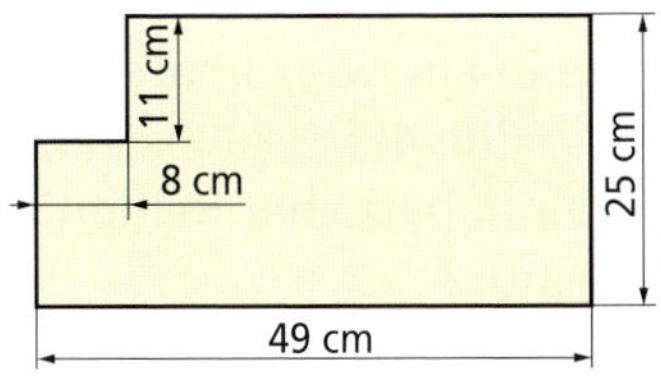

c)

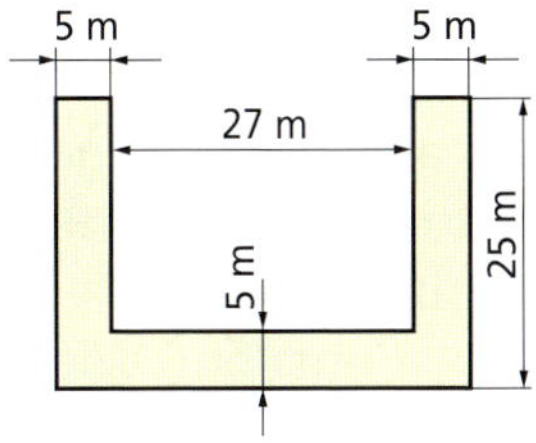

d)

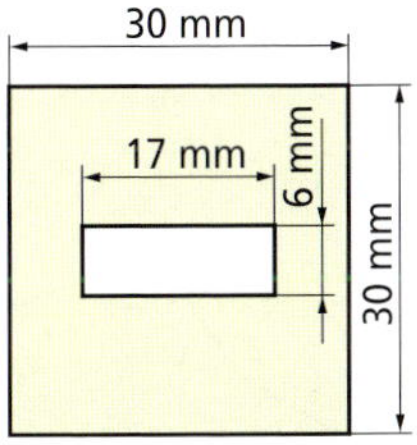

e)

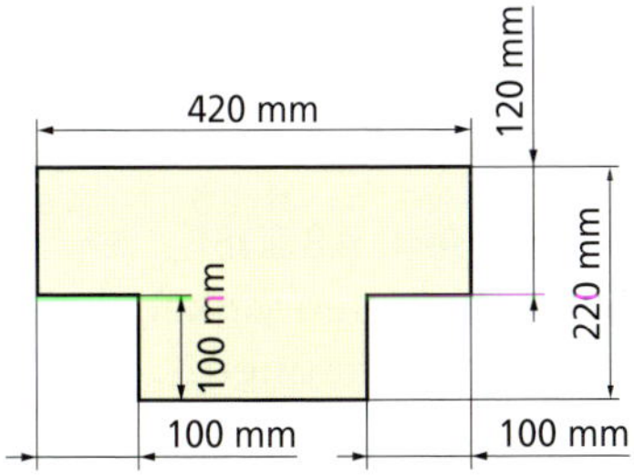

f)

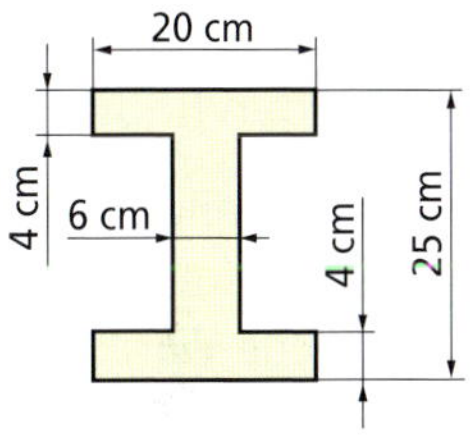

19. Manuelas Zimmer soll endlich renoviert werden. Das Zimmer ist 4 m lang, 3 m breit und 2,50 m hoch.

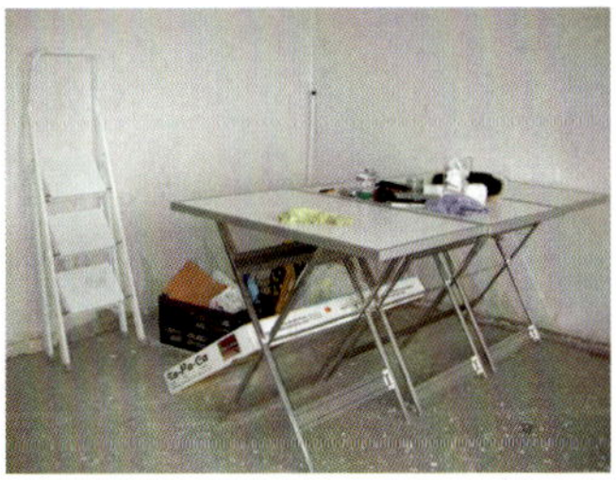

a) Wie viele Rollen Tapete für die Wände muss Manuela kaufen, wenn eine Rolle etwa 10 m lang und 50 cm breit ist?
Für Tür und Fenster zieht sie, auf Empfehlung ihres Vaters, eine halbe Rolle ab.

b) Wie viele Rollen sind für das Tapezieren der Decke notwendig?

c) Wie hoch sind die Materialkosten für die Renovierung des gesamten Zimmers (einschließlich der Decke), wenn der Preis einer Rolle Tapete 6,50 € beträgt und der benötigte Tapetenkleber 15,00 € kostet?

d) Ermittle die Maße deines Zimmers.
Schätze, wie viel Euro würde die Renovierung deines Zimmers kosten?

20. Die Abbildung zeigt das Kantenmodell eines Würfels.

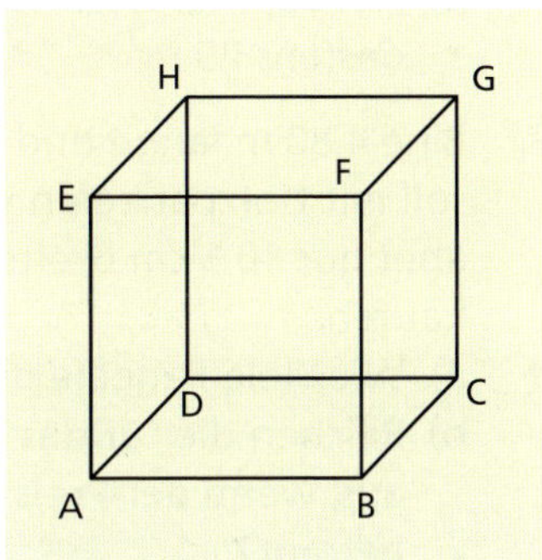

a) Gib alle Strecken (Kanten) an, die parallel zu $\overline{AB}$ sind.

b) Nenne Strecken (Kanten), die senkrecht zu $\overline{AB}$ sind.

c) Gibt es Strecken (Kanten), die weder parallel noch senkrecht zu $\overline{AB}$ sind?

d) Vermute, welche Lage die beiden Raumdiagonalen $\overline{AG}$ und $\overline{BH}$ zueinander haben.

Teste dich selbst!

1. a) Zeichne zwei Geraden r und s, die zueinander parallel sind.
b) Zeichne eine weitere Gerade g, die senkrecht zu r ist.
c) Welche Aussage lässt sich über die Lage von g und s machen?

2. Zeichne vier Geraden so, dass es genau vier Schnittpunkte von Geraden gibt.

3. a) Zeichne folgende Punkte in ein Koordinatensystem (wähle als Einheit 1 cm):
A(1; 3) B(5; 0) C(8; 4) D(4; 7)
b) Verbinde die Punkte in alphabetischer Reihenfolge, sodass eine ebene Figur entsteht. Wie heißt die Figur?
c) Berechne Umfang und Flächeninhalt dieser Figur. Miss dazu die benötigten Größen.

4. Zeichne einen Kreis mit einem Durchmesser d = 6,8 cm.
Gib den Radius dieses Kreises an.

5. Die Abbildung zeigt ein Sechseck ABCDEF.
Betrachte die eingezeichneten Innenwinkel.
Welche Winkelarten kannst du erkennen?

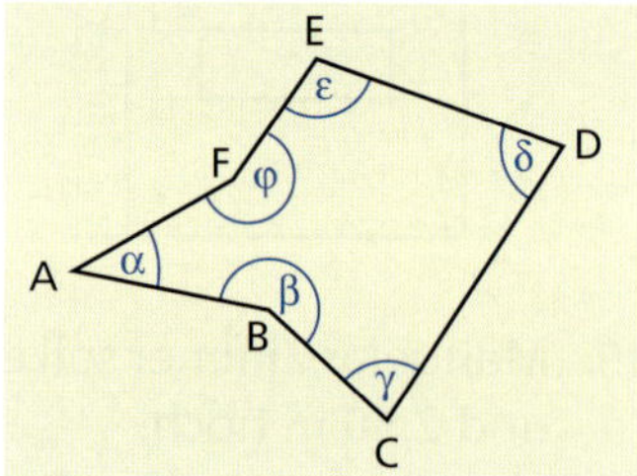

6. Wie groß ist der Flächeninhalt eines Quadrates mit einem Umfang von 48 cm?

7. Wie groß sind in folgender Abbildung jeweils die Winkel α, β, γ bzw. ε? Begründe.

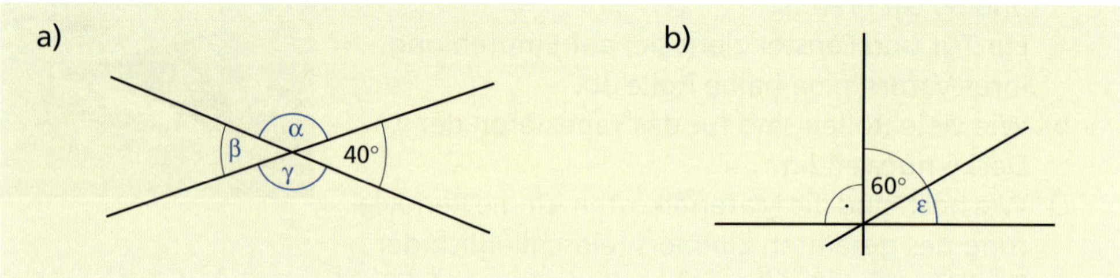

8. Sophies Hund soll einen neuen Zwinger mit rechteckiger Grundfläche bekommen. Diese soll $6\frac{1}{2}$ m lang und $4\frac{1}{4}$ m breit werden.
a) Wie viel Meter Maschendraht werden zum Einzäunen benötigt?
b) Hat Sophies Hund die von Tierschützern empfohlene „Auslauffläche" von mindestens 25 m²?

9. Eine 4,80 m lange und 4,20 m breite Zimmerdecke soll mit Holzpaneelen verkleidet werden. Es gibt aber nur 10,5 cm breite und 5 m lange Paneele zu kaufen.
a) Wie viele Paneele müssen gekauft werden?
b) Reichen die für das Verkleiden geplanten 250 € aus, wenn der Preis für 1 m^2 Paneele 9,90 € beträgt?

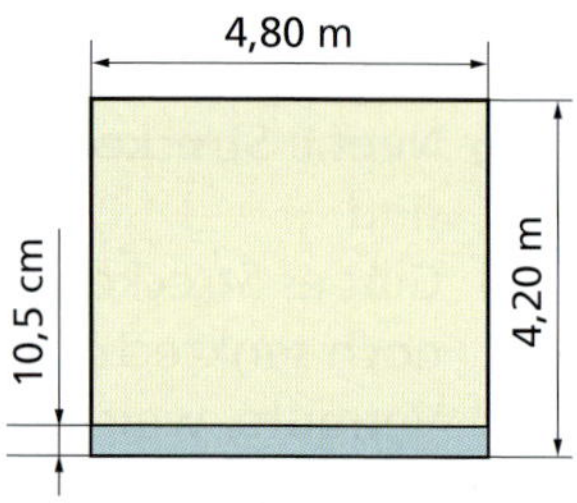

Das Tangram

Das Tangram ist ein Legespiel, das vor über 2000 Jahren in China entstanden sein soll. Es besteht aus insgesamt sieben Teilen, weshalb es wohl auch „Siebenschlau" genannt wird.
Aufgabe ist es, mit einzelnen oder allen Puzzle-Teilen bestimmte Fantasiefiguren zu legen oder gegebene Figuren mit den Teilen auszulegen.

Wir basteln uns ein Tangram

Zeichnet auf eine stabile Unterlage (Pappe oder Ähnliches) ein Quadrat mit einer Seitenlänge von 10 cm. Unterteilt es wie in der Abbildung angegeben und schneidet die sieben Puzzle-Teile aus.
Beklebt diese dann auf der Vorder- und auf der Rückseite mit farbigem Papier.

Hinweis: Es ist vorteilhaft, vor dem Übertragen der Figuren das Quadrat in 16 gleich große Quadrate zu unterteilen.

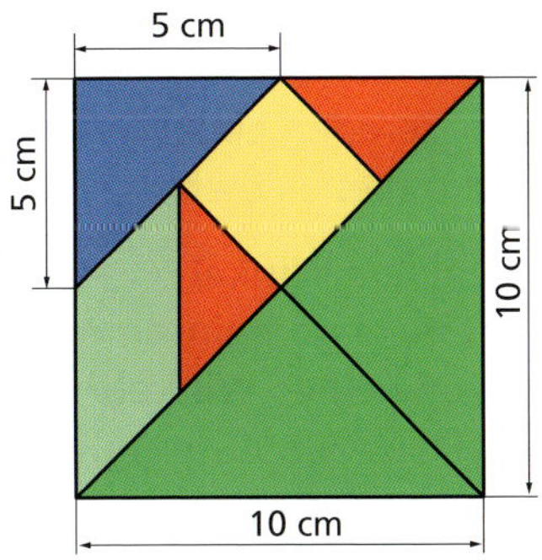

Mathematische Entdeckungen mit dem Tangram

1. Aus welchen mathematischen Figuren setzt sich ein Tangram zusammen? Beschreibt sie möglichst genau.
2. Ordnet die Figuren des Tangram-Puzzles nach der Größe ihres Flächeninhalts.
3. Untersucht die einzelnen Puzzle-Teile auf mögliche Symmetrien. Legt symmetrische Figuren, die aus mindestens zwei Puzzle-Teilen bestehen.
4. Verwendet nun alle sieben Puzzle-Teile. Versucht damit, möglichst viele konvexe Vielecke zu legen.

Vom Einfachen zur geometrischen Vielfalt – ein Wettbewerb

Mithilfe der Puzzle-Teile lässt sich eine Vielzahl von Fantasiefiguren legen.

Nebenstehende Abbildung zeigt z. B. eine Ente. Versucht, diese Figur mit euren Puzzle-Teilen nachzulegen.

Erfindet selbst Figuren, gebt ihnen einen Namen und lasst sie von euren Mitschülern nachlegen.

Startet einen Wettbewerb, z. B. zum Thema „Schönste Tangram-Tiere", wertet diesen aus und gestaltet daraus ein Poster für euren Klassenraum.

Zusammenfassung

Das Koordinatensystem

Ein **Koordinatensystem** ist ein Hilfsmittel, um die Lage von Punkten eindeutig beschreiben zu können.
In der Ebene genügt die Angabe von zwei Werten (Koordinaten).
Der x-Wert wird **Abszisse**, der y-Wert wird **Ordinate** genannt.

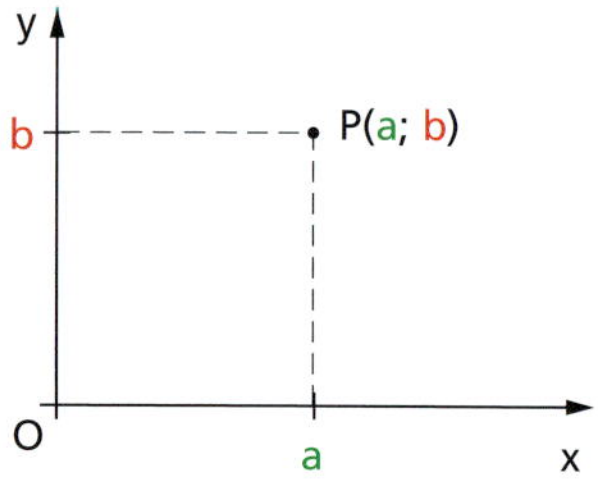

Punkte mit dem x-Wert 0 liegen auf der y-Achse, Punkte mit dem y-Wert 0 auf der x-Achse.

Ebene Figuren

Neben geraden Linien wie Strecken, Strahlen und Geraden sind Winkel, Kreise sowie Vielecke spezielle ebene Figuren.

Unter einem **Winkel** α versteht man zwei Strahlen p und q mit einem gemeinsamen Anfangspunkt S.
Die **Größe eines Winkels** wird in Grad angegeben. Ein Grad (1°) ist der 90ste Teil eines rechten Winkels bzw. der 360ste Teil des ebenen Vollwinkels.

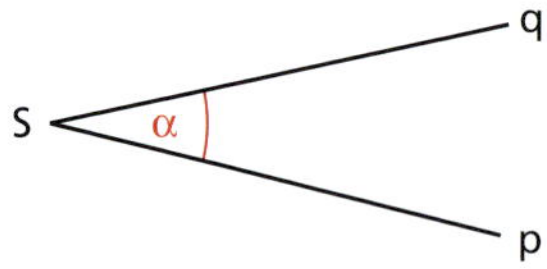

Entsprechend ihrer Größe können Winkel in verschiedene Arten eingeteilt werden.

Die Punkte eines **Kreises** haben alle den gleichen Abstand vom Mittelpunkt M. Dieser Abstand heißt **Radius** r des Kreises.
Für den **Durchmesser** d eines Kreises gilt:
$\mathbf{d = 2 \cdot r}$

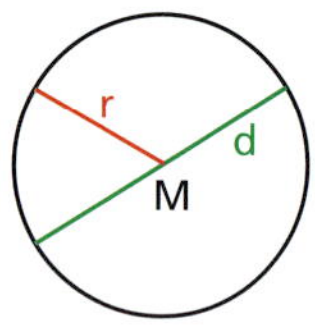

Ein **Rechteck** ist ein Viereck, dessen benachbarte Seiten zueinander senkrecht sind.

Ein **Quadrat** ist ein spezielles Rechteck, bei dem alle Seiten gleich lang sind.

Umfang und Flächeninhalt ebener Figuren

Unter dem **Umfang** u eines Vielecks versteht man die Summe aller Seitenlängen.
Für ein Rechteck mit den Seitenlängen a und b gilt:
$\mathbf{u = 2 \cdot a + 2 \cdot b = 2 \cdot (a + b)}$
Auch der **Flächeninhalt A** eines Rechtecks lässt sich berechnen. Es gilt:
$\mathbf{A = a \cdot b}$

Der Umrechnungsfaktor zwischen „benachbarten" Flächeneinheiten beträgt 100.

B
$u = 2 \cdot 4{,}2\ \text{cm} + 2 \cdot 2{,}5\ \text{cm}$
$u = 13{,}4\ \text{cm}$

$A = 4{,}2\ \text{cm} \cdot 2{,}5\ \text{cm} = 42\ \text{mm} \cdot 25\ \text{mm}$
$A = 1\,050\ \text{mm}^2 = 10{,}5\ \text{cm}^2$

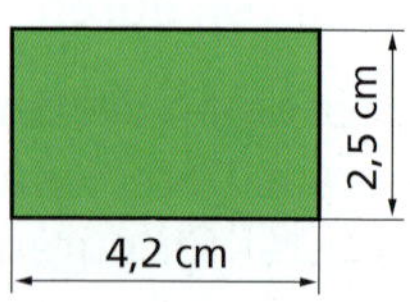

6 Geometrie im Raum

Stehend oder liegend oder …?

Ein und derselbe Körper kann unterschiedliche Lagen einnehmen. Die abgebildete Streichholzschachtel steht einmal auf der kleinsten Seitenfläche und einmal auf der größten. Welche Lagen wären noch denkbar?

Fläche mal Höhe gleich …?

Schleusen dienen zum Heben und Senken von Schiffen. Die abgebildete Schleuse ist etwa 30 m lang und etwa 10 m breit. Es dauert rund 20 Minuten, um den Wasserspiegel 5 m anzuheben.
Wie viel Liter Wasser müssen dafür zusätzlich in das Schleusenbecken geleitet werden?

Vom Raum in die Ebene

Das abgebildete Klettergerüst aus Holz kann man sich aus kleinen Würfeln zusammengesetzt denken. Wie viele Würfel kannst du erkennen?
Jeder dieser Würfel hat eine Kantenlänge von 50 cm.
Gib die Abmessungen des Klettergerüstes an.
Schätze, wie viel Meter Holzleisten insgesamt verarbeitet wurden.

Geometrische Körper

Gegenstände des täglichen Lebens begegnen uns in unterschiedlichen Formen. Wird allein die äußere Form bzw. Gestalt betrachtet, so gelangt man zum Begriff des geometrischen Körpers.
Viele Gegenstände lassen sich auf relativ einfache Grundformen zurückführen, wie die folgende Abbildung zeigt.

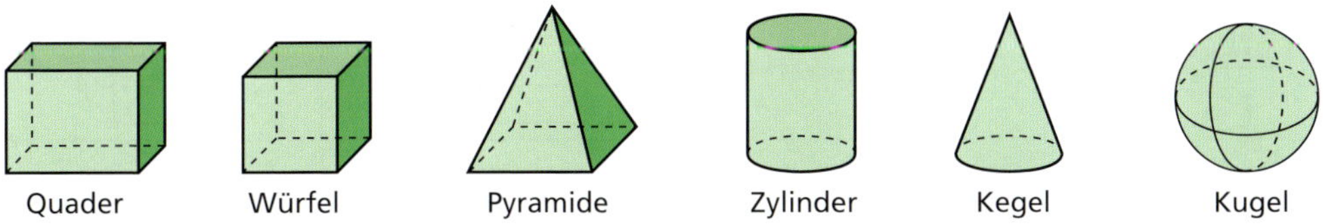

Ein **geometrischer Körper** ist eine räumliche Figur, die vollständig durch Flächen begrenzt wird.
Körper können Kanten und Ecken haben. Stoßen zwei Flächen zusammen, so spricht man von einer **Kante,** stoßen drei oder mehr Kanten zusammen von einer **Ecke.**

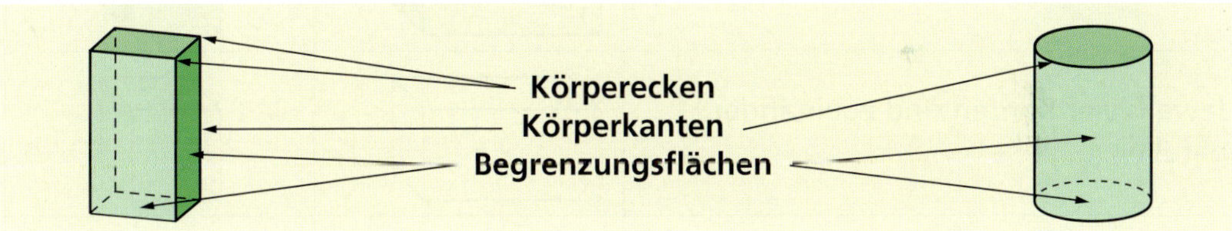

Eine Einteilung der Körper kann nach der Art ihrer Begrenzungsflächen vorgenommen werden.
Es gibt Körper, die nur **ebene Begrenzungsflächen** besitzen. Beispiele dafür sind Quader, Würfel und Pyramiden.
Andere Körper besitzen neben ebenen auch **gekrümmte Begrenzungsflächen,** z.B. Zylinder und Kegel.
Die Kugel ist ein Körper mit nur einer gekrümmten Begrenzungsfläche.

B Körper mit nur ebenen Flächen

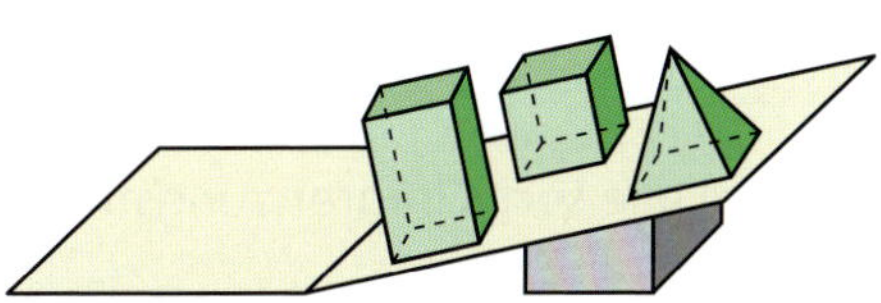

Körper mit gekrümmten Flächen

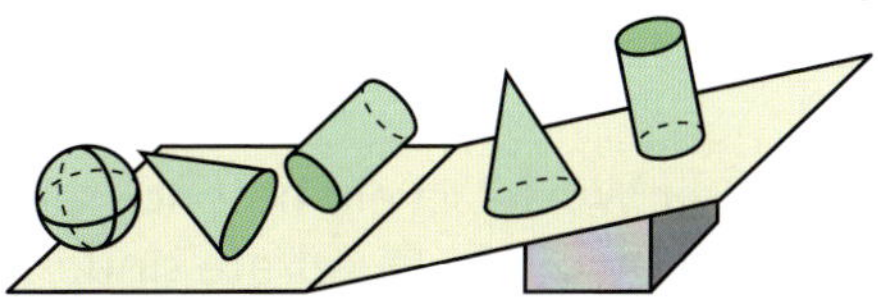

Kannst du das noch?

Sind Körper nur durch ebene Flächen begrenzt, so werden sie **Vielflächner** oder Polyeder genannt (griech.: *polys* – viel; *edra* – Boden, Fläche).
Beispiele für Vielflächner sind Würfel, Quader, Pyramiden und Prismen. Die Seitenflächen eines Vielflächners sind jeweils Vielecke.

Quader und Würfel

Quader und Würfel sind Vielflächner, die nur durch Rechtecke bzw. Quadrate begrenzt sind.
Die folgende Tabelle gibt einen Überblick über die Gemeinsamkeiten dieser beiden Körper.

Gemeinsames Merkmal	Quader	Würfel
acht Ecken	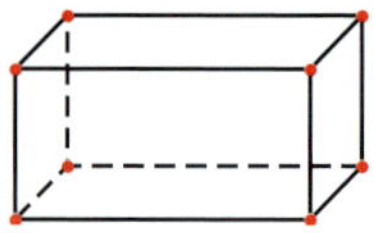	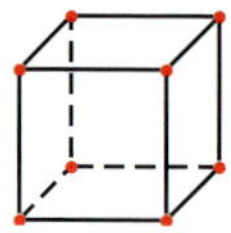
zwölf Kanten		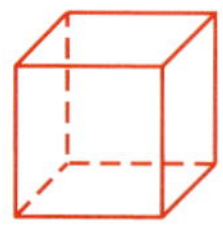
sechs Flächen	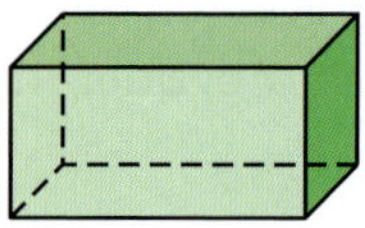	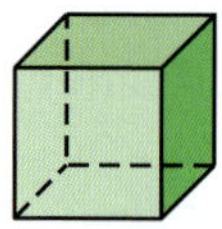
Jeweils vier Kanten sind zueinander parallel.	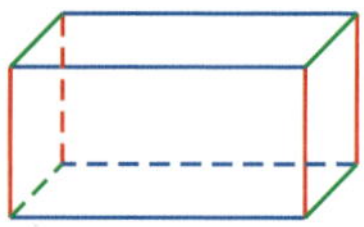	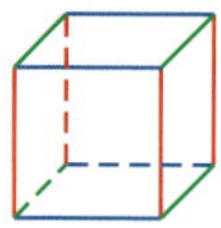
Die drei Kanten, die an einer Ecke zusammenstoßen, sind zueinander senkrecht.		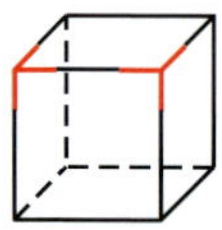
Gegenüberliegende Flächen sind gleich groß.	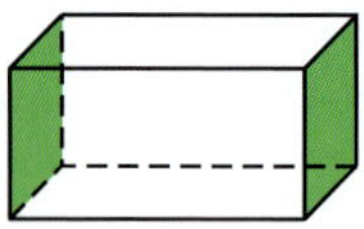	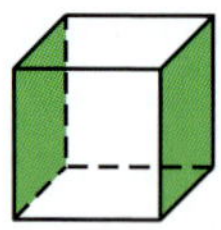
Benachbarte Flächen sind zueinander senkrecht.	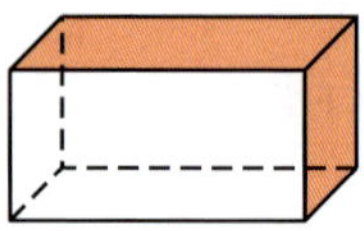	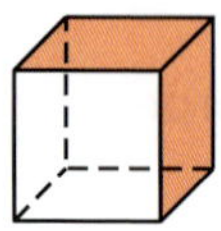

M Der **Würfel** ist ein besonderer Quader, bei dem alle sechs Begrenzungsflächen gleich große Quadrate sind.

Netze von Quader und Würfel

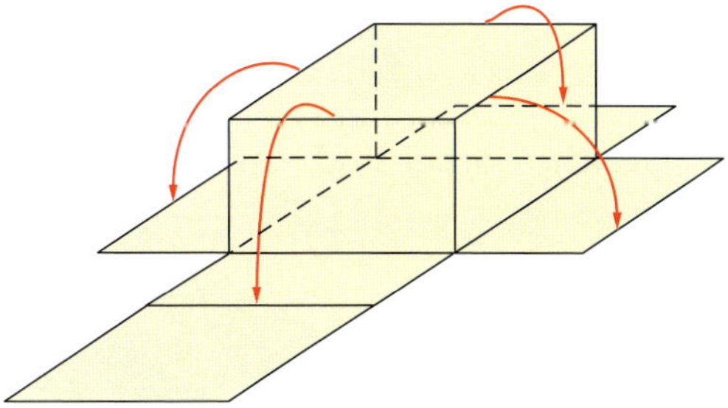

Wird ein Quader (z.B. eine quaderförmige Verpackung) so an den Kanten auseinander geschnitten, dass die Flächen noch an mindestens einer Kante verbunden bleiben und in eine Ebene geklappt werden können, so erhält man das Netz eines Quaders.
Abhängig davon, wie aufgeschnitten und geklappt wird, können unterschiedliche Netze ein und desselben Quaders entstehen. Jedes dieser Netze besteht aber aus sechs Rechtecken, von denen jeweils zwei gleich groß sind. Die folgende Abbildung zeigt zwei mögliche Netze eines Quaders.

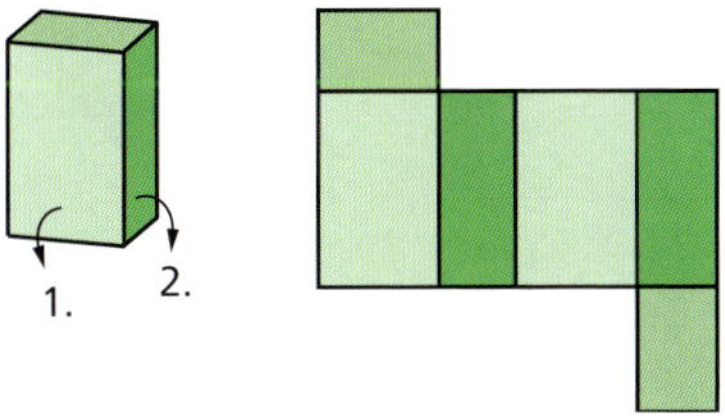

Aus einem Quadernetz kann durch Falten ein Quadermodell entstehen.

Das Netz eines Würfels besteht aus sechs gleich großen Quadraten. Insgesamt gibt es elf verschiedene **Würfelnetze.**

Aufgaben

Körper

1. Welche Körper sind hier dargestellt?

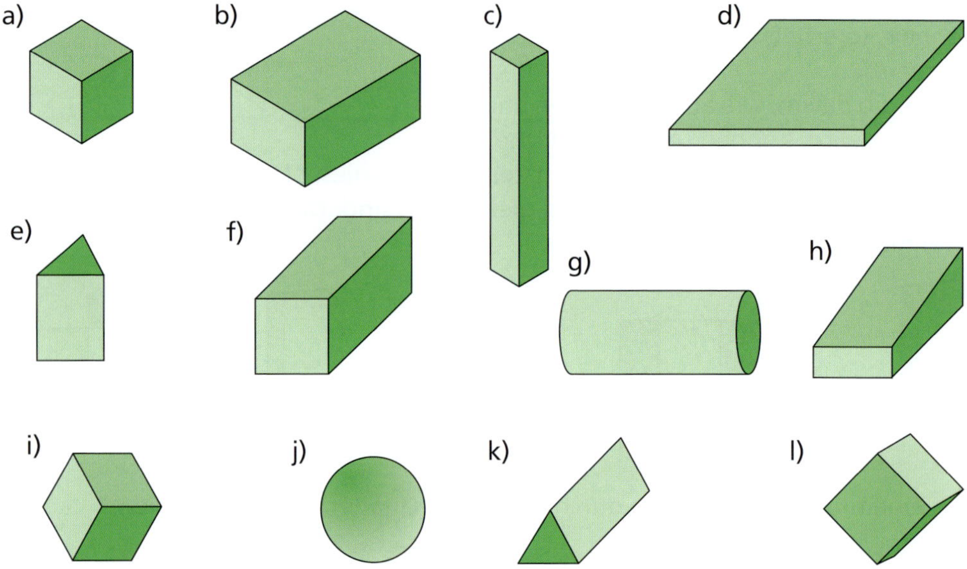

2. Gib für folgende Körper jeweils die Anzahl der Ecken, Kanten und Begrenzungsflächen an.

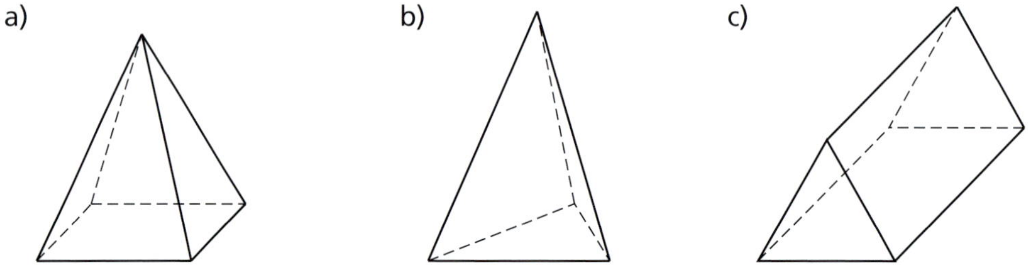

a) quadratische Pyramide — b) dreiseitige Pyramide — c) dreiseitiges Prisma

3. Wie viele Kanten, Ecken und Begrenzungsflächen haben die folgenden Körper?
   a) Zylinder b) Kegel c) Kugel

4. Entscheide, ob die folgenden Aussagen jeweils wahr oder falsch sind? Begründe.
   a) Quader und Würfel haben stets sechs Flächen.
   b) Je zwei benachbarte Seitenflächen eines Würfels sind zueinander senkrecht.
   c) Jeder Würfel ist ein Quader.
   d) Es gibt Vielflächner, die mehr Ecken als Kanten haben.

5. Der Würfel gehört zu den regelmäßigen Polyedern, die nach dem griechischen Philosophen PLATON (427 v. Chr. bis 347 v. Chr.) auch platonische Körper genannt werden.

a) Informiere dich im Internet (z.B. unter www.schuelerlexikon.de) oder in einem Nachschlagewerk, wie viele platonische Körper es gibt und wie sie heißen.

b) Gib für jeden dieser Körper die Anzahl der Ecken, Kanten und Flächen an.

Netze von Quader und Würfel

6. Du siehst hier einige Quadernetze. Wie lang, wie breit und wie hoch ist jeweils der zugehörige Quader? Welche Quader haben die gleichen Maße?

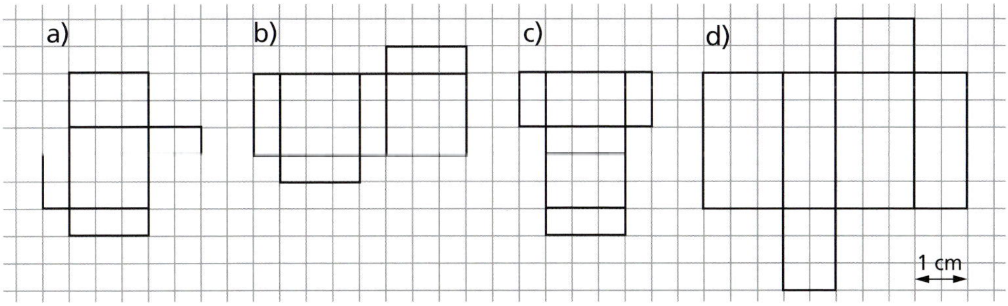

7. Welche Fläche liegt nach dem Zusammenfalten zu einem Würfel dem markiertem Quadrat gegenüber?

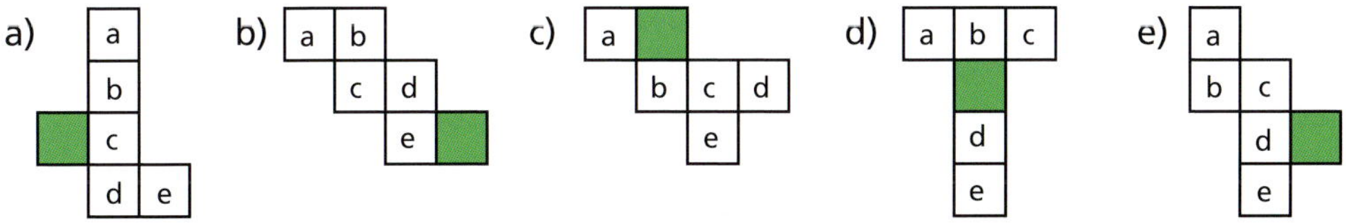

8. Zeichne zum abgebildeten Quader mindestens drei verschiedene Netze in dein Heft.
Entnimm die Maße der Zeichnung.
Beachte dabei, dass die nach hinten zeigenden Kanten um die Hälfte verkürzt dargestellt wurden.

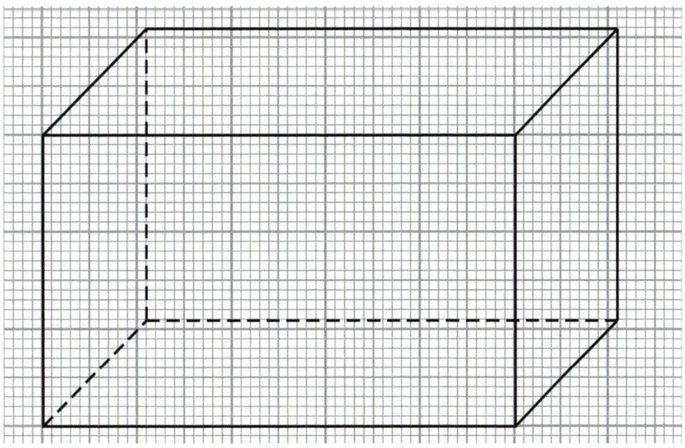

9. Bei einem Spielwürfel ergeben gegenüberliegende Augenzahlen stets die Summe sieben. Zeichne die Netze ab und vervollständige sie.

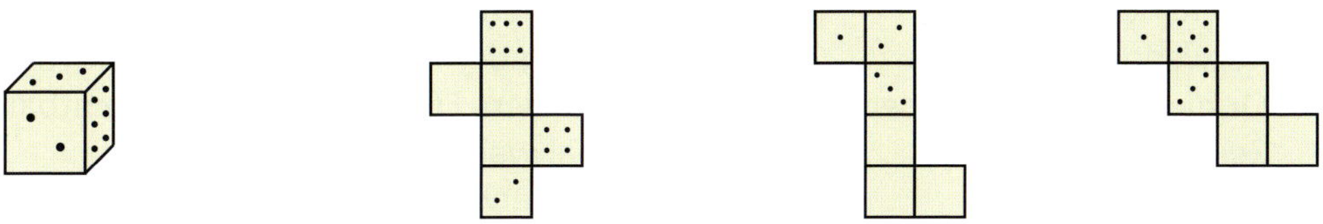

6.1 Schrägbilder von Quadern

Oftmals ist es notwendig, geometrische Körper in der Ebene darzustellen. Die entsprechenden Darstellungen sollen anschaulich sein, d.h., man sollte den Körper als solchen wiedererkennen können. Dies ist bei so genannten **Schrägbildern** der Fall.

Das nebenstehende Bild zeigt Schrägbilder eines Quaders und eines Würfels. Obwohl beide nur gezeichnet wurden, erscheinen sie dem Betrachter als reale dreidimensionale Körper.
Die nicht sichtbaren Kanten sind als gestrichelte Linien eingezeichnet.

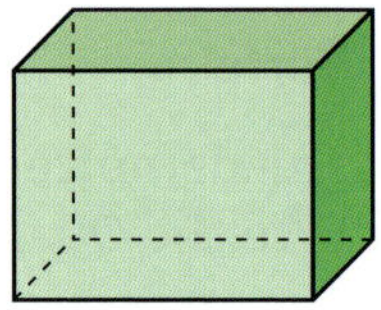
Quader

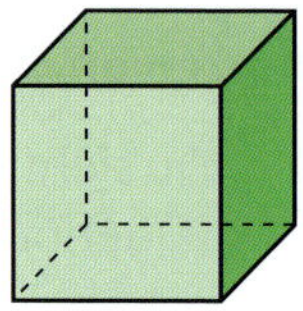
Würfel

Das Schrägbild eines Quaders oder Würfels ist dann besonders anschaulich, wenn die schrägen Linien folgende Eigenschaften besitzen:

a) Sie bilden einen **Winkel von 45°** zur (waagerechten) Grundlinie.
b) Sie werden beim Zeichnen **auf die Hälfte verkürzt.**

Eine solche Darstellung wird auch **Kavalierperspektive** genannt.

Zeichnen von Schrägbildern

Auf Kästchenpapier lassen sich Schrägbilder sehr einfach zeichnen. Haben die Kästchen eine Länge von 0,5 cm, dann ist die Diagonale eines Kästchens etwa 0,7 cm lang. Für 3 cm in der Wirklichkeit (6 Kästchen) zeichne also zwei Kästchendiagonalen (etwa 1,5 cm). Der Winkel von 45° wird durch die Richtung der Kästchendiagonale bestimmt.

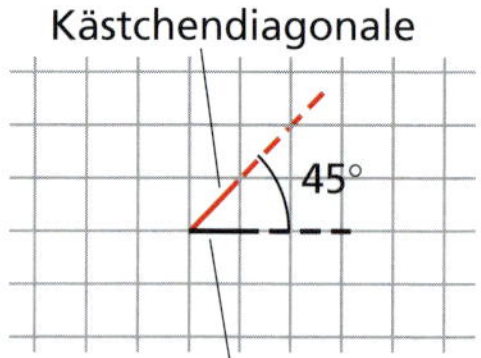

B **Schrägbild eines Würfels** mit einer Kantenlänge von 3 cm

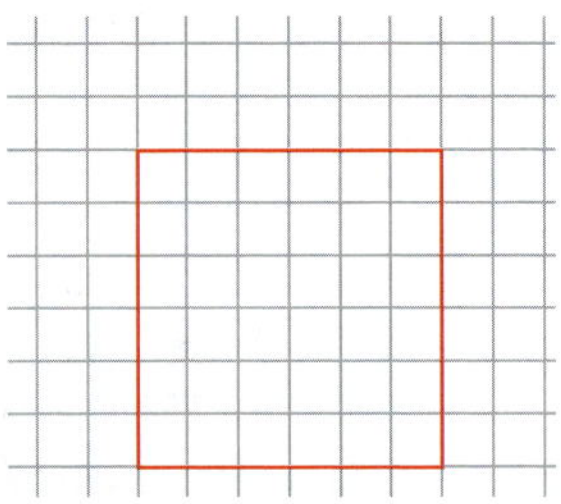
Zeichne die Vorderfläche mit feinen Linien. Verwende für 3 cm im Original auch 3 cm in der Zeichnung.

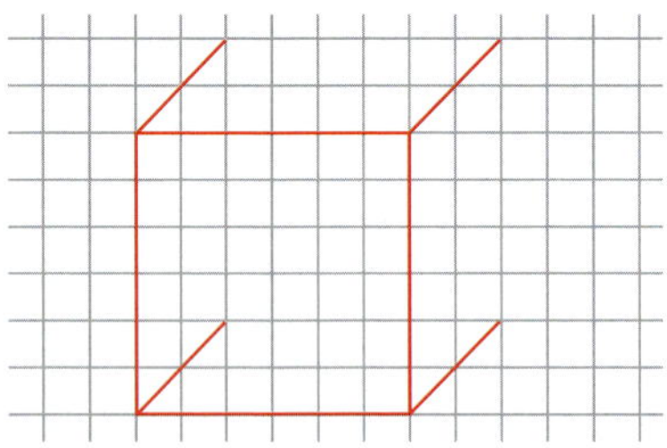
Zeichne die zwei nach hinten verlaufenden Linien in Richtung der Kästchendiagonalen. Für 3 cm im Original wähle zwei Diagonalenlängen.

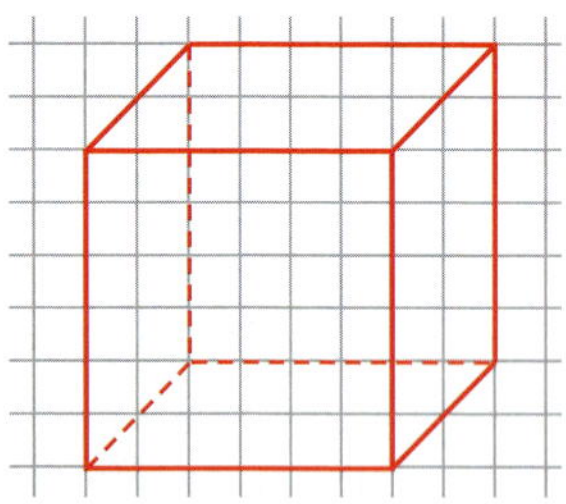
Verbinde die übrigen Eckpunkte, zeichne die sichtbaren Kanten kräftiger und die nicht sichtbaren gestrichelt.

Von ein und demselben Quader können unterschiedliche Schrägbilder gezeichnet werden; je nachdem, welche Seite als Grundfläche gewählt wird.

B **Schrägbilder eines Quaders** mit Kantenlängen von 4,5 cm; 3 cm; 1,5 cm

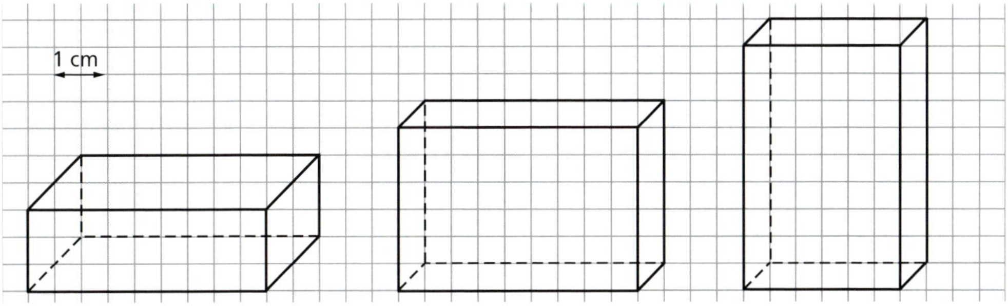

Aufgaben

1. Zeichne das Quadrat mit den Eckpunkten A(1; 1), B(4; 1), C(4; 4) und D(1; 4) in ein Koordinatensystem. Dieses Quadrat ist die Vorderansicht eines Würfels. Zeichne das Schrägbild des Würfels.

2. Zeichne Schrägbilder von folgenden Quadern in verschiedenen Lagen.
   a) a = 3 cm; b = 5 cm; c = 2 cm
   b) a = 2 cm; b = 2 cm; c = 9 cm

3. Miss die Längen der Seiten a und c. Wie lang ist die Seite b in Wirklichkeit? Berechne den Flächeninhalt der farbigen Fläche.

a)
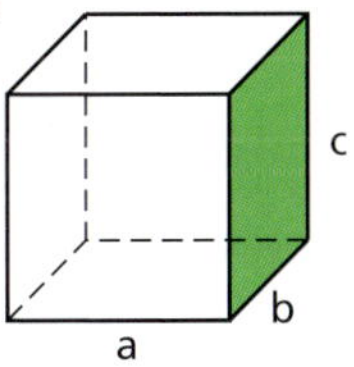

b)
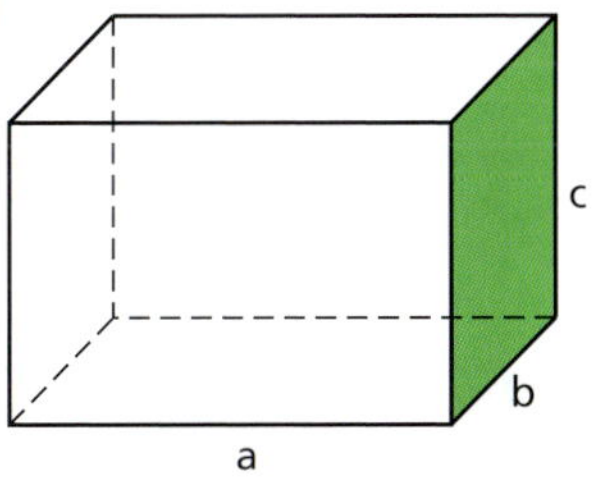

c)
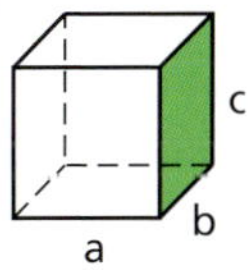

d)
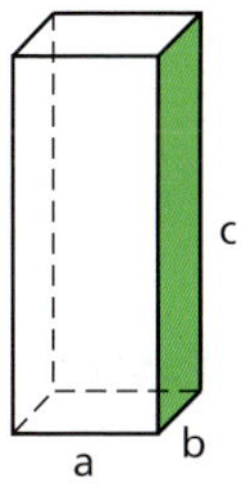

4. Zeichne auf kariertem Papier die Schrägbilder der folgenden Körper.

a)
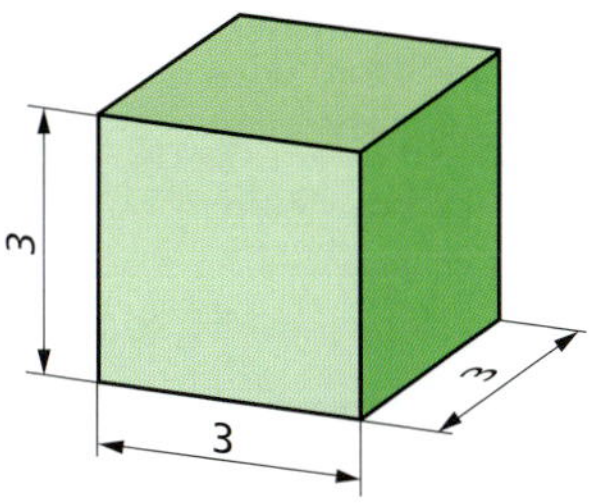

Angaben in cm

b)
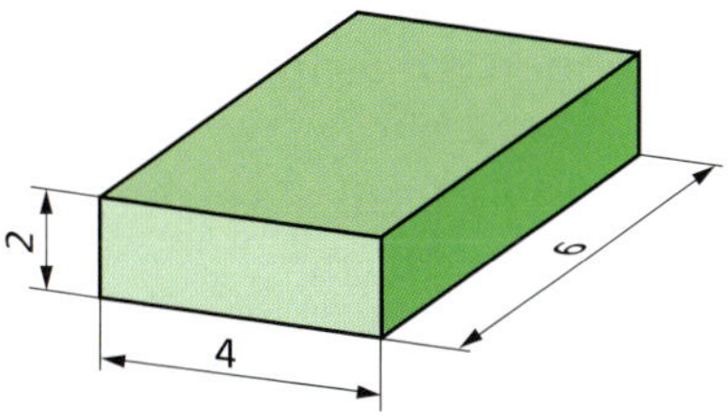

Angaben in cm

c)
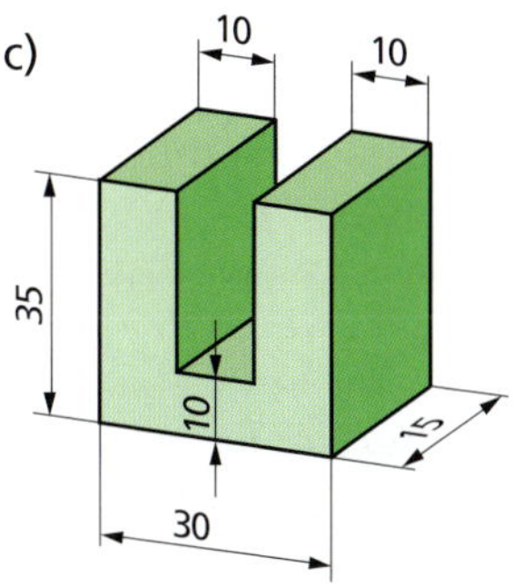

Angaben in mm

6.2 Oberflächeninhalt von Quadern

Unter der **Oberfläche** eines Körpers versteht man die Gesamtheit aller seiner ebenen und gekrümmten Begrenzungsflächen.

B

Oberfläche: alle sechs Begrenzungsflächen

Oberfläche: viereckige Grundfläche und vier Seitenflächen

Oberfläche: gesamte (gekrümmte) Kugelfläche

Der Flächeninhalt der Oberfläche von Körpern kann angegeben werden, wenn die Flächeninhalte aller Teilflächen bekannt sind bzw. berechnet werden können.

M

> Der **Oberflächeninhalt** eines Körpers ist gleich der Summe der Flächeninhalte aller Begrenzungsflächen. Er wird mit A_O bezeichnet.

Die Oberfläche eines **Quaders** wird durch die sechs rechteckigen Begrenzungsflächen gebildet. Es ist relativ einfach möglich, den Oberflächeninhalt zu berechnen. Hilfreich ist dabei eine Darstellung des Quadernetzes.

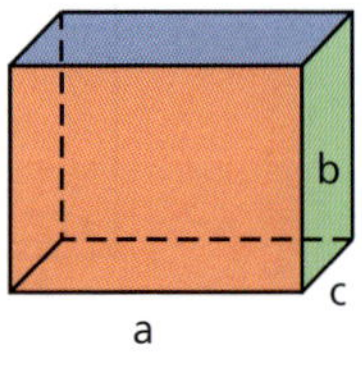

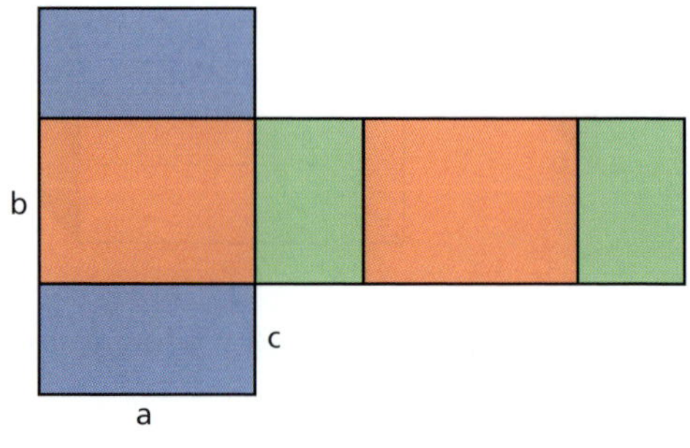

B Quader mit den Kantenlängen a = 5 cm; b = 3 cm und c = 2 cm

$A_1 = a \cdot b$	$A_2 = a \cdot c$	$A_3 = b \cdot c$
$A_1 = 5\text{ cm} \cdot 3\text{ cm}$	$A_2 = 5\text{ cm} \cdot 2\text{ cm}$	$A_3 = 3\text{ cm} \cdot 2\text{ cm}$
$A_1 = 15\text{ cm}^2$	$A_2 = 10\text{ cm}^2$	$A_3 = 6\text{ cm}^2$

$$A_O = 2 \cdot A_1 + 2 \cdot A_2 + 2 \cdot A_3$$
$$A_O = 2 \cdot 15\text{ cm}^2 + 2 \cdot 10\text{ cm}^2 + 2 \cdot 6\text{ cm}^2$$
$$A_O = 30\text{ cm}^2 + 20\text{ cm}^2 + 12\text{ cm}^2$$
$$A_O = 62\text{ cm}^2$$

Die Oberfläche eines **Würfels** setzt sich aus sechs gleich großen Quadraten zusammen. Somit ist der Oberflächeninhalt gleich dem Sechsfachen des Flächeninhalts eines dieser Quadrate.

B Würfel mit der Kantenlänge a = 25 mm

$A = 6 \cdot A_1$ $\qquad$ $A_1 = 25\text{ mm} \cdot 25\text{ mm} = 625\text{ mm}^2$

$A = 6 \cdot 625\text{ mm}^2 = 3\,750\text{ mm}^2$

M Für den **Oberflächeninhalt eines Quaders** mit den Kantenlängen a, b und c gilt:
$\mathbf{A_O = 2 \cdot a \cdot b + 2 \cdot a \cdot c + 2 \cdot b \cdot c = 2 \cdot (a \cdot b + a \cdot c + b \cdot c)}$
Für den **Oberflächeninhalt eines Würfels** mit der Kantenlänge a gilt:
$\mathbf{A_O = 6 \cdot a^2}$

Aufgaben

1. Beschreibe die Oberfläche der abgebildeten Körpern so genau wie möglich.

a)

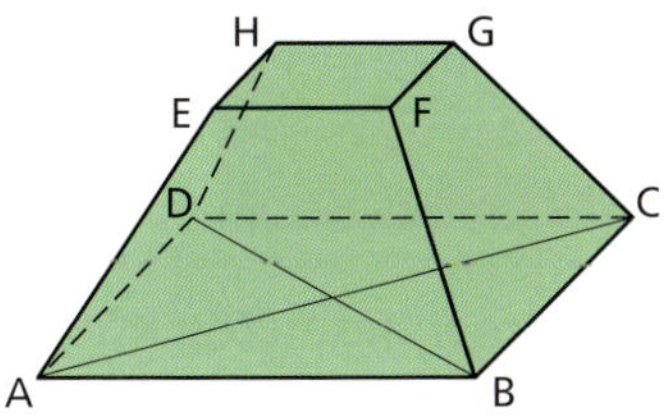

b)

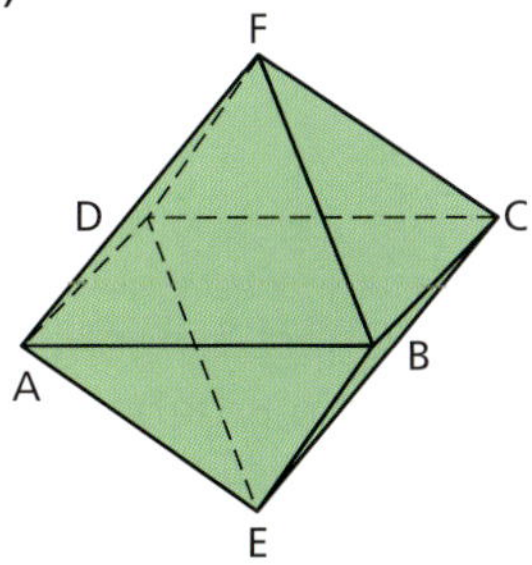

c)

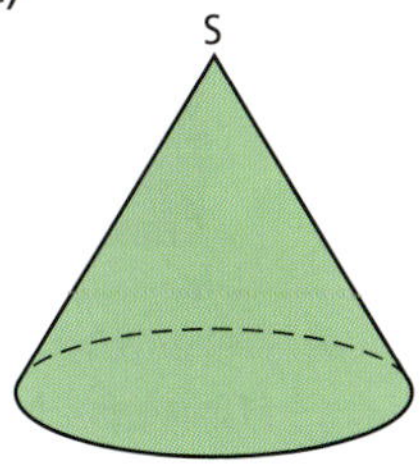

2. Wievielmal größer ist der Oberflächeninhalt der Erde als der des Mondes?
Hinweis: Entnimm die erforderlichen Daten einem Nachschlagewerk bzw. einer Formelsammlung.

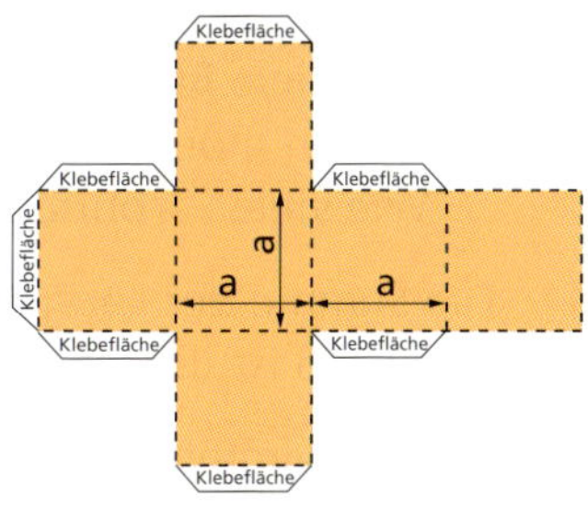

3. a) Stelle aus Zeichenkarton drei Würfel mit den Kantenlängen 2 cm; 4 cm bzw. 8 cm her. Beachte die erforderlichen Klebefalze.
b) Ermittle jeweils den Oberflächeninhalt dieser Würfel.
c) Vergleiche die Kantenlängen und die Oberflächeninhalte der Würfel. Was stellst du fest?

4. Berechne den Oberflächeninhalt folgender Quader:
a) a = 3 cm; b = 2 cm; c = 1 cm
b) a = 4 cm; b = 4 cm; c = 7 cm
c) a = 1,5 cm; b = 3 cm; c = 4,5 cm
d) a = 50 cm; b = 3 dm; c = 1 m
e) a = 20 mm; b = 2 cm; c = 0,2 m
f) a = 0,4 dm; b = 0,4 cm; c = 0,4 m

5. Ein Quader ist doppelt so lang wie breit und halb so hoch wie breit. Berechne den Oberflächeninhalt des Quaders, wenn dieser 2 cm hoch ist.

6. Suche dir zu Hause quaderförmige Verpackungen (Milchbehälter, Cornflakespackungen, Waschmittelkartons ...).
Bestimme deren Oberflächeninhalt.

7. Ein quaderförmiges Schmuckkästchen mit den Maßen a = 15 cm, b = 5 cm und c = 2 cm soll auf allen Seiten vergoldet werden. Ein Blattgoldbogen ist 10 cm lang und 10 cm breit. Wie viele Bögen werden benötigt?

8. a) Ermittle die Abmessungen einer Streichholzschachtel und zeichne deren Netz im Maßstab 1 : 1.
b) Berechne den Oberflächeninhalt.

9. Zwei Streichholzschachteln können auf verschiedene Art und Weise zusammengesetzt werden, wie die Beispiele der folgenden Abbildung zeigen.

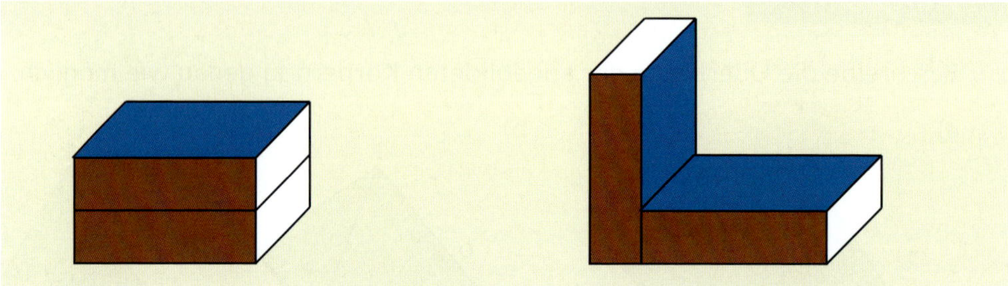

a) Berechne jeweils den Oberflächeninhalt des zusammengesetzten Körpers.
Hinweis: Nutze hierzu die Ergebnisse von Aufgabe 8.
b) Überlege dir noch eine dritte Möglichkeit des Zusammensetzens.
Zeichne zuerst ein Schrägbild und berechne dann auch den Oberflächeninhalt dieses Körpers.

10. Martin will seine „Schatzkiste" außen von allen Seiten neu streichen. Die Kiste ist 1 m breit, 50 cm hoch und 70 cm tief. Martins Lieblingsfarbe ist blau. Laut Hinweis auf der Büchse soll die Farbe für 3 bis 5 m^2 ausreichen.
a) Wie viele Büchsen Farbe sollte Martin kaufen? Begründe.
b) Martin möchte seine Kiste auch noch von innen streichen.
Wie viele Farbbüchsen benötigt er jetzt?

11. Die Summe der Längen aller Kanten eines Würfels beträgt 48 cm.
Wie groß ist der Oberflächeninhalt des Würfels?

12. Das Schwimmbecken eines Hallenbades ist 12,5 m breit und 25 m lang.
Wie viel Quadratmeter Fliesen werden bei einer Renovierung benötigt, wenn die Beckentiefe 2,20 m beträgt?
Runde das Ergebnis sinnvoll.

6.3 Volumen von Körpern

Du siehst hier verschiedene Körper, die alle den gleichen Raum einnehmen. Sie setzen sich aus vier gleich großen Würfeln zusammen.

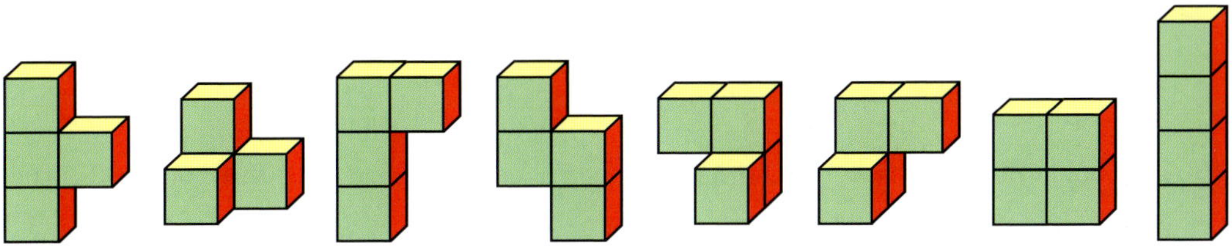

Diese Körper besitzen alle den gleichen **Rauminhalt.** Werden sie beispielsweise in Wasser getaucht, so verdrängen sie jeweils die gleiche Wassermenge. Statt Rauminhalt sagt man auch **Volumen** (lat.: *volvere* – drehen, rollen; Mehrzahl: Volumina).

Um das Volumen von Körpern zu messen, werden wieder entsprechende Einheiten benötigt. Dabei geht man von so genannten **Einheitswürfeln** aus, das sind Würfel mit besonderen Kantenlängen (1 mm, 1 cm, 1 dm, 1 m …) In der Abbildung ist ein *Zentimeterwürfel* dargestellt.

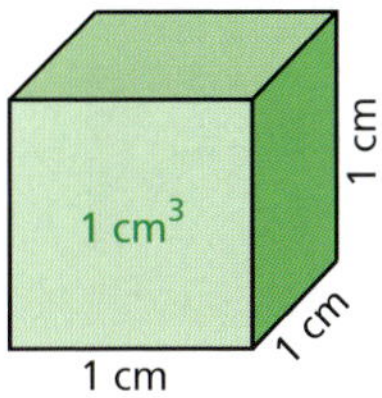

Die Größe des Raumes, den ein Körper einnimmt, wird sein **Volumen (Rauminhalt)** genannt und mit V bezeichnet.
Ein Würfel mit der Kantenlänge von 1 cm hat ein Volumen von **einem Kubikzentimeter** (1 cm³).

Körper	**Kantenlänge**	**Volumen**
Millimeterwürfel	1 mm	1 mm³ (Kubikmillimeter)
Zentimeterwürfel	1 cm	1 cm³ (Kubikzentimeter)
Dezimeterwürfel	1 dm	1 dm³ (Kubikdezimeter)

Wie viele Zentimeterwürfel passen in einen Dezimeterwürfel?

Es ist 1 dm = 10 cm.
In einen Dezimeterwürfel passen insgesamt 1 000 Zentimeterwürfel.

Somit gilt:
$1\ dm^3 = 1000\ cm^3$

Zur Umrechnung zwischen den Volumeneinheiten ist das folgende Schema nützlich:

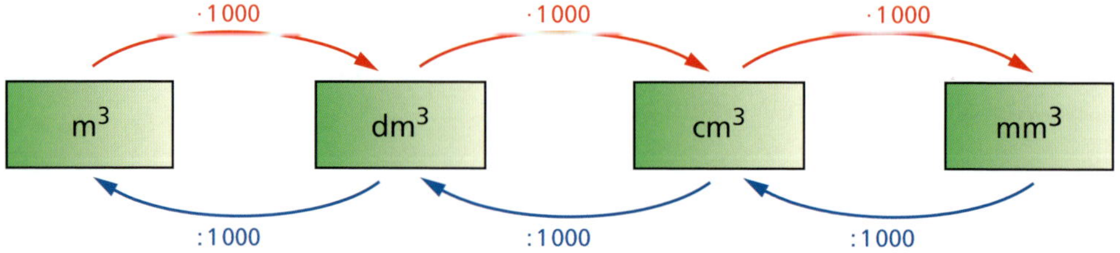

B

$1\ m^3 = (1 \cdot 1\,000)\ dm^3 = 1\,000\ dm^3$ $\quad$ $3{,}5\ cm^3 = (3{,}5 \cdot 1\,000)\ mm^3 = 3\,500\ mm^3$

$1\,000\ cm^3 = (1\,000 : 1\,000)\ dm^3 = 1\ dm^3$ $\quad$ $2\,800\ dm^3 = (2\,800 : 1\,000)\ m^3 = 2{,}8\ m^3$

Welches Volumen hat etwa ...?

ein Zuckerkorn	ein Stück Würfelzucker	eine Tüte Zucker	ein Papiercontainer

$1\ mm^3$	$1\ cm^3$	$1\ dm^3$	$1\ m^3$

Das Volumen von Flüssigkeiten und Gasen gibt man meist in Liter an. Ein Liter (1 *l*) ist ein so genanntes **Hohlmaß** und entspricht dem Volumen eines Würfels mit der Kantenlänge von einem Kubikdezimeter.

Es gilt:

$1\ l = 1\ dm^3$

Weitere gebräuchliche Einheiten sind die folgenden:

Milliliter (ml)	1 ml = 0,001 *l*
Zentiliter (cl)	1 cl = 0,01 *l*
Hektoliter (hl)	1 hl = 100 *l*

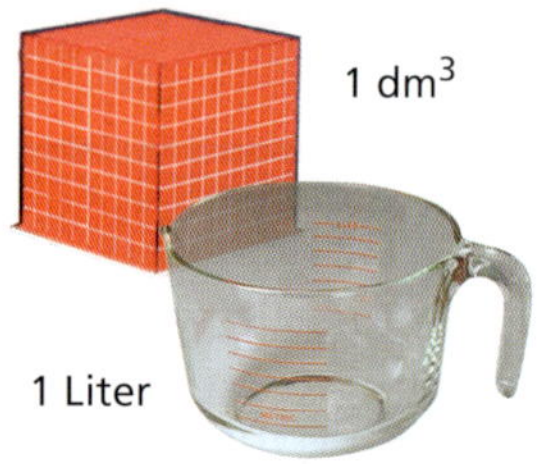

Welches Volumen hat etwa ...?

eine Injektion bei einer Impfung	eine Flasche Mineralwasser	ein Wassereimer	ein Aquarium
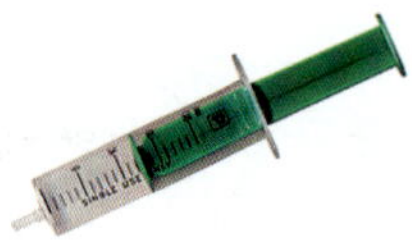			
1 ml	1 *l*	10 *l*	100 *l*

Das Volumen von Flüssigkeiten kann mit einem Messbecher bzw. einem Messzylinder oder mit einer Wasseruhr gemessen werden.

Volumen von Quader und Würfel

Das Volumen eines Quaders lässt sich durch Auslegen mit Einheitswürfeln bestimmen. Zunächst wird der Rauminhalt einer Schicht von Einheitswürfeln ermittelt und dann mit der Anzahl der Schichten multipliziert.

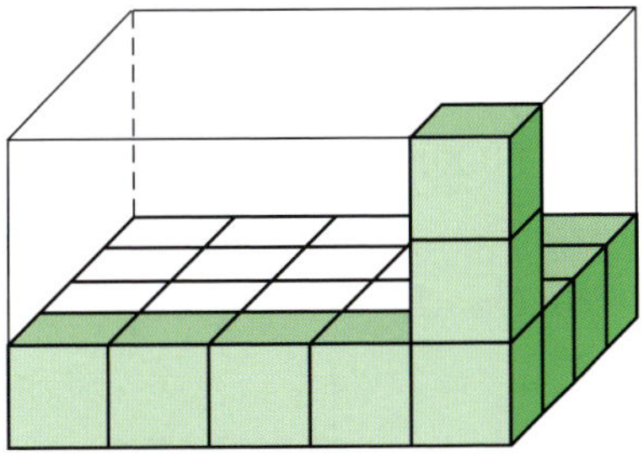

3 Schichten, wobei jede Schicht aus 4 Reihen mit je 5 Einheitswürfeln besteht
$V = 3 \cdot 4 \cdot 5 \cdot (1\ cm^3) = 60\ cm^3$

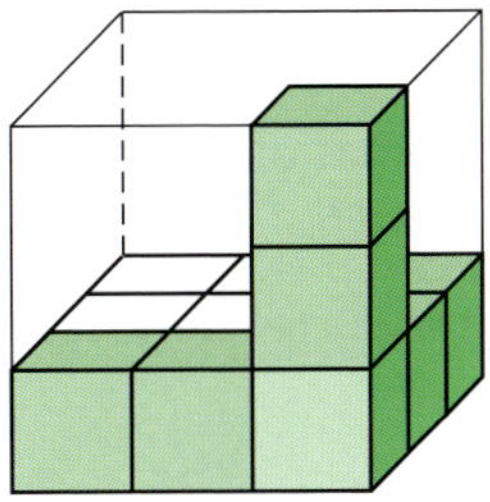

3 Schichten, wobei jede Schicht aus 3 Reihen mit je 3 Einheitswürfeln besteht
$V = 3 \cdot 3 \cdot 3 \cdot (1\ cm^3) = 27\ cm^3$

Das Volumen eines Quaders ist gleich dem Produkt aus seiner Länge, seiner Breite und seiner Höhe.

Für einen Quader mit den Kantenlängen a, b und c gilt:
$\mathbf{V = a \cdot b \cdot c}$

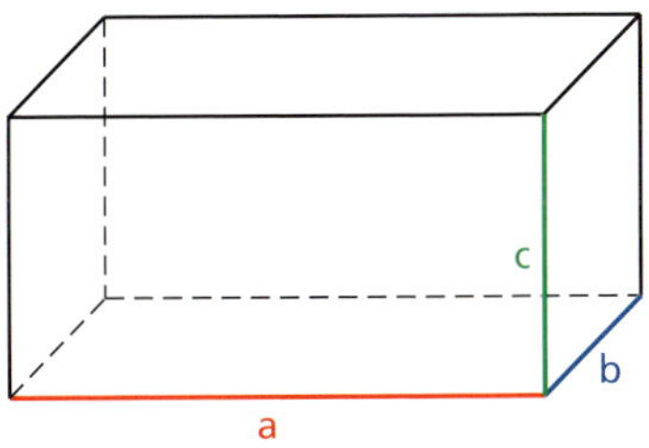

Für einen Würfel mit der Kantenlänge a vereinfacht sich die Formel:
$\mathbf{V = a \cdot a \cdot a = a^3}$

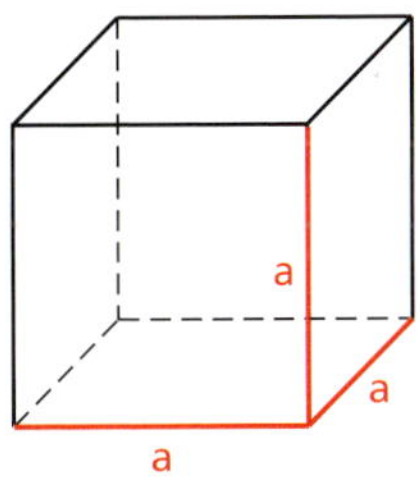

Gegeben:	a = 5 cm; b = 3 cm; c = 2 cm
Gesucht:	V (in cm^3)
Lösung:	$V = a \cdot b \cdot c$ $V = 5\ cm \cdot 3\ cm \cdot 2\ cm$ $V = 30\ cm^3$

Gegeben:	a = 6 cm
Gesucht:	V (in cm^3)
Lösung:	$V = a^3$ $V = (6\ cm)^3$ $V = 216\ cm^3$

Das Produkt aus Länge und Breite eines Quaders ist gleich dem Flächeninhalt seiner Grundfläche A_G.
Die Formel zur Berechnung des Volumens lässt sich damit auch folgendermaßen schreiben:
$\mathbf{V = A_G \cdot h}$
(h ist die Höhe des Quaders.)

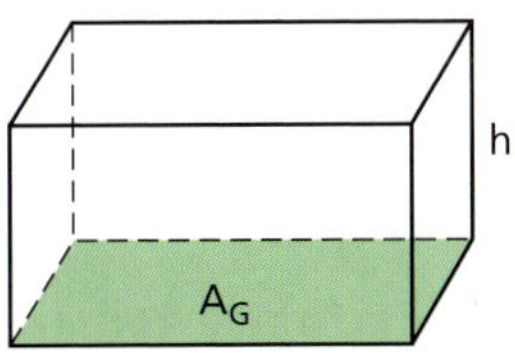

$V = A_G \cdot h$

Aufgaben

1. Wie viele Zentimeterwürfel benötigst du, um einen Würfel mit einer Kantenlänge von 2 cm (3 cm; 4 cm) zu bauen?

2. Wie viele verschiedene Quader kannst du aus 36 Einheitswürfeln bauen, wenn kein Würfel übrig bleiben darf?

3. Welche Kantenlänge hat ein Würfel, der aus neun (27; 1 000) Dezimeterwürfeln zusammengebaut wird?

4. Wie viele Zentimeterwürfel benötigst du, um folgende Quader aufzubauen?

a)

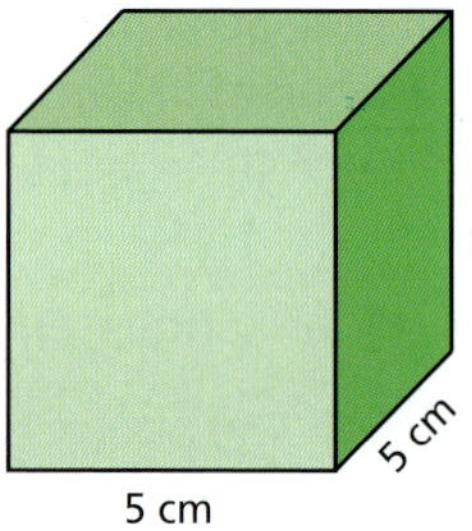

b)

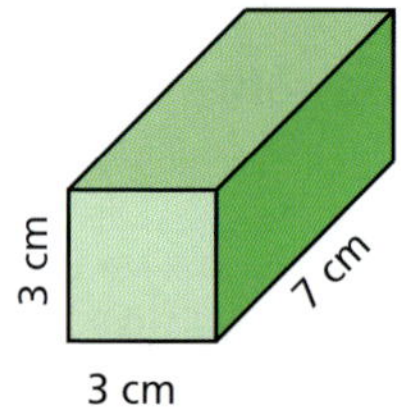

c)

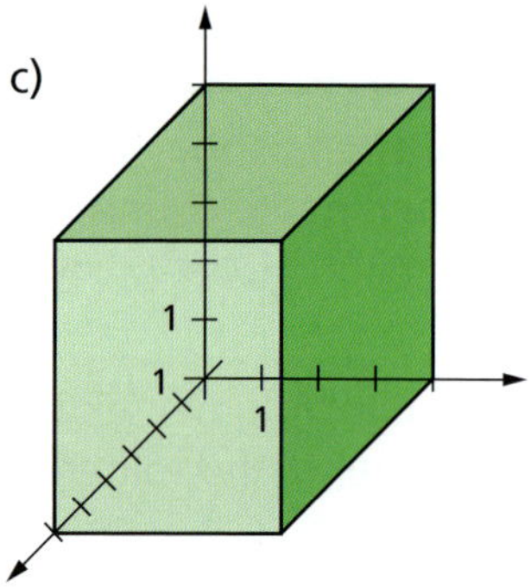

5. Aus Zentimeterwürfeln sollen Quader mit folgenden Kantenlängen aufgebaut werden. Wie viele Würfel werden jeweils benötigt?
   a) a = 5 cm; b = 3 cm; c = 4 cm b) a = 6 cm; b = 6 cm; c = 6 cm
   c) a = 6 dm; b = 4 dm; c = 6 dm d) a = 20 cm; b = 4 dm; c = 8 cm

6. a) Welche der folgenden Einheiten sind Einheiten des Volumens?

   m; dt; cm^3; s; ha; ml; hl; cm; min; dm^3; kg; km; m^3; a; t; km^3; l; km^2; mg; cl

   b) Ordne auch den anderen Einheiten entsprechende Größen zu.

7. Welche Einheiten sind für die Angabe des Volumens (des Fassungsvermögens) folgender Objekte sinnvoll?
   a) Wassereimer b) Stecknadelkopf
   c) Medizinflasche d) Schultasche
   e) Klassenraum f) Aquarium
   g) Esslöffel h) Kühlschrank
   i) Konservendose j) Zahnpastatube
   k) Talsperre l) Schuhkarton
   m) Kofferraum n) Weinglas

8. Rechne jeweils in die nächstkleinere Einheit um.
   50 m^3; 3,720 m^3; 0,367 dm^3; 6,2 m^3; 320 m^3; 5,9 dm^3; 0,04 cm^3; 40 m^3

9. Rechne jeweils in die nächstgrößere Einheit um.
4 000 cm^3; 3 067 dm^3; 300 mm^3; 65 000 mm^3; 92 cm^3; 436 cm^3; 5 dm^3; 34 mm^3

10. Gib jeweils in Kubikzentimeter an.
5 dm^3; 2 100 mm^3; 9 m^3; 0,62 m^3; 4,821 dm^3; 0,008 dm^3; 3 *l*; 500 ml

11. Rechne jeweils in die nächstkleinere Einheit um. Benutze die Hohlmaße.
7 *l*; 50,3 *l*; 0,05 *l*; 7 cl; 700 cl; $\frac{1}{2}$ *l*

12. Rechne jeweils in die nächstgrößere Einheit um. Benutze die Hohlmaße.
5 000 ml; 620 *l*; 20 cl; 280,4 *l*; 30,5 ml; 304 cl

13. Rechne jeweils in die in Klammern angegebene Einheit um.

a) 52 000 cm^3 (dm^3)
b) 45 000 000 mm^3 (cm^3)
c) 3 m^3 (dm^3)
d) 8 *l* (ml)
e) 22 666 dm^3 (m^3)
f) 62,1 cm^3 (ml)
g) 8,05 dm^3 (cm^3)
h) 548 ml (*l*)
i) 8 m^3 (cm^3)
j) 0,73 hl (*l*)
k) 0,007 m^3 (mm^3)
l) 2 cl (hl)

14. Sortiere die Volumenangaben der Größe nach. Beginne mit der kleinsten Angabe.

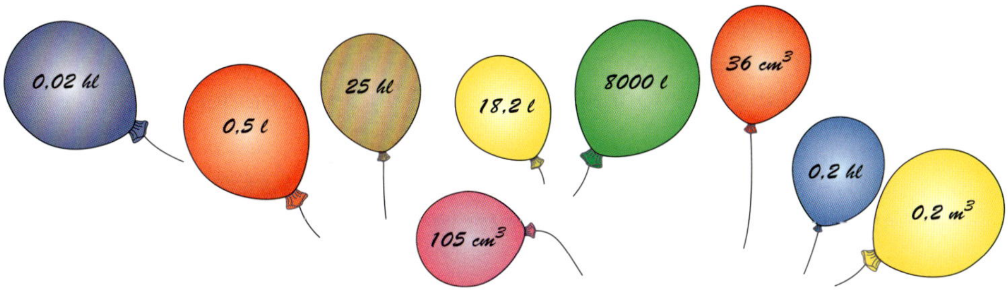

Volumen von Quader und Würfel

15. Berechne jeweils das Volumen des Quaders mit den gegebenen Kantenlängen.

a) a = 2 cm; b = 8 cm; c = 3 cm
b) a = 10 mm; b = 10 mm; c = 80 mm
c) a = 3,5 dm; b = 0,5 dm; c = 1 cm
d) a = 25 cm; b = 250 m; c = 2,5 dm
e) a = 1 m; b = 0,1 m; c = 0,01 m
f) a = 2 dm; b = 0,5 dm; c = 12, 5 cm

16. Der folgenden Tabelle kannst du die Maße der abgebildeten Pakete entnehmen.

Farbe	Länge	Breite	Höhe
grau	150 mm	120 mm	100 mm
blau	300 mm	200 mm	120 mm
gelb	350 mm	250 mm	150 mm
grün	450 mm	300 mm	200 mm

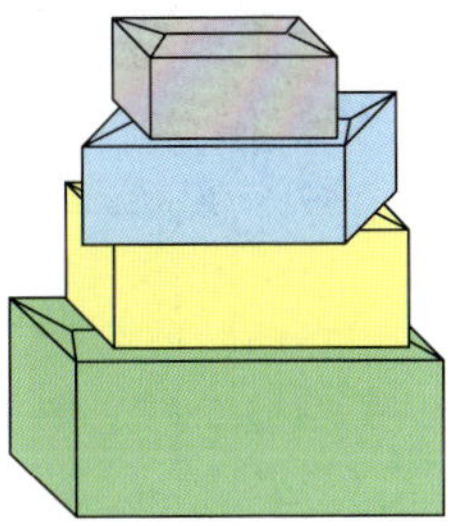

a) Ermittle die jeweiligen Volumina.
b) Wie viele graue Pakete passen höchstens in ein grünes Paket?
c) Wie viele blaue Pakete passen höchstens in ein grünes Paket?
d) Welches Volumen haben sechs gelbe Pakete zusammen?

17. Berechne das Volumen der abgebildeten Kommode (Maßangaben in Zentimeter).

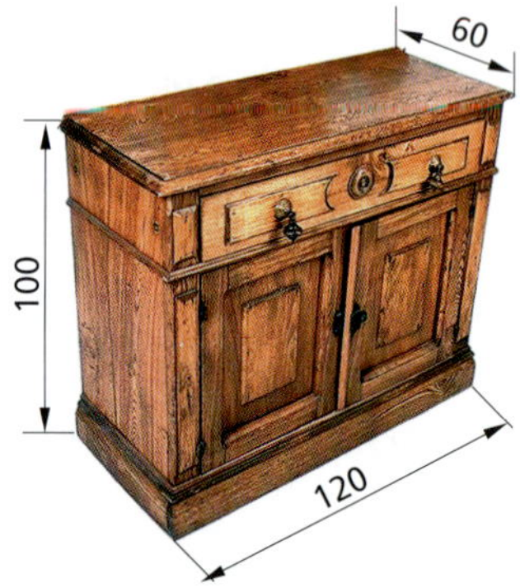

18. Claudia soll genau 8 *l* Wasser in einen Bottich füllen. Sie hat allerdings nur einen 5-*l*-Eimer und einen 2-*l*-Eimer. Wie kann sie vorgehen?
Nenne noch andere Wassermengen, die mit beiden Eimern abgefüllt werden könnten.

19. Für eine gesunde Lebensweise ist es wichtig, dass ein Mensch täglich etwa 2 *l* Flüssigkeit zu sich nimmt. Wie lange würdest du mit 1 m^3 Wasser auskommen, wenn du ihn dir mit deinem Freund teilst?

20. Wie verändert sich das Volumen eines Würfels, wenn seine Kantenlänge
a) verdoppelt; b) verdreifacht; c) vervierfacht; d) halbiert wird?

21. Wie ändert sich das Volumen eines Quaders, wenn
a) alle Kantenlängen verdoppelt werden;
b) alle Kantenlängen halbiert werden;
c) zwei Kantenlängen verdoppelt werden und die dritte gleich bleibt;
d) eine Kantenlänge verdoppelt wird und die anderen beiden gleich bleiben?

22. Ein quaderförmiges Aquarium hat eine Grundfläche von 2 000 cm^2 und eine Höhe von 41 cm. Es soll bis 6 cm unter dem oberen Rand mit Wasser gefüllt werden.
Wie viel Liter Wasser benötigst du dafür?
Der Kies am Grund des Aquariums soll unberücksichtigt bleiben.

23. Vom römischen Kaiser Nero (er lebte von 37 bis 68) ist überliefert, dass er seine Tränen für die Nachwelt sammelte.
Wie viele Tränen musste er vergießen, wenn er 1 cm^3 aufbewahren wollte und eine Träne etwa ein Volumen von 0,02 ml hat?

24. Berechne das Volumen der abgebildeten Körper (Maßangaben in Zentimeter). Denke daran, dass diese Körper auch in Teilkörper zerlegt werden können.

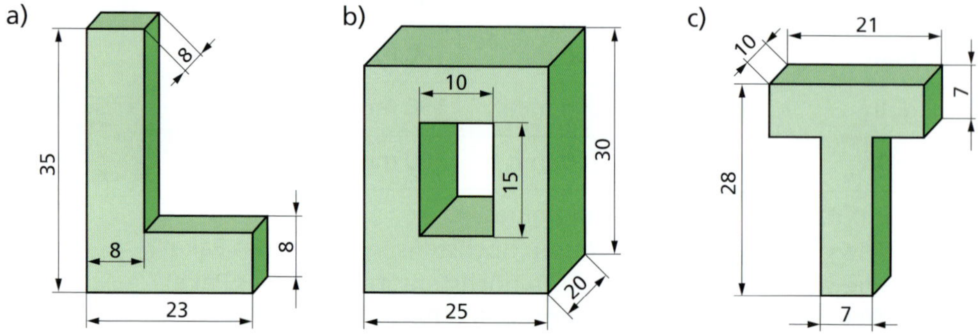

6.4 Gemischte Aufgaben

1. Ordne jeweils der Größe nach. Beginne mit der kleinsten Angabe. Rechne möglichst wenig um.

a) 3 m; 345 dm; 0,02 km; 5 mm
b) 53 cm^2; 6 dm^2; 30 m^2; 0,4 a
c) 2 m^3; 0,5 l; 45 cm^3; 6000 ml
d) 100 ml; 0,01 hl; 10 l; 1 000 cl

2. Welche Einheit fehlt?

a) 500 mm = 0,8 …
b) 3,2 m^2 = 320 …
c) 700 a = 7…
d) 400 l = 4 …
e) 60 cm^3 = 60 000 …
f) 0,9 hl = 90 000 …

3. Ergänze die Einheit oder die Maßzahl so, dass wahre Aussagen entstehen.

a) 5 000 … = 5 km
b) 3,2 m^3 = … dm^3
c) $1\frac{1}{4}$ … = 125 cm
d) 5,4 dm^2 = … cm^2
e) 500 dm^3 = $\frac{1}{2}$ …
f) $\frac{3}{4}$ ha = … m^2

4. Welche der folgenden Aufgaben sind lösbar, welche nicht? Begründe.
Gib gegebenenfalls die Lösungen an.

a) 4,1 cm + 3,1 cm
b) 61 dm^2 + 3 m^2
c) 5 cm + 3 cm^2
d) 40 ml + 3 hl
e) 70 l + 4 cm^3
f) 45 l + 3 kg
g) 4 cm^2 + 2 mm^3
h) 21 a + 31 ha
i) 3 ha + 300 a
j) 200 ml + 2 dm^3
k) 3 kg + 3 km^3
l) 1 m^3 + 1 l

5. Bei welchen der folgenden Formeln kann die Größe A kein Flächeninhalt sein, wenn a, b und c sowie r Längen sind?

a) $A = 6 \cdot a^3$
b) $A = a \cdot b$
c) $A = 2 \cdot (a + b)$
d) $A = 3{,}14 \cdot r^2$
e) $A = \frac{1}{4} \cdot (a^2 + b^2)$
f) $A = a \cdot b \cdot c$
g) $A = \frac{a+b}{2} \cdot c$
h) $A = \frac{1}{3} \cdot a^2 \cdot b$

6. Ein Würfel soll eine Kantenlänge von 4,2 cm haben.

a) Zeichne das Schrägbild des Würfels.
b) Bastle aus Zeichenkarton einen Würfel dieser Größe.
c) Berechne den Oberflächeninhalt des Würfels.
d) Berechne das Volumen des Würfels.
e) Stell dir vor, der Würfel sei aus purem Gold. Wie schwer wäre dieser dann?
(*Hinweis:* 1 cm^3 Gold hat etwa eine Masse von 19,3 g)

7. Marleens Klassenraum soll renoviert werden. Der Raum ist 9,50 m lang, 7,20 m breit und 2,70 m hoch. Er hat zwei gleich große jeweils 2 m breite und 1,50 m hohe Fenster. Die Tür besitzt eine Höhe von 2,10 m und eine Breite von 1,20 m.
Ein Kilogramm Deckenfarbe reicht für etwa sechs bis sieben Quadratmeter, ein Kilogramm Wandfarbe für fünf bis sechs Quadratmeter.
Wie viel Kilogramm Wand- und Deckenfarbe sind zu kaufen?

8. Herr Schulze möchte den gesamten Kompost im Garten verteilen.
Wie oft muss er mit zwei 10-*l*-Eimern laufen, wenn der Komposthaufen eine quadratische Grundfläche von 1 m^2 hat und etwa 80 cm hoch ist?

9. Claudia berechnet den Oberflächeninhalt und das Volumen eines Würfels. Erstaunt stellt sie dabei fest, dass die Maßzahl bei beiden Ergebnissen gleich ist. Kann das sein? Wenn ja, gib die Kantenlänge von Claudias Würfel an.

10. Gegeben sei ein Quader mit den Kantenlängen a = 3 cm, b = 2 cm und c = 1 cm. Darüber hinaus werden drei weitere Quader betrachtet:
Quader 2 entsteht aus dem gegebenen Quader durch Verdopplung aller Kantenlängen.
Quader 3 ist dreimal so lang und doppelt so hoch wie der erste Quader, hat aber die gleiche Breite wie dieser.
Quader 4 hat die gleiche Länge wie der erste Quader, ist aber dreimal so breit und so hoch wie dieser.
a) Zeichne jeweils ein Schrägbild der vier Quader.
b) Aus wie vielen Quadern der Größe des ursprünglich gegebenen Quaders lassen sich die *Quader 2, 3* und *4* zusammensetzen. Begründe.

11. Ein außen rot angestrichener Holzwürfel mit einer Kantenlänge von 3 cm soll mit mehreren geradlinigen Schnitten in Einheitswürfel zerlegt werden.
a) Wie viele Schnitte sind mindestens notwendig?
b) Wie viele Würfel entstehen?
c) Wie viele rote Begrenzungsflächen können die entstandenen Würfel haben?
Gib alle Möglichkeiten an, und nenne jeweils die Anzahl der Würfel, bei denen dieser Fall auftritt.

12. Marcel möchte seine zwölf Fische in ein neues Aquarium setzen. Jeder Fisch sollte etwa 5 *l* Wasser haben. Marcel hat drei Aquarien zur Auswahl:
(1) 80 × 36 × 40 (2) 80 × 38 × 35 (3) 100 × 36 × 30
(Maßangaben in Zentimeter; Länge × Breite × Höhe)
Der Bodengrund hat in allen Fällen eine Stärke von 7 cm, und Wasser soll jeweils bis etwa 6 cm unterhalb des oberen Randes eingefüllt werden.
a) Welches Aquarium würdest du Marcel empfehlen? Begründe.
b) Berechne die Größe der Bodenfläche.

13. Puzzle
Das abgebildete T lässt sich aus fünf gleich großen Quadraten zusammensetzen. Übertrage das T auf Kästchenpapier und zerlege es in vier Teile gleicher Größe und Gestalt.

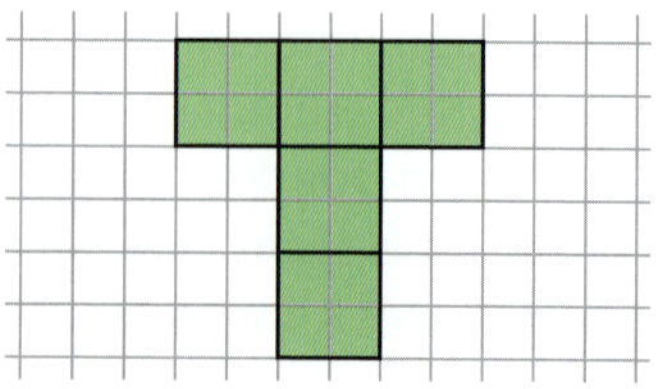

14. Klaus Müller aus Brandenburg hat 1 500-mal je etwa 500 cm^3 Blut gespendet. Ein erwachsener Mensch besitzt ungefähr 6 *l* Blut. Das Wievielfache seiner Blutmenge hat Herr Müller gespendet?

15. Beim Bau eines 2,5 km langen Tunnels muss viel Erdreich fortgeschafft werden. Der Tunnel hat einen rechteckigen Querschnitt und ist 9 m breit und 4,50 m hoch. Wie viele LKW-Fahrten sind nötig, wenn ein LKW etwa 20 m^3 transportieren kann?

16. Der Verband Deutscher Automobilhersteller (VDA) hat eine Methode entwickelt, die Grundlage für die Angabe der Größe des Kofferraums von Autos ist. Dazu wird der Kofferraum mit „Einheitsquadern" möglichst vollständig ausgefüllt. Diese Einheitsquader sind 20 cm lang, 10 cm breit und 5 cm hoch.

a) Gib das Volumen eines derartigen Quaders an.

b) Das Kofferraumvolumen eines *Opel Vectra* (1,6 Liter; vier Türen) beträgt 530 *l*, das eines *Ford Sierra* (1,6 Liter; vier Türen) dagegen 390 *l*. Wie viele Einheitsquader des VDA entsprechen den beiden Rauminhalten? Welche Länge, Breite und Höhe können die beiden Kofferräume etwa haben, wenn du sie dir als Quader vorstellst?

17. Die Ozeane bedecken ungefähr 361 Mio. km^2 der Erdoberfläche und sind im Durchschnitt 3 705 m tief. Der größte Ozean ist der Pazifische Ozean, mit einer durchschnittlichen Tiefe von 4 188 m und einer Fläche von etwa 166 Mio. km^2. Ermittle näherungsweise das Wasservolumen des Pazifischen Ozeans und aller Ozeane. Vergleiche die Volumina.

18. Grönland ist mit 2 175 600 km^2 die größte Insel der Welt. 1 833 900 km^2 der Insel sind ständig mit einer bis zu 3 000 m dicken Eisschicht bedeckt.

a) Gib näherungsweise das Eisvolumen Grönlands an, wenn die Eisdicke durchschnittlich etwa 1 300 m beträgt.

b) Durch die Klimaveränderung taut jedes Jahr etwas mehr Eis ab. Stell dir vor, das Eis würde zur Hälfte (um ein Viertel) abtauen. Um wie viel Zentimeter würde das Wasser der Weltmeere dann ansteigen? (1 m^3 Eis ergibt ungefähr 1 m^3 Wasser.)

19. Mit einer Länge von 307 m, einer Breite von 30 m und einer Höhe von 2,50 m ist der Tresor der Chase-Manhatten-Bank in New York der größte Banktresor der Welt. Vergleiche sein Volumen mit dem Volumen deines Klassenraumes.

20. Der größte zusammenhängende Gesteinskomplex der Erde ist der Ayers Rock in Australien. Er ist etwa 2,5 km lang, 1,6 km breit und im Mittel 348 m hoch. Berechne näherungsweise das Volumen dieses vor 600 Mio. Jahren entstandenen „Naturwunders".

Teste dich selbst!

1. Gib jeweils in der in Klammern angegebenen Einheit an.
a) 0,24 dm³ (in cm³) b) 6 700 cm³ (in m³) c) 32,4 *l* (in ml)

2. Zeichne von einem Würfel mit der Kantenlänge von 6 cm
a) ein Schrägbild; b) ein Netz im Maßstab 1 : 2.

3. Vergleiche Volumen und Oberflächeninhalt der beiden abgebildeten Körper.

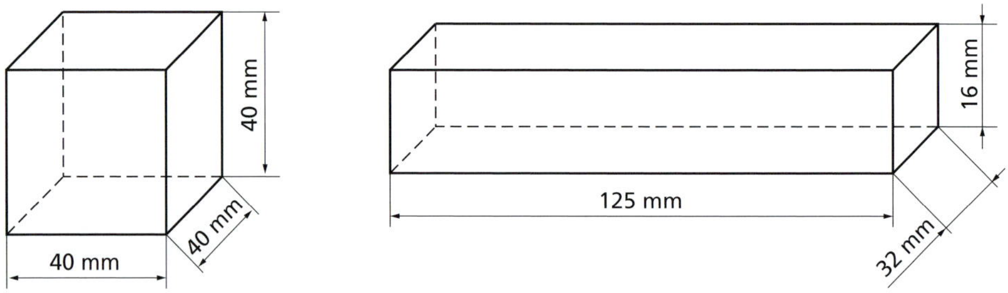

4. Ein Würfel hat einen Oberflächeninhalt von 1944 cm². Wie groß ist sein Volumen?

5. Eine 0,5-*l*-Packung für Milch hat eine quadratische Grundfläche mit einer Kantenlänge von 7,0 cm sowie eine Höhe von 10,5 cm.
a) Berechne das Volumen (das Fassungsvermögen) dieser Verpackung?
b) Wie hoch steht die Milch in der Packung?

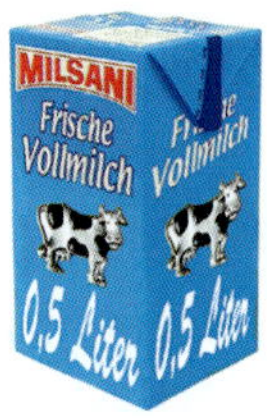

6. Welche Körper ergeben zusammengesetzt einen Quader?

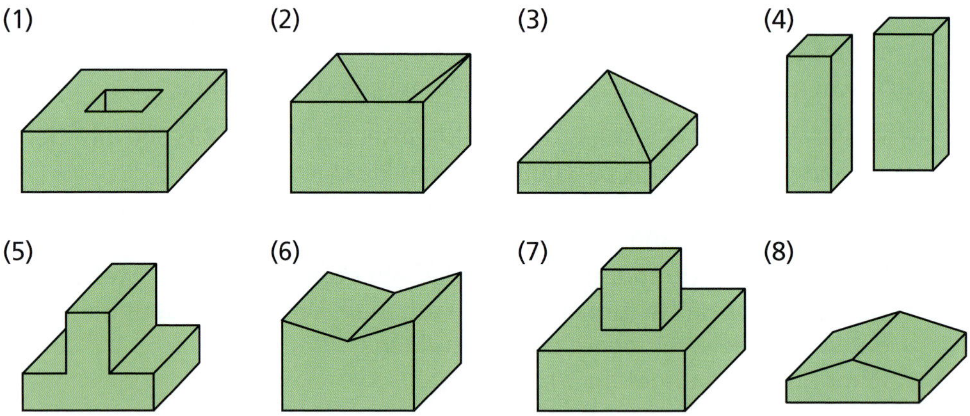

7. Johann möchte seinem Freund Max zu dessen Geburtstag drei Geschenke schicken und hat sich dazu einen Karton von 30 cm Länge, 40 cm Breite und 20 cm Höhe besorgt. Die Geschenke selbst sind ebenfalls in Kartons verpackt:
Karton 1 (20 cm; 10 cm; 5 cm); *Karton 2* (15 cm; 10 cm; 2 cm);
Karton 3 (10 cm; 6 cm; 5 cm).
a) Passen alle drei Geschenke in den großen Karton?
b) Der große Karton soll noch in einen Bogen Packpapier gewickelt werden. Wie groß sollte dieser Bogen mindestens sein?

Der Soma-Würfel

Der Soma-Würfel besteht (genau wie das Tangram-Puzzle) aus sieben Teilen. Hierbei handelt es sich um Körper, die jeweils aus nicht mehr als vier Würfeln gleicher Größe zusammengesetzt sind (siehe Abbildung).

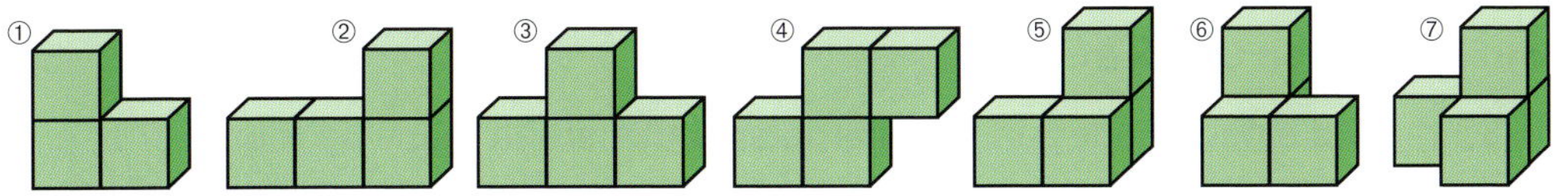

Diese Teile des Soma-Puzzles sind im Jahre 1936 vom dänischen Schriftsteller PIET HEIN (1905 bis 1996) gefunden worden.

Die grundsätzliche Aufgabe besteht darin, die sieben Soma-Teile zu einem Würfel aus 27 Einheitsquadern zusammenzufügen. Dafür gibt es immerhin 240 Möglichkeiten.

Wir basteln die sieben Soma-Teile

Zum Lösen der folgenden Aufgaben sollte jeder sein eigenes Soma-Puzzle haben.
Du benötigst dazu 27 gleich große Holzwürfel (die man beispielsweise durch Zersägen quadratischer Holzstangen erhalten kann) und Klebstoff. Lege dir die sieben Figuren nach der oberen Abbildung zurecht und klebe die Würfel zusammen.

Hinweis: Anstelle selbst angefertigter Holzwürfel können auch 27 Spielwürfel gleicher Größe verwendet werden.

Entdeckungen mit dem Soma-Puzzle

1. Setzt aus den sieben Teilen den Soma-Würfel zusammen. Wer ist der Schnellste?
Hinweis: Es ist günstig, zuerst die Teile ⑤, ⑥ und ⑦ zu „verbauen".

2. Versucht, aus Soma-Teilen verschiedene Quader zu bauen. Wie viele Möglichkeiten findet ihr?
Hinweis: Es müssen nicht alle Teile benutzt werden.

3. Verwendet nun alle sieben Teile. Versucht damit, Fantasiefiguren zu legen.
(Die Abbildung zeigt beispielsweise einen Sessel.)

Startet eine Wettbewerb. Wer findet die meisten Figuren? Gebt euren Figuren einen Namen, fotografiert sie und präsentiert sie euren Mitschülern.

Der Super-Soma-Würfel

Seid ihr mehr als 27 Schülerinnen und Schüler in der Klasse? Dann baut euch jeder zu Hause aus Pappe einen 1-dm^3-Würfel. Leimt daraus die entsprechenden Soma-Teile zusammen und ihr habt eine interessante Beschäftigung für Pausen usw.

Zusammenfassung

Quader und Würfel

Quader und Würfel gehören zu den **Vielflächnern (Polyedern)**. Ein Quader besitzt sechs rechteckige Begrenzungsflächen, acht Ecken sowie zwölf Kanten. Der Würfel ist ein spezieller Quader, dessen Begrenzungsflächen Quadrate sind.

Schrägbilder von Quadern

Ein Schrägbild eines Quaders in **Kavalierperspektive** erhält man wie folgt:
(1) Zeichnen der Vorderfläche in wahrer Gestalt und Größe (eventuell maßstäblich);
(2) Abtragen der nach hinten verlaufenden Kanten unter einem Winkel von 45° in halber Länge;
(3) Verbinden aller Eckpunkte (wobei die unsichtbaren Kanten gestrichelt werden)

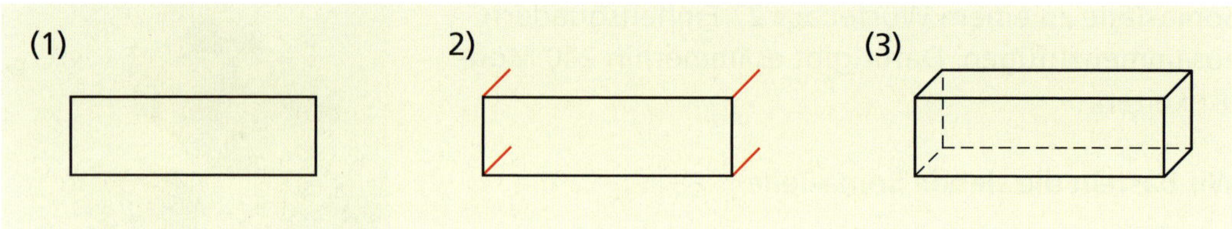

Volumen und Oberflächeninhalt von Quadern

Eine Übersicht über die **Volumeneinheiten** und mögliche Umrechnungen gibt die folgende Darstellung:

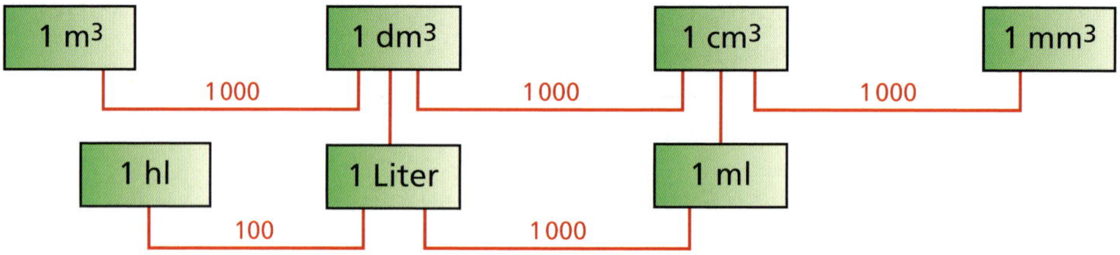

B $635\ mm^3 = 0{,}635\ cm^3$ | $870\ ml = 0{,}87\ l$ | $200\ l = 200\ dm^3 = 0{,}2\ m^3$
$0{,}04\ m^3 = 40\ dm^3$ | $3{,}2\ l = 0{,}032\ hl$ | $4\ cm^3 = 0{,}004\ dm^3 = 0{,}004\ l$

Das Volumen V und der Oberflächeninhalt A_O eines Quaders bzw. Würfels lassen sich aus den Kantenlängen a, b und c berechnen.

Für einen **Quader** gilt:
$\mathbf{V = a \cdot b \cdot c}$
$\mathbf{A_O = 2 \cdot (a \cdot b + b \cdot c + a \cdot c)}$

Für einen **Würfel** gilt:
$\mathbf{V = a^3}$
$\mathbf{A_O = 6 \cdot a^2}$

B Gegeben: a = 30 mm; b = 25 mm; c = 18 mm
Gesucht: V in cm^3; A_O in cm^2

Lösung: $V = 30\ mm \cdot 25\ mm \cdot 18\ mm = 13500\ mm^3 = 13{,}5\ cm^3$
$A_O = 2 \cdot (30\ mm \cdot 25\ mm + 25\ mm \cdot 18\ mm + 30\ mm \cdot 18\ mm)$
$A_O = 3\,480\ mm^2 = 34{,}8\ cm^2$

7 Daten, Häufigkeit und Wahrscheinlichkeit

Wahrscheinlich oder unwahrscheinlich?

Katja, Sascha und Matthias spielen „Mensch ärgere dich nicht". Während die Jungen schon längst eine oder mehre Figuren im Spiel haben, will und will Katja keine Sechs gelingen. „Eine Sechs zu würfeln ist eben viel unwahrscheinlicher als jede andere Zahl", meint Matthias. – „Quatsch", entgegnet Sascha, „Katjas Chancen sind bei jedem Wurf *fifty – fifty.*"

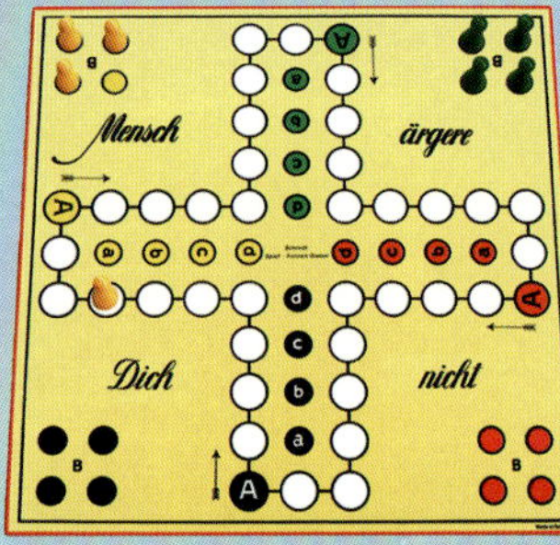

Etwa oder genau?

Nach Schätzungen der Veranstalter und der Polizei sollen an der Love-Parade im Berliner Tiergarten 800 000 Raver teilgenommen haben. „So ein Zufall", meint Mike. – „Gut, dass ich nicht dort war", scherzt Teja, „mit mir wären es dann 800 001 gewesen …"

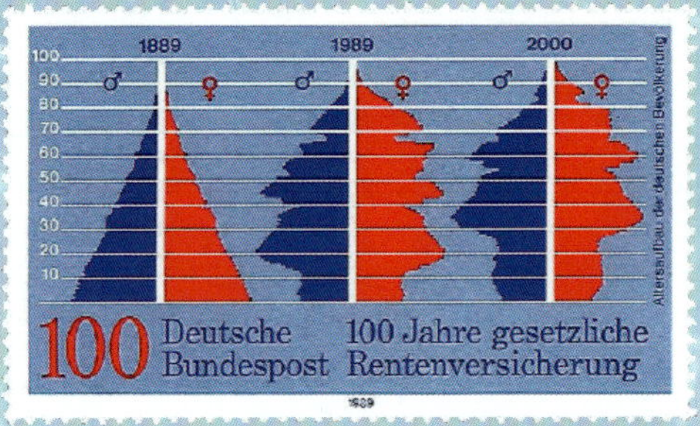

Jung und Alt

Die Altersstruktur der Bevölkerung in Deutschland hat sich innerhalb des letzten Jahrhunderts stark verändert.
Die auf der Briefmarke abgebildeten Diagramme verdeutlichen das.
Was fällt besonders auf?

7.1 Daten

Die Ergebnisse von Messvorgängen oder von zufälligen Vorgängen (siehe Seite 212) werden auch **Daten** genannt.

Beispiele für Daten sind etwa die folgenden:

- Größe und Gewicht der Schüler einer Klasse;
- Ergebnisse von Fiebermessungen während eines Krankenhausaufenthaltes;
- Kurse einer Aktie im Verlaufe eines bestimmten Zeitraums;
- Besucherzahlen von Bundesligaspielen;
- monatliche Verkaufszahlen bestimmter Produkte;
- Augenzahlen beim wiederholten Würfeln mit einem Spielwürfel

Tagtäglich werden wir mit Daten in Form von Zahlen bzw. von Größen förmlich überschüttet, zum Beispiel durch Presse, Funk und Fernsehen.
Um Daten nutzen zu können, ist es notwendig, diese möglichst effektiv zu erfassen, darzustellen und unter gewünschten Gesichtspunkten auszuwerten.

Erfassen und Ordnen von Daten

Werden die durch Beobachten bzw. Messen gewonnenen Daten ungeordnet aufgeschrieben, so spricht man von einer so genannten **Urliste.**

B Alexander hat 50-mal hintereinander gewürfelt und auf einem Blatt Papier die jeweils erzielte Augenzahl notiert:

1; 3; 3; 1; 6; 3; 5; 5; 1; 4; 5; 3; 1; 6; 1; 6; 5; 2; 6;
5; 1; 1; 1; 6; 2; 5; 5; 1; 1; 5; 4; 1; 5; 5; 3; 3; 2; 5;
5; 3; 2; 5; 3; 4; 4; 6; 4; 1; 6; 3

Aussagekräftiger als eine solche Urliste ist die Zusammenfassung der Ergebnisse in einer **Strichliste.** Für das obige Beispiel könnte diese wie in nebenstehender Abbildung aussehen.

1: ~~IIII~~ ~~IIII~~ II
2: IIII
3: ~~IIII~~ IIII
4: ~~IIII~~
5: ~~IIII~~ ~~IIII~~ III
6: ~~IIII~~ II

Häufigkeit von Ergebnissen

Von besonderem Interesse ist, wie oft (wie häufig) ein Ergebnis unter den beobachteten Werten vorkommt. Aussagen über die **Häufigkeit** eines Ergebnisses können bereits aus einer Strichliste entnommen werden. Diese wiederum kann als Grundlage für eine **Häufigkeitstabelle** dienen.

Anhand der folgenden Tabelle für das 50-malige Würfeln siehst du sofort, welche Zahl am häufigsten und welche am wenigsten aufgetreten ist.

Augenzahl	1	2	3	4	5	6
Häufigkeit	12	4	9	5	13	7

Darstellen von Daten und ihrer Häufigkeit in Diagrammen

Um die Ergebnisse von Beobachtungen, Untersuchungen usw. zu veranschaulichen, werden die erfassten Daten und ihre Häufigkeit oft in **Diagrammen** (Schaubildern) dargestellt.
Die Häufigkeit von Ergebnissen lässt sich gut als Länge von Strecken bzw. Streifen in einem **Streckendiagramm** oder **Streifendiagramm** (Säulen-, Balkendiagramm) veranschaulichen. Für unser Beispiel haben diese das folgende Aussehen:

Streckendiagramm Streifendiagramm

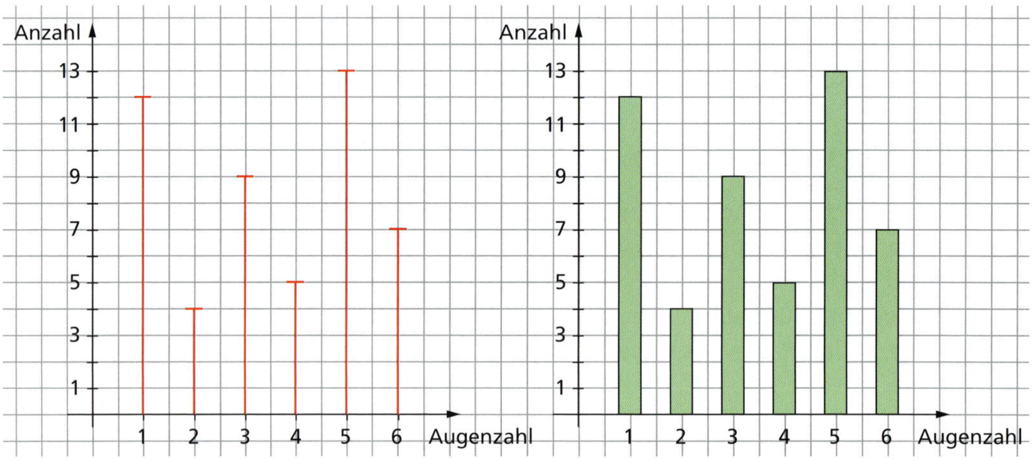

Für einige Sachverhalte benutzt man auch **Bilddiagramme (Piktogramme).**

Jahr	Europa	Afrika	Amerika	Asien	Australien	Welt
1990	(8,4)	(6,5)	(7,2)	(30,5)	(0,3)	5,29 Mrd.
2010 (Prognose)	(9,2)	(11,5)	(9,4)	(41,5)	(0,3)	7,19 Mrd.

Weltbevölkerung (Figur ≙ 100 Mio.)

Eine weitere Möglichkeit des Ordnens von Daten ist das **Stängel-Blatt-Diagramm** (auch **Stamm-Blätter-Diagramm** genannt). Hierbei erfolgt ein „Aufspalten" der Daten in einen Stängel (linker Teil) und Blätter (rechter Teil).

B Die Schülerinnen und Schüler der Klasse 5b ermitteln ihre Körpergröße:
152; 147; 132; 155; 128; 130; 144; 156; 151; 143; 138; 134; 121; 157; 145; 142; 131; 148; 152; 159; 133; 140; 145; 123; 146 (in Zentimeter)

Für den **Stängel** können in diesem Fall die Hunderter und Zehner und für die **Blätter** die Einer verwendet werden.

Blätter in der Reihenfolge der Daten

Stängel	Blätter
12	8 1 3
13	2 0 8 4 1 3
14	7 4 3 5 2 8 0 5 6
15	2 5 6 1 7 2 9

Blätter der Größe nach geordnet

Stängel	Blätter
12	1 3 8
13	0 1 2 3 4 8
14	0 2 3 4 5 5 6 7 8
15	1 2 2 5 6 7 9

Aus dem rechten Stängel-Blatt-Diagramm ist z.B. sofort ablesbar, dass der oder die Kleinste der Klasse 121 cm und der oder die Größte 159 cm misst.

In **Liniendiagrammen** kann die zeitliche Entwicklung eines betrachteten Merkmals dargestellt werden.
So wird im Krankenhaus morgens und abends die Körpertemperatur gemessen. Aus den Ergebnissen zeichnet man eine entsprechende Fieberkurve.

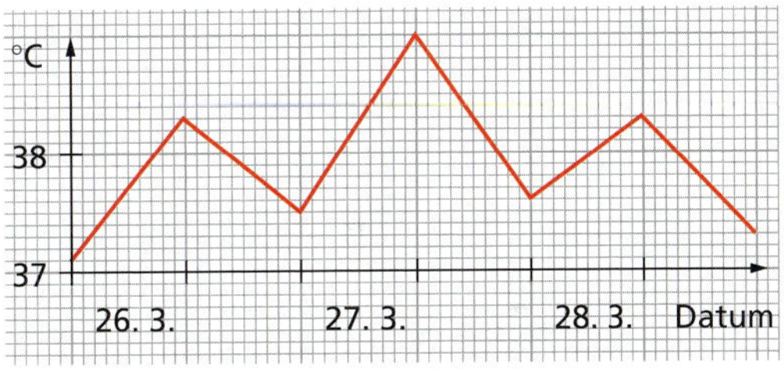

Günstig für eine Kennzeichnung von Anteilen (etwa bei Häufigkeitsverteilungen) sind Kreisdiagramme (siehe Beispiel auf Seite 14).

Aufgaben

1. Suche in deiner Umwelt nach Situationen, in denen das Sammeln von Daten möglich und nützlich ist.
Lege zu einer Situation eine Strichliste bzw. eine Häufigkeitstabelle an.

2. a) Erfrage an deiner Schule folgende Daten:
- Anzahl der Kinder in der Schule (davon Mädchen und Jungen);
- Anzahl der Schülerinnen und Schüler in jeder Klasse (davon Mädchen und Jungen)

Stelle diese Daten übersichtlich dar.

b) Lege mit den Daten für die fünften und sechsten Klassen deiner Schule ein Streifendiagramm an.

3. In nebenstehendem Diagramm sind die Ergebnisse einer Klassenarbeit dargestellt.

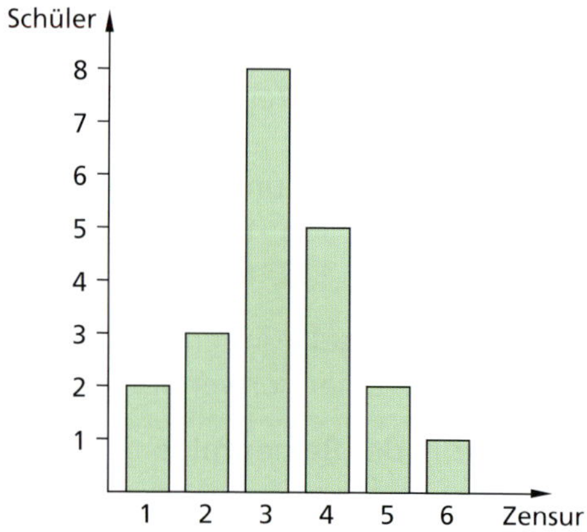

a) Wie viele Schüler haben die Arbeit mitgeschrieben?
Wie viele erreichten jeweils die Zensur 1, 2, 3, 4, 5 oder 6?
Fertige eine Häufigkeitstabelle an.

b) Wie viele Schüler erreichten mindestens die Zensur 3?

c) Ermittle den Durchschnitt der erteilten Zensuren.

4. Der tägliche Wasserverbrauch pro Person beträgt in Deutschland gegenwärtig etwa 133 *l*. Im Jahre 1994 waren es noch 145 *l*.
In der folgenden Tabelle ist der Wasserverbrauch der Familie Möller dargestellt:

Jahr	Kaltwasserverbrauch	Warmwasserverbrauch	Anzahl der Personen
2000	125,29 m^3	82,65 m^3	4
2001	114,95 m^3	81,11 m^3	4
2002	90,26 m^3	58,39 m^3	3
2003	100,50 m^3	54,26 m^3	3

a) Versuche, den Rückgang des Wasserverbrauchs in Deutschland seit 1994 zu erklären.

b) Überprüfe, inwieweit der Wasserverbrauch der Familie Möller dem derzeitigen Durchschnittswert in Deutschland entspricht.

c) Erkunde den Wasserverbrauch deiner Familie für die vergangenen zwei Jahre.

5. An einem Sommertag wurde die Temperatur gemessen.

Uhrzeit	6.00	8.00	10.00	12.00	14.00	16.00	18.00	20.00
Temperatur in °C	17	19	23	25	27	26	24	21

a) Stelle die Temperatur für diesen Tag in einem Liniendiagramm dar. Beschreibe die Temperaturentwicklung mit Worten.

b) Miss selbst an einem Tag am Wochenende die Temperatur in zweistündigem Abstand in der Zeit von 8.00 Uhr bis 18.00 Uhr. Trage deine gemessenen Werte in das Diagramm von Aufgabe a) ein.

c) Gib mögliche Gründe für Unterschiede in beiden Diagrammen an.

6. Auf der Tafel ist zu erkennen, wie schwer die Schultaschen der Klasse 5b sind.

a) Erfasse die Daten in einem Stängel-Blatt-Diagramm.
Verwende als Stängel die Tausender- und als Blätter die Hunderterstellen.
Strecke den Stängel, indem du die Blätter in zwei Gruppen erfasst:
von 000 bis 400 bzw. von 500 bis 900.

b) Werte das Diagramm schriftlich aus. Wodurch wird das Gewicht der Schultasche beeinflusst? Wie können die Unterschiede erklärt werden?

c) Erfasse für deine Klasse die folgenden Daten: Name des Kindes; Gewicht des Kindes; Gewicht der Schultasche.
Werte diese Daten aus.

d) Das Gewicht einer Schultasche sollte höchstens den zehnten Teil des Körpergewichtes des jeweiligen Schülers betragen, damit es zu keinen Rückenbeschwerden kommt. Bei welchem Kind deiner Klasse ist dies erfüllt?

7. Sina notiert wöchentlich die Ausgaben für Nahrungsmittel in ihrer Familie. Für zwei Monate hat sie die folgenden Angaben aufgeschrieben:
175,60 €; 198,75 €; 165,66 €; 188,25 € (September)
170,66 €; 164,69 €; 163,25 €; 160,13 € (Oktober)

a) Stelle die wöchentlichen Ausgaben für beide Monate in einem Diagramm dar.

b) Vergleiche die Ausgaben. Was stellst du fest?

8. a) Was ist in folgendem Diagramm dargestellt?

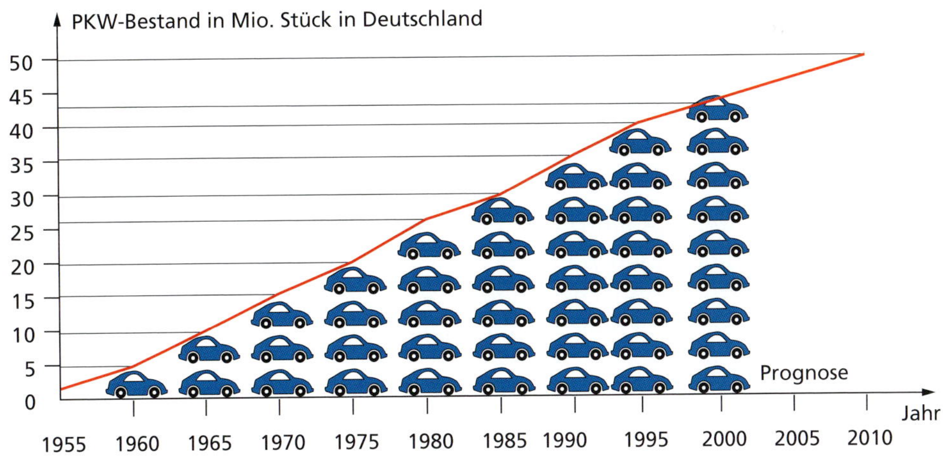

b) Lies die Daten näherungsweise ab und erstelle eine Häufigkeitstabelle.

c) Werte das Diagramm aus. Welche Ursachen gibt es für die Entwicklung?

9. Informiere dich über die Entwicklung der Schülerzahlen an deiner Schule in den letzten zehn Jahren. Fertige hierzu ein Bilddiagramm an.

7.2 Zufällige Vorgänge und Wahrscheinlichkeit

„So ein Zufall!" ist eine gängige Redewendung, wenn Ereignisse eintreten, die man so nicht erwartet hatte. „Rein zufällig bin ich beim Lesen des Buches auf etwas sehr Interessantes gestoßen." – „Das kann doch kein Zufall sein", ruft so mancher aus. Auch die Mathematik beschäftigt sich mit zufälligen Vorgängen.

M Unter einem **zufälligen Vorgang** versteht man einen Vorgang mit verschiedenen möglichen Ergebnissen. Dabei kann nicht vorhergesagt werden, welches dieser Ergebnisse eintritt.

Um solche Vorgänge zu untersuchen, werden sie möglichst oft durchgeführt (wiederholt). Man spricht auch von **Zufallsversuchen** (Zufallsexperimenten).
Vor der Versuchsdurchführung ist festzulegen, welches **Merkmal** beobachtet werden soll.
Typische zufällige Vorgänge sind etwa das Würfeln mit einem normalen Spielwürfel oder das Werfen einer Münze.

Zufälliger Vorgang	Zu betrachtendes Merkmal	Mögliche Ergebnisse
Werfen eines Spielwürfels	gewürfelte Augenzahl	1; 2; 3; 4; 5; 6
Werfen einer Münze	oben liegende Seite	Wappen (W); Zahl (Z)
Ziehung der Lottozahlen	Anzahl der „Richtigen"	0; 1; 2; 3; 4; 5; 6

Jeder zufällige Vorgang läuft unter bestimmten Bedingungen ab. Dies sind beim Würfeln z.B. die Beschaffenheit des Würfels, die Wurftechnik oder die Unterlage, auf der gewürfelt wird.

Um die Möglichkeiten des Eintretens bestimmter Ereignisse vergleichen zu können, sollten sich die Bedingungen während der Versuchsdurchführung nicht verändern. Auch sollte der Versuch möglichst oft wiederholt werden. Nur dann kann festgestellt werden, ob alle Ergebnisse **gleich wahrscheinlich** sind oder ob ein Ergebnis wahrscheinlicher als ein anderes ist.

B Bei einem guten Spielwürfel, einer glatten Unterlage und korrektem Würfeln haben alle Augenzahlen gleiche Chancen, d.h., sie sind gleich wahrscheinlich. Die Wahrscheinlichkeit, eine Sechs zu würfeln, ist also genau so groß wie das Erreichen jeder anderen Augenzahl.
Dagegen ist z.B. die Wahrscheinlichkeit, eine Augenzahl größer als vier (also eine Fünf oder Sechs) zu würfeln, geringer als die, eine gerade Augenzahl zu erzielen.

Die Wahrscheinlichkeit von Ergebnissen kann auf einer Wahrscheinlichkeitsskala dargestellt werden. Diese reicht von 0 bis 1.

Sprechweise in der Mathematik	**Sprechweise in der Umgangssprache**
Das Ergebnis hat:	Das Ergebnis ist:
die Wahrscheinlichkeit 1	(ganz) sicher
eine große Wahrscheinlichkeit	sehr wahrscheinlich
eine mittlere Wahrscheinlichkeit	wahrscheinlich
eine kleine Wahrscheinlichkeit	unwahrscheinlich
die Wahrscheinlichkeit 0	(völlig) unmöglich

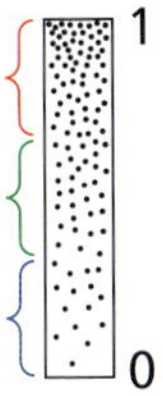

Ein Ergebnis mit der Wahrscheinlichkeit 0 wird **unmögliches Ergebnis** genannt, ein Ergebnis mit der Wahrscheinlichkeit 1 heißt **sicheres Ergebnis.**

B Zwei normale Spielwürfel werden gleichzeitig geworfen und es wird die Summe der Augenzahlen betrachtet.
Es ist unmöglich, die Zahl 13 zu erreichen; dagegen ist es sicher, dass die Summe größer als 1 sein wird.

Wahrscheinlichkeiten werden häufig auch in Prozent angegeben. Die Wahrscheinlichkeit des unmöglichen Ergebnisses beträgt 0 %, die des sicheren Ergebnisses 100 %. Wird beispielsweise eine Niederschlagswahrscheinlichkeit von 80 % vorhergesagt, solltest du einen Schirm einpacken; bei einer Wahrscheinlichkeit von 10 % kann er wohl zu Hause bleiben – oder?

Oft werden auch mehrere Ergebnisse eines Zufallsversuchs zusammengefasst. Man spricht dann von einem **Ereignis.** So kann das Ereignis „Es wird eine gerade Augenzahl gewürfelt“ betrachtet werden, das beim Würfeln einer 2, 4 oder 6 eintritt.
Die Wahrscheinlichkeit eines Ereignisses kann annähernd ermittelt werden, wenn man den entsprechenden Zufallsversuch sehr oft wiederholt.
Man kann sich auch überlegen, in wie vielen der möglichen Fälle das Ereignis eintritt.

B In einem von zwei Fällen liegt beim Münzwurf die Zahl oben, die Wahrscheinlichkeit ist 1 zu 2 (1 : 2), also $\frac{1}{2} = 0{,}5$.
Die Wahrscheinlichkeit, mit einem normalen Spielwürfel eine Sechs zu würfeln, ist $\frac{1}{6} \approx 0{,}167$.

Aufgaben

1. Welches Ereignis ist beim Würfeln mit einem normalen Spielwürfel jeweils wahrscheinlicher, das Ereignis A oder das Ereignis B?
   a) A: Es wird keine 6 gewürfelt. B: Es wird eine 6 gewürfelt.
   b) A: Es wird eine gerade Zahl gewürfelt. B: Es wird eine ungerade Zahl gewürfelt.
   c) A: Es wird keine 3 oder 4 gewürfelt. B: Es wird eine Primzahl gewürfelt.

2. Nenne die möglichen Ergebnisse der zufälligen Vorgänge hinsichtlich des in Klammern angegebenen Merkmals.

a) Werfen von zwei Münzen (Merkmal: Anzahl der Wappen)

b) Ziehen einer Karte aus einem Skatspiel (Merkmal: Farbe der Karte)

c) Würfeln mit zwei Würfeln (Merkmal: Augensumme)

d) Geburt von Drillingen (Merkmal: Anzahl der Mädchen)

3. Vier Glücksräder wurden in acht gleich große Felder geteilt und verschieden gefärbt (siehe Abbildung).

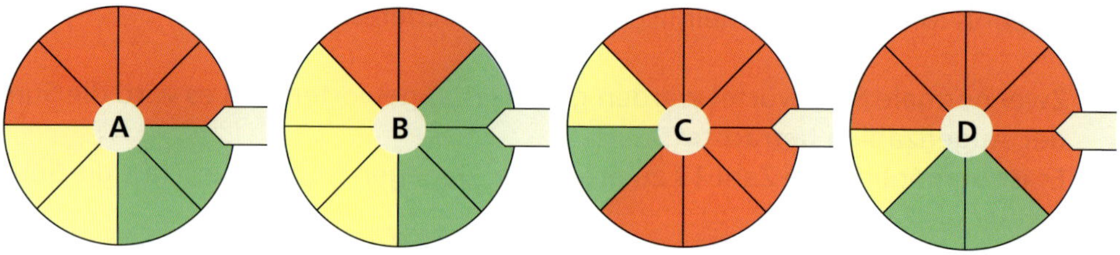

Wie groß ist jeweils die Wahrscheinlichkeit, dass nach dem Drehen des Rades der Zeiger auf ein rotes, ein grünes bzw. ein gelbes Feld zeigt?

4. Sybille und Richard beobachten am Samstag die Ziehung der Lottozahlen in der Spielart „6 aus 49“.
Die erste gezogene Zahl ist die 13. „Nun wird die zweite Zahl mit hoher Wahrscheinlichkeit eine gerade Zahl sein,“ meint Richard. Hat er Recht?

5. Ist das Eintreten der folgenden Ereignisse deiner Meinung nach sicher, sehr wahrscheinlich, wahrscheinlich, unwahrscheinlich oder unmöglich?

a) In einem Fußballvergleich verliert Brasilien gegen Saudi-Arabien.

b) In den Winterferien schneit es mindestens an einem Tag.

c) Vater und Sohn sind gleichaltrig.

d) Beim Würfeln mit zwei Spielwürfeln erhält man nicht die Augensumme 13.

e) Als Gewinnzahlen im Lotto „6 aus 49“ wurden die Zahlen 1, 2, 3, 4, 5 und 6 gezogen, die Zusatzzahl lautet 7.

f) Tante und Nichte sind am gleichen Tag im gleichen Jahr geboren.

6. Es wird mit einem normalen Spielwürfel gewürfelt.
Gib jeweils die Wahrscheinlichkeit folgender Ereignisse als gemeinen Bruch und als Dezimalbruch an.

a) Es wird eine 5 gewürfelt.

b) Es wird eine Quadratzahl gewürfelt.

c) Die gewürfelte Augenzahl ist keine Primzahl.

d) Es wird keine 2 oder 4 gewürfelt.

e) Es wird eine durch 7 teilbare Zahl gewürfelt.

A

Anhang

Zeichen, Abkürzungen und Symbole

Zeichen	Bedeutung/Sprechweise	Zeichen	Bedeutung/Sprechweise
$=$	gleich	$\mathbb{N}$	Menge der natürlichen Zahlen
$\neq$	ungleich	$\in$	Element von
$<$	kleiner als	$\notin$	nicht Element von
$>$	größer als	$\emptyset$; $\{\}$	leere Menge
$\leq$	kleiner oder gleich	$\Rightarrow$	daraus folgt
$\geq$	größer oder gleich	A, B, …	Punkte
$\approx$	rund, angenähert	$\overline{AB}$	Strecke bzw. Streckenlänge
$\widehat{=}$	entspricht	g, h, …	Geraden
$\parallel$	parallel	$\sphericalangle$	Winkel
$\perp$	senkrecht, orthogonal	∟	rechter Winkel
$+$	plus	α, β, …	Winkel bzw. Winkelgrößen
$-$	minus	u	Umfang
$\cdot$	mal, multipliziert mit	A	Flächeninhalt
$:$	durch, geteilt durch	A_O	Oberflächeninhalt
$\frac{a}{b}$	gemeiner Bruch ($a, b \in \mathbb{N}$; $b \neq 0$)	V	Volumen (Rauminhalt)
$a \mid b$	a teilt b; a ist Teiler von b	°	Grad (Einheit der Winkelgröße)
$a \nmid b$	a teilt nicht b; a ist kein Teiler von b	m	Meter (Basiseinheit der Länge)
ggT(a, b)	größter gemeinsamer Teiler von a und b	kg	Kilogramm (Basiseinheit der Masse)
kgV(a, b)	kleinstes gemeinsames Vielfaches von a und b	s	Sekunde (Basiseinheit der Zeit)
a^b	a hoch b (Potenz)	m^2	Quadratmeter
%	Prozent	m^3	Kubikmeter
(a; b)	geordnetes Paar; Koordinaten	l	Liter (Hohlmaß)

Lösungen zu „Teste dich selbst!"

Natürliche Zahlen (Seite 67)

1. a) 105 006; 740 037; 740 307; 207 000 561; 2 000 700 561; 2 007 500 061
b) 740 037: 740 040 (740 000; 700 000)
105 006: 105 010 (105 000; 100 000)
2 000 700 561: 2 000 700 560 (2 000 701 000; 2 000 700 000)
207 000 561: (207 000 560; 207 001 000; 207 000 000)
740 307: 740 310; (740 000; 700 000)
2 007 500 061: 2 007 500 060; (2 007 500 000; 2 007 500 000)

2. a) 58 004 034 (achtundfünfzig Millionen viertausendvierunddreißig)
b) 8 070 503 (acht Millionen siebzigtausendfünfhundertdrei)
c) 5 000 600 107 000 (fünf Billionen sechshundert Millionen einhundertsiebentausend)
d) 209 800 041 (zweihundertneun Millionen achthunderttausendeinundvierzig)

3. a) 477 999 b) 5 976 745 c) 2 653 298 d) 2 897 711 e) 2 849 112 f) 31 032 213

4. a) 1 724 058 (Ü: 1 800 000) b) 74 435 320 (Ü: 70 000 000)
c) 4 138 752 (Ü: 4 000 000) d) 263 (Ü: 300)
e) 317 (Ü: 300) f) 1 002 (Ü: 1000)
g) 49 248 (Ü: 48 000) h) 165 (Ü: 140) i) 320 (Ü: 300)

5. a) 392 b) 469 c) 112 d) 338

6. a) 58 b) 15

7. a) 67 320 teilbar durch 2, 4 und 8; 182 448 teilbar durch 2, 4 und 8
b) 67 320 teilbar durch 5 und 10, nicht durch 25;
182 448 nicht teilbar durch 5, 10, 25
c) 67 320 teilbar durch 3, 6 und 9; 182 448 teilbar durch 3, 6 und 9

8. a) $162 = 2 \cdot 3^4$ b) $350 = 2 \cdot 5^2 \cdot 7$ c) $714 = 2 \cdot 3 \cdot 7 \cdot 17$
d) $960 = 2^6 \cdot 3 \cdot 5$ e) $2\,400 = 2^5 \cdot 3 \cdot 5^2$

9. a) 140 b) 117 c) 48 d) 168

10. a) 14 b) 12 c) 5 d) 53

11. a) $x = 16$ b) $a = 73$ c) $y = 36$
d) $L = \{46; 47; \ldots\}$ e) $L = \{0; 1; 2; 3\}$ f) $L = \{0; 1; 2; 3\}$

12. a) $17 \cdot 12 - 94 = 110$ b) $(96 - 23) \cdot (96 + 23) = 8\,687$ c) $216 : 3^3 = 8$

Größen und Messen (Seite 90)

1. a) $\overline{DF}$; $\overline{CE}$; $\overline{AC}$; $\overline{AB}$; $\overline{AE}$; $\overline{BC}$
b) $\overline{AB}$ = 28 mm; $\overline{AC}$ = 23 mm; $\overline{AE}$ = 38 mm; $\overline{BC}$ = 41 mm; $\overline{CE}$ = 18 mm; $\overline{DF}$ = 16 mm

2. a) 1 cm; 30 mm; 3 m; 34 dm; 350 cm; 3 km; 3 500 m
b) 450 mg; 4 g; 44 g; 4 kg; 4 500 g; 4 t; 4500 kg
c) 105 s; 120 s; 5 min; 360 s; 105 min; $3\frac{1}{2}$ h; 6 h

3. a) 65; cm; 75 000 b) 18; 82 000; mg c) 6; s; 3 600

4. a) Fahrt A: 1 h 9 min; Fahrt B: 1 h 11 min; Fahrt C: 1 h 13 min
   b) 13.18 Uhr; 16.51 Uhr

5. ja (denn sie hat noch 3,55 €)

6. (Beispiellösungen) a) 2 €; 1 €; 10 ct; 5 ct; 2 ct; 2ct
   b) 20 ct; 5 ct; 1 ct; 1ct; 1 ct; 1 ct c) 2 €; 2 €; 10 ct; 10 ct; 10 ct; 1 ct

7. a) 40 kg b) 30 t c) 13 000 kg d) 23 000 mg
   e) 75 000 g f) 67 000 mg g) 124 000 g h) 2,146 t

8. a) 1 200 cm b) 4 000 m c) 9 m d) 6 000 dm e) 290 mm
   f) 42 cm g) 4 300 cm h) 3,5 m i) 3 500 mm

Brüche (Seite 125)

1. a) $\frac{4}{8}$ ($\frac{2}{4}$; $\frac{1}{2}$; …) b) $\frac{3}{9}$ ($\frac{1}{3}$; …) c) $\frac{12}{32}$ ($\frac{6}{16}$; $\frac{3}{8}$; …)

2. a) 37 b) 203 c) 60 d) 44

3. a) $\frac{1}{2}$ b) $\frac{1}{4}$ c) $\frac{3}{10}$

4. a) 500 g b) 250 g c) 400 g d) 625 g e) 1 200 g f) 2 750 g

5. Anruf nach 500 km; See nach 1 050 km; Apfelstrudel nach 1 400 km (100 km vor dem Ziel)

6. 10 bzw. $\frac{1}{9}$

7. a) 140 b) 14) c) 99 d) 120

8. a) $\frac{3}{5}$ b) $\frac{1}{4}$ c) 0 d) $\frac{35}{60} = \frac{7}{12}$ e) $\frac{7}{100}$ f) $\frac{79}{86}$

9. (Beispiellösungen)

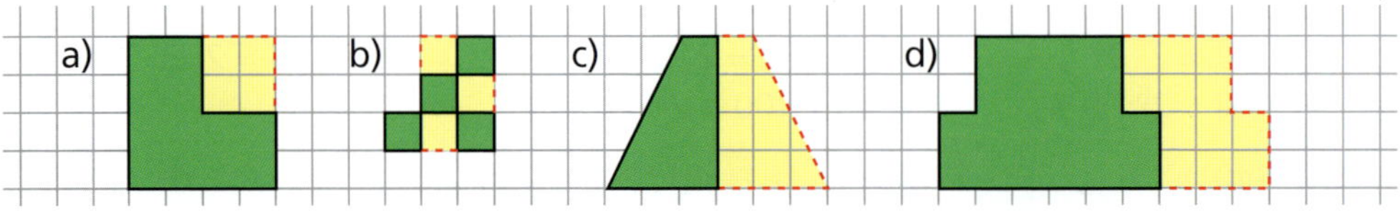

10. a) $\frac{7}{2}$ b) $\frac{40}{7}$ c) $\frac{9}{4}$ d) $\frac{101}{10}$ e) $\frac{103}{4}$ f) $\frac{119}{6}$

11. a) $8\frac{1}{2}$ b) 11 c) $8\frac{1}{13}$ d) $6\frac{20}{30} = 6\frac{2}{3}$ e) $11\frac{2}{14} = 11\frac{1}{7}$ f) $19\frac{9}{10}$

12. $\frac{10}{12}$; $\frac{15}{18}$; $\frac{25}{30}$; $\frac{60}{72}$; $\frac{300}{360}$; $\frac{500}{600}$

13. a) $\frac{9}{25}$ b) $\frac{2}{5}$ c) $\frac{5}{2}$ d) $\frac{3}{25}$ e) $\frac{41}{36}$ f) $\frac{26}{111}$

14. a) 1; 3; $\frac{3}{2}$ b) $\frac{13}{12}$; $\frac{17}{15}$; $\frac{23}{18}$ c) $\frac{23}{30}$; $\frac{34}{33}$; $\frac{37}{24}$

15. a) $\frac{2}{3}$; 2; $\frac{1}{2}$ b) $\frac{3}{4}$; $\frac{14}{24} = \frac{7}{12}$; 0 c) $\frac{1}{12}$; $\frac{19}{30}$; $\frac{17}{24}$

16. $3\frac{1}{2}$ m

17. Es fehlen noch 130 €. Anteile: 60 €; 30 €; 20 €

18. a) $\frac{59}{30}$ b) $\frac{11}{14}$ c) $\frac{101}{60}$ d) 0 e) $\frac{17}{24}$ f) $\frac{7}{20}$

19. a)

+	$\frac{1}{3}$	$\frac{5}{6}$	$1\frac{1}{3}$	$\frac{3}{4}$	$1\frac{1}{2}$
$\frac{3}{4}$	$\frac{13}{12}$	$\frac{19}{12}$	$\frac{25}{12}$	$\frac{3}{2}$	$\frac{9}{4}$
$\frac{1}{5}$	$\frac{8}{15}$	$\frac{31}{30}$	$\frac{23}{15}$	$\frac{19}{20}$	$\frac{17}{10}$
$\frac{3}{10}$	$\frac{19}{30}$	$\frac{17}{15}$	$\frac{49}{30}$	$\frac{21}{20}$	$\frac{9}{5}$

b)

−	$\frac{1}{3}$	$\frac{3}{4}$	$1\frac{1}{6}$	$\frac{7}{8}$	$\frac{5}{12}$
$\frac{5}{2}$	$\frac{13}{6}$	$\frac{7}{4}$	$\frac{4}{3}$	$\frac{13}{8}$	$\frac{25}{12}$
$\frac{18}{5}$	$\frac{49}{15}$	$\frac{57}{20}$	$\frac{73}{30}$	$\frac{109}{40}$	$\frac{191}{60}$
$1\frac{3}{4}$	$\frac{17}{12}$	1	$\frac{7}{12}$	$\frac{7}{8}$	$\frac{4}{3}$

20. a) $\frac{1}{15}$ b) $11\frac{3}{4} = \frac{47}{4}$ c) 11,6 s
d) Jens trägt 12 Stunden in der Woche Zeitungen aus.

Dezimalbrüche (Seite 148)

1. a) 0,1; 0,01; 0,001 b) 0,05; 0,036; 2,2
c) 0,7; 0,0007; 0,0035 d) 66,66; 1,12; 70,35

2. a) $\frac{1}{2}$; $\frac{71}{100}$; $\frac{209}{625}$ b) $\frac{13}{5}$; $\frac{3009}{100}$; $\frac{120001}{5000}$ c) $\frac{421}{200}$; $\frac{1}{250}$; $\frac{3}{200}$ d) $\frac{607}{100}$; $\frac{67}{10}$; $\frac{6007}{1000}$

3. a) $\frac{5}{100}$; richtig; richtig b) $\frac{333}{100}$; $\frac{300}{1000} = \frac{30}{100}$ (richtig); richtig c) $\frac{11}{10}$; $\frac{11}{10}$; $\frac{101}{100}$

4. a) $\frac{78}{100} = 0{,}78$ b) $\frac{459}{1000} = 0{,}459$ c) $\frac{17}{10} = 1{,}7$
c) $\frac{3}{100} = 0{,}03$c) d) $\frac{3611}{1000} = 3{,}611$ e) $\frac{9}{100000} = 0{,}00009$

5. a) 4,09 < 4,90 b) 16,16 < 16,61 c) 26,00 < 26,01
13,4 < 14,3 0,99 > 0,91 3,050 = 3,05
0,7 = 0,70 7,15 < 7,51 2,2 < 2,22

6. (Beispiellösungen)
a) 1,1; 1,3; 1,5; 1,9 b) 3,51; 3,55; 3,6; 3,69 c) 15,331; 15,332; 15,333;15,339
4,2; 4,7; 4,9; 4,95 0,31; 0,33; 0,37; 0,39 6,102; 6,103; 6,108; 6,109
1,51; 1,6; 2,3; 2,499 10,85; 10,9; 10,95; 10,99 7,01; 7,04; 7,09; 7,099

7. a) 555 ct; 2399 ct; 80 ct b) 2 ct; 137 dm; 35 cm
c) 5 cm; 201 mm; 3 500 kg d) 70 705 g; 2 500 g; 9 090 g

8. a) 0,65 €; 0,02 €; 77,77 € b) 0,25 km; 0,085 km; 0,001 km
c) 1,6 dm; 0,4 dm; 3,3 m d) 0,75 kg; 9,5 t; 0,665 g

9. a) 77,469 b) 197,35 c) 153,9227 d) 132,56 e) 142,201 f) 14,642

10. a) 26,306 b) 16,366 c) 4,658 d) 25,2614

Geometrie in der Ebene (Seite 178)

1. a), b)

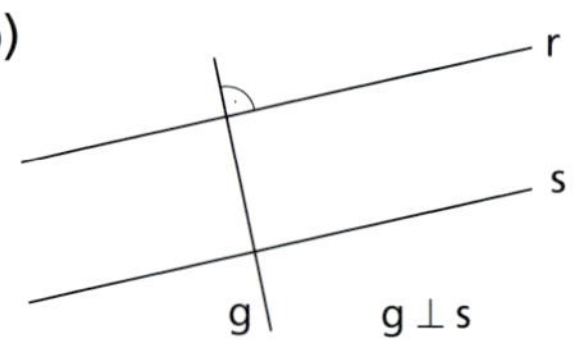

2.

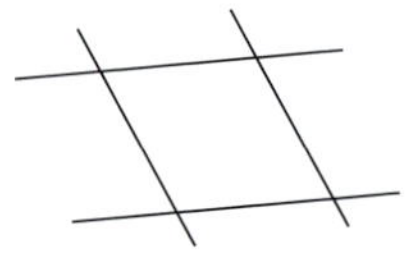

oder

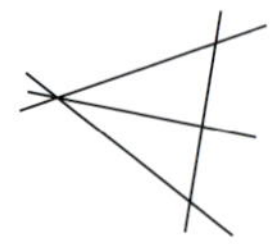

3. a)

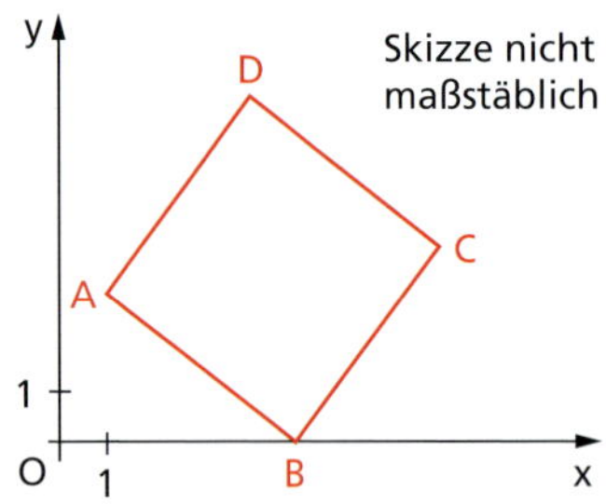

b) Quadrat

c) u = 20 cm
A = 25 cm^2

4. r = 3,4 cm (ohne Zeichnung)

5. spitze Winkel: α, γ, δ
stumpfer Winkel: ε
überstumpfe Winkel: β, φ

6. 144 cm^2

7. a) $\beta = 40°$ (Scheitelwinkel); $\alpha = 180° - \beta = 140°$ (Nebenwinkel);
$\gamma = \alpha = 140°$ (Scheitelwinkel)
b) $\varepsilon = 30°$ (wegen $\varepsilon + 60° = 90°$)

8. a) $21\frac{1}{2}$ m (21,5 m) b) ja (27,625 m^2)

9. a) 40 (bei Stückelung mind. 39) Stück b) ja

Geometrie im Raum (Seite 202)

1. a) 240 cm^3 b) 0,0067 m^3 c) 32 400 ml

2. (ohne Zeichnung)

3. Beide Körper haben das gleiche Volumen (64 000 mm^3), der Oberflächeninhalt des Würfels (9 600 mm^2) ist kleiner als der des Quaders (13 024 mm^2).

4. 5 832 cm^3

5. a) 514,5 cm^3 = 0,5145 *l* b) etwa 10,2 cm

6. (1) und (7); (2) und (3); (4) und (5); (6) und (8)

7. a) Ja. Die kleinen Kartons lassen sich wie im Bild dargestellt auf der Grundfläche des großen Kartons anordnen, wobei die zulässige Höhe von 20 cm nicht überschritten wird.
b) Der Oberflächeninhalt beträgt 5 200 cm^2. Der Bogen dagegen ist größer zu wählen; er sollte etwa 80 cm breit und 110 cm lang (also rund 8 800 cm^2 groß) sein.

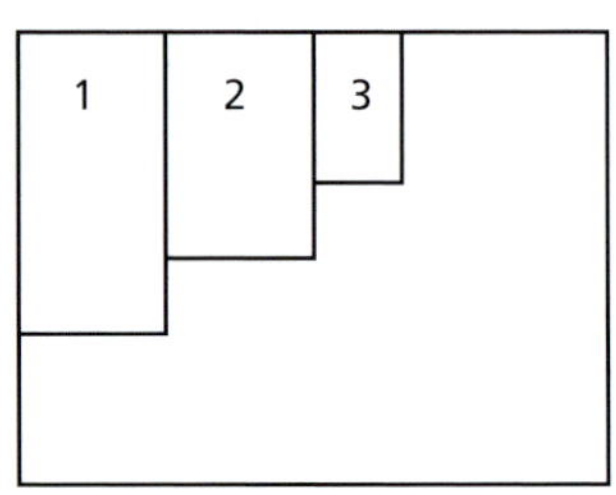

Register

Bildquellenverzeichnis

Adam Opel AG: 12/1, 65/1; *BackArts GmbH:* 25, 98, 100, 170/3;
Bahro, Katrin, Berlin: 86/2;
Bibliographisches Institut & F.A. Brockhaus, Mannheim: 122/1;
Bizerba GmbH & Co. KG: 71; *Camera4, Berlin (Thonfeld, Eberhard, Dresden):* 134;
Corel Photos Inc.: 12/3, 36/2, 57/3, 59, 66/2, 80, 89/3,122/3, 154/1, 201/3;
Danner GmbH, Kirchheim (Link, Christian, Augsburg): 87/1;
Degussa AG, Frankfurt am Main: 72/3; *dpa/Zentralbild (Link, Hubert):* 206/3;
DUDEN PAETEC GmbH, Berlin: 22/2, 34, 36/1, 132/1, 157, 171/2, 201/1;
Fischer, Rainer, Berlin: 8/3, 206/1; *Fotoarchiv Panorama:* 86/1, 91/2;
Hanelt, Martina, Berlin: 94/2; *Hemera Photo Objects:* 170/2;
Hessen Touristik Service e.V., Wiesbaden: 89/5; *Horn, Frank, Rostock:* 200;
Kalenberg, Astrid, Berlin: 72/1; *Kintzel, Birgit, Berlin:* 66/1, 79;
Liesenberg, Günter, Berlin: 12/2, 16, 46, 49, 50, 61/1, 61/2, 64, 65/2, 84, 87/2, 91/1, 92, 93, 94/1, 94/3, 114, 125, 132/2, 133, 140/1, 147/3,147/6, 151, 152/2, 152/3, 154/2; 154/3, 161/3, 175, 177, 179, 182/1, 182/2, 182/3, 190/1, 190/2, 190/3, 193, 207, 214;
Mahler, H., Berlin: 47, 162, 203; *MEV Verlag GmbH, Augsburg:* 121/2;
Niemeyer, Jens-Christof, Berlin: 60; *Pässler-Strauß, Imke, Mainz:* 145;
Photo Disc Inc.: 7, 8/2, 12/3, 15, 20, 55, 72/2, 77/1, 77/2, 88/3, 89/4, 105, 115, 122/2, 131, 140/2, 152/1, 54/2, 154/3, 161/1, 170/1, 181, 205, 215;
PHOTO DISC ROYALITY FREE: 8/1, 19;
Physikalisch-Technische Bundesanstalt, Braunschweig (und Berlin): 75, 78, 81;
Raum, Bernd, Neuenhagen: 121/1, 124, 144, 161/2;
rebelpeddler Chocolate cards: 32/1, 32/2, 32/3, 43, 86/1;
Scharffenberg, Britta, Birkenstein: 116; *Schmidt, Sabine, Frankfurt (Oder):* 83/2;
Schuchardt, Petra, Berlin: 33; *Schwabe, Ernst, Berlin:* 22/1, 132/3;
Schwippl, Uwe, Berlin: 143; *Siemens-Elektrogeräte GmbH, München:* 88;
Sonnenfeld, Gert, Fredersdorf: 141; *Stelzig, Martin, Berlin:* 146;
TetraPak GmbH & Co.: 192/1;
Tierbildarchiv Angermeyer, Holzkirchen (Reinhard, Hans): 89/1, 89/2, 147/1, 147/2;
Unger, Michael, Königs Wusterhausen: 31, 57/2, 119; *Winkler, Ute, Berlin:* 147/4, 147/5

Rechenoperationen mit natürlichen Zahlen

Operation		a	b	c
Addition	$a + b = c$	Summand	Summand	Summe
Subtraktion	$a - b = c$	Minuend	Subtrahend	Differenz
Multiplikation	$a \cdot b = c$	Faktor	Faktor	Produkt
Division	$a : b = c$ $(b \neq 0)$	Dividend	Divisor	Quotient
Potenzieren	$a^b = c$	Basis	Exponent	Potenz

Primzahlen und Primfaktorzerlegung der Zahlen bis 100

2	$21 = 3 \cdot 7$	**41**	**61**	$81 = 3 \cdot 3 \cdot 3 \cdot 3$
3	**23**	**43**	$63 = 3 \cdot 3 \cdot 7$	**83**
5	$25 = 5 \cdot 5$	$45 = 3 \cdot 3 \cdot 5$	$65 = 5 \cdot 13$	$85 = 5 \cdot 17$
7	$27 = 3 \cdot 3 \cdot 3$	**47**	**67**	$87 = 3 \cdot 19$
$9 = 3 \cdot 3$	**29**	$49 = 7 \cdot 7$	$69 = 3 \cdot 23$	**89**
11	**31**	$51 = 3 \cdot 17$	**71**	$91 = 7 \cdot 13$
13	$33 = 3 \cdot 11$	**53**	**73**	$93 = 3 \cdot 31$
$15 = 3 \cdot 5$	$35 = 5 \cdot 7$	$55 = 5 \cdot 11$	$75 = 3 \cdot 5 \cdot 5$	$95 = 5 \cdot 19$
17	**37**	$57 = 3 \cdot 19$	$77 = 7 \cdot 11$	**97**
19	$39 = 3 \cdot 13$	**59**	**79**	$99 = 3 \cdot 3 \cdot 11$
Die geraden Zahlen mit Ausnahme der Primzahl 2 sind nicht aufgeführt.				

Größen und Einheiten

Größe	Einheit		Beziehungen
	Name	Zeichen	
Länge	Meter	m	Basiseinheit
Flächeninhalt	Quadratmeter Ar Hektar	m^2 a ha	$1\ m^2 = 1\ m \cdot 1\ m$ $1\ a = 10\ m \cdot 10\ m = 100\ m^2$ $1\ ha = 100\ m \cdot 100\ m = 10\,000\ m^2$
Rauminhalt (Volumen)	Kubikmeter Liter	m^3 l	$1\ m^3 = 1\ m \cdot 1\ m \cdot 1\ m$ $1\ l = 1\ dm^3 = 0{,}001\ m^3$
Masse	Kilogramm Gramm Tonne	kg g t	Basiseinheit 1 g = 0,001 kg 1 t = 1 000 kg
Zeit	Sekunde Minute Stunde	s min h	Basiseinheit 1 min = 60 s 1 h = 60 min = 3 600 s